UP Collection

新装版

縞々学

リズムから地球史に迫る

川上紳一

東京大学出版会

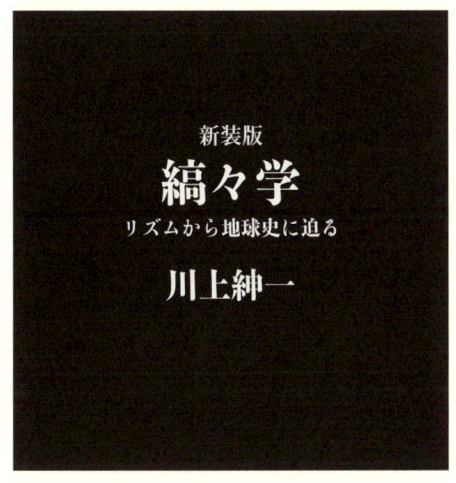

UP Collection

Shimashima-gaku
Decoding Earth's Evolution through Rhythm

Shin-ichi KAWAKAMI

University of Tokyo Press, 2015
ISBN 978-4-13-006531-3

縞々学が生まれたとき

「縞々学」という言葉の由来とその意味を述べよう。

この本の著者である川上紳一さんが名古屋大学の大学院修士課程一年生のとき、研究室のサロンでは、水谷仁さん、深尾良夫さんたちと、次世代の地球惑星の科学はどこに行くのか、毎日教授から学生まで議論がたえなかった。それは、一九六〇年代から「縫い目なしの地球学」「地球のシステム科学」「一人学際」などを提唱してきた島津康男先生の思想的影響を受け、それを具体化しようとしていたのである。研究室のサロンでは、評論や議論だけではなく、おもしろそうなことがあるとすぐ調査を行って計算をしたり、ときにはハードウエアをただちに立ち上げて研究に着手する行動的な雰囲気があった。川上さんは当時をふりかえって、「風邪をひいて三日休むと、世界がかわっていると感じた」という。

議論の対象は知的好奇心をくすぐる森羅万象にわたった。実験的に惑星を造るにはどうするか、隕石衝突が白亜紀-第三紀境界をもたらしたとするアルヴァレズらの論点の意義は、衝突イベントが地球惑星の内的進化に干渉するということか、地層がつくる縞のリズムとその乱れは一体何なのか、などから始まって、多様な空間的時間的模様のおもしろさと非線形系の不思議な振舞いに興奮し、さらに地球のトモグラフィーをやるための汎世界観測ネットや、惑星探査の具体的な実行計画にまで及んだ。「新しい地球観」とされるプレートテクトニクスだけが地球の諸現象を支配する、とはとても考えられなかったので、それを越えた「もっと新しい地球観」を模索していたのである。もちろん、荒唐無稽な議論の方が多かったが、それを抑圧する雰囲気はなかった。

なかんずく、地球と惑星の進化を明らかにするには、宇宙のなかの地球が経験したことを、望むらくはすべて記録しているはずの堆積岩という物証を組織的に研究することが決定的重要性を持つであろうし、将来はそれが地球惑星科学の最も重要なフロンティアの一つになる、との見方にはみなが賛成した。そのような分野は地質学、あるいは堆積地質学と呼ばれる。しかし、このような分野の論文はおしなべておもしろくない。それは何故か、答えは自明だ。われわれの先生の先生のそのまた先生たちが昔定義した分野と、その言葉の枠のなかに住んできたからである。

縞のある地層は未同定の刻時マーク付きの記録テープである。他の分野との連係をとって近代的な手法でこのテープを解読しようとすれば、地球だけでなく宇宙や惑星、生命の進化の研究にも刷新的な流れを創れるだろう。言葉が発想を拘束するものなら、新しい言葉が新しい観念を生むにちがいない、ということで、興奮した面々は何か適切な呼び名が欲しくなった。その時、古本宗充さんが遊び心から口走ったのが「しましま学」である。たぶん一九八一年のことだったろう。それは研究室のなかだけで通じる一種の隠語であった。この遊び心と熱気のなかで川上紳一さんは研究者として育ち、この本を書き上げ、私を含めた諸先輩をぬいて縞々学の旗頭になった。

縞々学という言葉は本当はどうでもよい。専門分野や組織などの縦秩序が支配するこの世界で、それを横断して新しいものを生み出したいという野心と、知的な遊び心と、既存の縦秩序への挑戦として、幼児語のような縞々学という言葉は、軽薄にみえるのでかえってある機能を果たすと私は考えている。「縦」割り分野の「横」断を策する研究室内のセミナーでは、あえて「横縞学」「ヨコシマゼミ」などという言葉を使っている。この本にもう一つの序文を書いている伊東敬祐さんも、強力な横縞仲間である。あるまじめな研究者がこの本の原稿をみて「いかがわしいので、ぜひ出版するように」といって川上さんを激励した。こんな話でも、「訓練された研究者の知的な遊び心」と「ほんとにまじめなサイエンス」とはおんなじだ、と考える人には顰蹙《ひんしゅく》を買うことはないだろう。

いま、われわれは言葉遊びをこえて、縞々学の精神を国際的に通用する地球惑星の科学として、日本の特色を持つ流れに立ち上げるべく、地道な努力をしている。平成七年度から始まる、文部省の科学研究費補助金の重点領域研究「全地球史解読」がそれである。ここまでこられたのは、このような研究の持つ必然性のほかに、日本国内にも縞々学の源流がすでにいくつかあったからである。もちろん伊東敬祐さんのリズムやカオスの研究はその一つである。丸山茂徳さんたちは「地球史プロジェクト」として、古い時代の情報を記録している岩石試料の収集を、これまでの常識をこえて組織的に行ってきた。彼らは、すでにプレートテクトニクスが四〇億年前までさかのぼれることを野外調査によって具体的に示し、さらにそれをこえて、「プリュームテクトニクス」などということをいい出した。

この「全地球史解読」では、基本的な要素に対応する四つの班をつくって、多数の人々の共同と協力で、広い分野を横断した研究の推進をはかろうとしている。それは、地球宇宙史の記録テープとしての岩石試料を確保する「とる班」(班長＝丸山茂徳)、新しい計測のテクノロジーを開発しながら、試料テープから情報を読み出す「よむ班」(班長＝川上紳一)、地層の未同定刻時マークと年代を決定する「とけい班」(班長＝大江昌嗣)、実験で再現できない進化史を読み解く方法として作業仮設をころがす「もでる班」(班長＝瀬野徹三)である。最近、よむ班では川上さんがリーダーとなって「太陽系が分子雲と遭遇した可能性」や「生命と地球の共進化」研究の具体化も模索している。

平成七年度から始まる「全地球史解読」の船出にあたって、そのコンセプトを具体例で平明に語る川上さんのこの本が出版されるのを、まことに時機をえたことだと思う。読者諸氏には、新しい研究の流れの模索である縞々学alias全地球史解読への積極的な参画、あるいは温かい応援をお願いしたく、また、その横縞ぶりをお楽しみいただきたい。

一九九五年一月一日

名古屋大学理学部教授　熊澤峰夫

第4刷にあたっての追記

文部省科学研究費重点領域研究「全地球史解読」(平成七~九年度)の成果は、『全地球史解読』(熊澤峰夫・伊藤孝士・吉田茂生編、二〇〇二年、東京大学出版会刊)として刊行されている。

リズムと縞々

私がリズムを口にし出した頃、「リズムに興味を持ち出すようでは老化の始まりですよ」といわれたことがある。確かにその頃の「リズム」は、ノイズだらけの不完全な時系列からいかにして綺麗な周期を探し出すかが第一で、それができればその周期を生み出す固有のダイナミクスのモデルを作ったり、天文学的な外力を探し出す、といった機械的なことが中心だった。リズム＝秩序と思われても致し方のない線形思考の時代であった。

今は違う。

一九九〇年から始まった文部省総合研究（A）「地球のリズムと縞状構造」の終わり頃、水沢国立天文台の内藤勲夫さんから興奮した電話をもらった。「地球の変動にどうも倍周期がある。しかも太陽の変動にも同じものがあるらしい」。その後、徳島大学の川上博さんから、非線形力学系によく見られるファレイ数列という一組のリズム関係があることを教えてもらった。リズムは今や単純に秩序を意味するのではなくなっている。地球は多数の非線形要素が多重に連結しあった複雑系である。そのような系がたとえば倍周期のリズムを持った挙動をしていることがわかったとすると、それは独立な何十もの周期を見つけたよりもはるかに重大な情報になる。対象となる現象により、したがって学問領域によってばらばらであった自然のリズムが繋がり出したのは、最近の観測精度の急速な向上が一つにあり、もう一方で非線形力学系の理論の進歩がある。理論家は古いデータを解析していたのでは、発見できるはずのことも見損なうおそれがある。観測家は新しい非線形理論を学ばなくては、自分のデータの意義をつかみ損なう。こんなことは老化した頭ではできない。若い頭が、それも学際的な情報の交流がある雰囲気のなかでしかできないことである。本書の著者川上紳一さんを生み出した縞々学研究会が、後半になるにつれ若い学生の力が中心になってきていたことは、この意味で大変心強い。

プレートテクトニクス以来、地球科学のなかでは古い学問体系の枠を超えた問題解決の習慣ができあがった。だがもう一つ広い範囲で、たとえば物理学との交流となると、残念ながら物理学者で縞々学研究会に参加するのは功なった物理学者であって、学生を引きつけるだけの魅力がまだなかった。その点では、地震学が最近物理学者の関心の的になっていることが参考になる。そのきっかけは自己組織臨界現象という理論である。地震が身近な現象だからとか、地震が社会的に重要だからという理由ではなかった。学問の魅力はあくまで学問のなかにある。プレートテクトニクスの出現は地球科学のなかの壁を壊した。自然科学のなかの壁を壊す魅力あるシナリオの出現が望まれる。

縞々は視覚に訴えるリズムである。「地球のリズムと縞状構造」の総合研究を通して、発展させ損なった悔いの残ることがある。縞々は単なる時系列の化石以上の情報を持っている。たとえば地球の核－マントル－地殻といった縞状構造は、地球の熱的歴史と同時に、そこでのダイナミクスを物語る。地層の縞々でも鉱物の縞状構造でも、時間的変動だけでなく、「縞を作った」という物理・化学条件があって初めて縞となって残る。小さなシステムとして見ると縞々が境界条件の変化の時系列の化石であっても、もう少し大きなシステムとして見ると自律的ダイナミクスの化石であるかも知れない。何百万年という長大な時間スケールの変動というと、それだけで物理学者は尻込みする。同じことを自律的ダイナミクスの特徴的スケールだというと、物理学者は時間をすぐに無次元化して考えるから、もとの時間が何億年であろうと抵抗感を持たない。学際的交流には異なる領域の科学者の感性も理解する必要がある。

この「縞々学の挑戦」を礎石として、このつぎは「縞々学による自然科学への挑戦」をしませんか。

神戸大学理学部教授　伊東敬祐

縞々学――リズムから地球史に迫る／目次

縞々学が生まれたとき
リズムと縞々

図版製作＝塚原直人

Those who accept rhythm in nature will find it
even where it is rather indistinct,
and
they will arrive at proper conclusions.

Those who do not want to, will not find it
even where it is obvious.

Yu. A. Zhemchuzhnikov, 1958

I 縞々学の誕生

Welcome to the Shimashima-gaku

1 縞々学と地球学

私たちの身のまわりの自然界には、鉱物や貝殻の縞模様から宇宙の大規模な縞模様まで、実にさまざまな縞模様がある。今から約六〇年前に物理学者の寺田寅彦は、自然界の縞模様に注目して、「これらの現象の多くのものは（中略）かみこなすのに適当な「歯」すなわち「方法」が見いだされた暁には（中略）新生命を吹き込まれて学界の中心問題として檜舞台に押し出されないとも限らない」（岩波文庫寺田寅彦随筆集）と述べている。寺田寅彦は、そうした縞模様の例として、樹木や魚類の耳石の類から鍾乳石や温泉沈殿物に至るまで挙げ、縞の成因として対流運動のゆらぎや、今日では非線形現象の典型例とされているリーゼガング現象［注1］をとり上げている。寺田寅彦の文章には、自然が生み出した形を研究することで、その背後に秘められた物理過程を明らかにしようという姿勢が貫かれており、読み返すたびに新鮮さが感じられる。

ところで、一般の人々には縞模様というと、まずシマウマの縞を思い浮かべるのではないだろうか。シマウマの縞がどうしてできるのかはよくわからないが、キリンのまだらにはおもしろい説がある。キリンのまだら模様はまるでタイルをしきつめたようであり、黄色い毛並みの部分をとりまいて網目状に白い毛並みで縁どられている。それらは体の部分ごとに大きさが異なっているが、大きさが等しくなるように全身をのばしたり縮めたりすると、体全体の形は犬のようになってしまうという。寺田物理学を学んだ平田森三は、こうしたキリンのまだら模様をひび割れ現象と関連づけて考察している。キリンが犬のような格好をした動物が進化したものだとしたら、たいへん面白い。

現代の科学技術は、寺田寅彦の生きた時代に比べて格段に進歩している。たとえば、レーザーを利用した特殊な顕微鏡や微量元素を分析する計測機器が開発されている。また、縞模様の繰り返しをコンピュータで画像処理したり、その周期性を解析する数学的手法や、その形成過程の数理モデルによるシミュレーションも行われるようになっている。こうした科学技術の進歩によって、地層、貝殻、樹木年輪などの縞模様のなかに、地球の歴史や環境変動のリズムや、火山噴火、地震、小惑星の衝突のような突発的事件（イベント）が記録されていることが明らかになってきた。

［注1］　リーゼガング現象……ゼラチンのようなゲルに一つの試薬を溶かしておき、これと沈殿をつくる他の試薬をゲル中に自然拡散させると沈殿物が縞状に形成されることがある。一八九六年にR・F・リーゼガングによって発見された。

■縞々学の成立

自然界のリズムや縞状構造の成因や意味を解明しようという研究者が多数集まって、「縞々学研究会」が一九八九年に発足した。この研究会には、地層や岩石鉱物を調べる地質学者、化石を調べる古生物学者、地球磁場の変動や気候変動といった物理的現象の変動（リズム）を調べる地球物理学者、そして生物学者、物理学者、非線形数学者など、さまざまな分野の研究者が集まっている。

研究会のメンバーは、それぞれ独自の観点からリズムや縞状構造を研究し、お互いに活発に議論をして新しい地球観や自然観を構築しようというのだ。本書のなかで紹介されるように、地球史を通じて生起してきたさまざまな変動（リズム）や突発的出来事（イベント）は、相互に複雑にからみあって地球を進化させてきたことが明らかになりつつあり、それらの発生原因や地球環境への影響をめぐって、いろいろな分野の研究者が共同して学際的な研究を進める必要性が高まっているからである。

こうした考え方や研究の方向性のそもそもの発端は一九八〇年にさかのぼる。カリフォルニア大学のアルバレズ父子らが、たった一枚の、しかも厚さわずか一センチメートル足らずの粘土層の分析から、白亜紀末に滅びた恐竜の絶滅原因に切り込んだのである。物理学者、地質学者、天文学者、化学者など、さまざまな学問分野の研究者からなる彼らのチームは、恐竜が滅んだ白亜紀と第三紀の境界に特徴的にはさまれる粘土層に、地球物質には乏しいイリジウムが高度に濃集していることを発見した。彼らは、イリジウムなどの白金属元素が巨大な小惑星の衝突によってもたらされたと考え、小惑星衝突が原因で恐竜が滅びたという大胆な説を提唱したのだった。

このような研究は、分野の異なる研究者が活発に議論し協力することで、新たな突破口を切り開き、研究を新たな方向へ展開できる可能性を示唆していた。こうした学際的な研究の進め方が、今後の地球科学の研究の方向性に関するすばらしいお手本となった。

一方では、一九八一年にオーストラリアの地質学者G・ウィリアムスが、六億年も昔の縞状堆積物の厚さの変化に太陽黒点変動が記録されているという論文を発表していた。この説自体は約一〇年後に彼自身によって撤回されることになるのだが、もしそうした堆積物の縞に太陽活動が記録されているのであれば、遠い昔にさかのぼっても一年ごとに環境の変動が読みとれることを示唆しており、これまでの地球史の研究にない新たな展開が期待された。しかも、こうした発想は、従来交流が少なかった天文学と地質学を結びつけるきっかけとなった。

これらの研究に衝撃を受けた熊澤峰夫(名古屋大学理学部)は、教室の仲間に呼びかけて、新しいセミナーを開催することを提案した。この呼びかけに応じて、教室の多くのメンバーが集まった。このセミナーの名前は、「GET(Global Event Tectonics, 全地球的事変テクトニクス)セミナー」と名づけられた。そして、全地球的規模で起こるさまざまな変動や突発的事件に関する研究談話会が、一九八〇年代前半にたびたび開かれることになった。もちろん、そのなかには自然界の縞模様から地球の歴史に関する重要な情報を読みとろうという試みも含まれており、セミナー参加者の間では「縞々学」と呼ばれるようになった。

ポストプレートテクトニクスを目指して

このセミナーのタイトルに、テクトニクスという、一般の人々にはあまり馴染みのない言葉がつけられている。テクトニクスとは、地球表層部の地質構造とその形成過程を研究する学問分野をさしている。一九六〇年代に確立されたプレートテクトニクスは、そうした研究の体系化であり、地球観に革命をもたらしたことでも有名である。

「GETセミナー」という名称には、プレートテクトニクスの次に来るべき新しい地球観の構築を目指そうという思想がこめられており、地球科学の研究分野の全面的な見直しが進められた。しかし、そのころの学界の趨勢は、プレートテクトニクス仮説の検証と精密化の時代であった。実際に八〇年代には国際リソスフェア探査開発計画（Development and Evolution of Lithosphere Project, 略してDELPと呼ばれる）という国際プロジェクトが推進されており、日本の多くの地球科学者は、プレートの沈み込み帯としての日本列島とその周辺海域の研究で大きな成果を挙げていたのだった。そうした研究の蓄積によって、プレート運動は検証され、プレートテクトニクスはゆるぎないものとして確立されていった。その反面、一九九〇年代や二一世紀の地球科学の挑戦課題としての魅力を失いつつあったといえよう。

こうした状況のなかで、全国の研究者が集まってさまざまな議論を積み重ねた結果、二一世紀に向けた新たな研究プロジェクトとして、地球多圏相互作用計画（Multi-sphere Interaction, Evolution and Rhythm Project, 略してＭＵＬＴＩＥＲ計画）が採択された。この計画では、地球全体を核、マントル、地殻、大気、海洋、生物圏といった多くの部分からなる巨大な系（システム）とみなし、地球を構成する多数のサブシステムの相互作用によって生み出される地球の動的状態と、その時間発展を解明することが目標として掲げられた。こうした研究をどのように進めるのかは、今後の検討課題であるが、「縞々学」の発想と通じるところが多く、リズムと縞々は地球多圏相互作用計画の大きな柱として、とり上げられるようになった。

■地球システム科学構想の具体化へ

ところで、地球多圏相互作用の解明には、地球システム科学の考え方が有効である。今日ではシステムという言葉はいたるところで用いられている。そもそもシステムとは組織とか体系という意味であるが、対象によって定義が異なる場合がある。一般的には、多くの要素からなる全体が一つの機能を果たすものをさして、システムと呼んでいるようである。

自然科学にシステム科学とかシステム論と呼ばれているアプローチの基礎固めを行ったのは、Ｌ・フォン・ベルタランフィである。彼は、今から二〇年以上も前に『一般システム理論』（邦訳みすず書房、一九七三）で、自然科学から社会科学までを含めた科学的思考における新しいパラダイムとして、システム理論の有用性を論じている。それまでの自然科学は要素還元論が主流であった。たとえば生命とは何かといった疑問に対しては、生物の器官、細胞、遺伝子、DNA塩基配列というように、構成要素を細かく調べていく方法が採用された。こうした視点に対して、システム論では、全体としてどのように機能しているのか、全体を構成する多くの要素がどのように相互作用しているのかをつきとめることによって、生命現象の本質に迫ろうというのである。

システム論的考え方は、研究対象を単純な要素に分解できない社会科学、医学、精神科学などの研究分野に広く普及していった。こうしたなかで、英国のJ・ラブロックは、地球という惑星も一つの生命体のように振舞っており、地球上の生物全体が地球環境の維持に積極的にかかわってホメオスタシス（恒常性）を成立させているとする、ガイア思想を展開している。

日本でも、地球が多くの構成要素からなる巨大なシステムとみなすことができるという視点に立った研究は、一九七〇年代に島津康男（東邦学園短大、当時名古屋大学理学部）によって始められている。その思想は彼の著書『地球の物理』（裳華房、一九七二）で論じられているが、著者が学生だったころ、島津教授は口癖のように、「この本は地球物理学の教科書ではなく、『地球の物理（ことわり）』について論じたものである」と学生に言い聞かせ、システムとしての地球のとらえ方を説いたことが強く印象に残っている。

最近になって、NASA地球システム科学委員会が、地球環境変動の研究にシステム論的なアプローチを提案した報告書『地球システム科学（Earth System Science）』（一九八八）を発表した。固体地球科学におけるシステム論的研究の課題は、資源やエネルギー問題、自然災害に関する問題へと向かっている。米国科学アカデミーの報告書『固体地球科学と社会（Solid Earth Sciences and Society）』（一九九三）は、固体地球科学におけるそうした研究の必要性を論じたものであり、「地球学」と呼びかえてもよいであろう。

■全地球史解読計画

地球のリズムや多圏相互作用の研究がシステム論的アプローチをとる研究であることが、MULTIER計画の中心課題の一つとして位置づけられるようになった一因であると思われる。

こうした構想に、さらに丸山茂徳（東京工業大学理学部、当時東京大学）、磯﨑行雄（東京工業大学理学部、当時山口大学）が加わった。彼らは地球史プロジェクトと称して、世界各地から地球史四六億年の記録である岩石試料を、系統的にかつ大量に収集し分析するという研究を進めていたのである。

地球科学の持つ特殊性の一つに歴史性がある。地球科学は、地球の構造やその時間発展を研究する学問分野であり、地球という惑星があってはじめて成立する。地球が宇宙における唯一無二の天体であることは、地球がなぜ、どうして進化したのかと同等のレベルで、いつどこで何が起こったかを知ることが大切であることを意味する。ここに地球史プロジェクトの思想的原点がある。

地層や岩石から地球の歴史を解読する研究は、海洋底堆積物の柱状試料（コア）が採集されるようになった一九六〇年代以後に活発に進められている。しかし、海洋底の堆積物に記録された地球の歴史は、せいぜい過去二億年にすぎない。それより古い時代の海洋地殻は、プレート運動によってマントルに沈み込んでしまっているからである。

丸山、磯崎らは、これを地球が誕生した当時までさかのぼろうと考えているのである。彼らは、二億年より古い時代の海洋地殻がプレートの沈み込みの際にはぎとられ、大陸内部の造山帯中に露出していることに世界に先駆けて眼をつけた。こうした古い時代の岩石を研究することで、プレートテクトニクスにとってかわる、空間的には地球全体を視座に入れ、時間的には全地球史にわたる包括的な地球観が生み出されるものと期待されている。これは地球科学において今日重点的に推進すべき研究であろう。こうした背景から、地球史プロジェクトもMULTIER計画と密接にかかわっており、リズムの研究と融合して「全地球史解読計画」[注2]が浮かび上がってきた。

さて、丸山、磯崎らの研究グループが収集した試料に何が記録されているのか。地球史の記録媒体から意味のある情報を読みとるには、どのような分析や解析を進めればよいのだろうか。堆積岩は地球表面で起こるさまざまな現象や突発的出来事を記録したテープレコーダーのようなものである。それを解読するには、現在地球で生起している周期的、非周期的変動をよく理解し、それが堆積物や生物の成長縞にどのように記録されるのかを調べなくてはならない。また、地球上でどのような現象が生起しているのか、あるいは生起してきたのかを知っておく必要がある。そこで、われわれは地球上で起こっているリズミカルな変動現象をくまなく探して、その特徴や相互の関連性を調べる研究、「アラユルリズム（すべてのリズムという意味）計画」を始めた。これは、これまでに認識されたすべてのリズムを周波数軸上でとらえようという立場から始められており、時間軸上で地球史をとらえる「全地球史解読計画」と表裏一体のものと見なしてよいだろう。

「全地球史解読計画」のリーダーである熊澤峰夫は、この計画を島津康男の唱えたシステム論的地球研究の、今日的課題を通じての具体化であると位置づけている。そして、この計画を考古資料の解読を例にとり、次のように説明する。

考古資料の解読は、①適切な場所をかぎつけて適切な資料を採集確保する段階、②後の時代についた傷や汚れを区別して、オリジナルな記号を読みとる記載の段階、③文字や文法を解読して内容を解読する段階、④それが記録し残された時代背景や歴史的必然性を解読する段階、の四段階に分けられる。考古学との類似性は、試料の発見、確保に重点を置くことであり、これは丸山らのグループがすでに始めている。試料確保の場所や種類の選定、記載の仕方や内容の解読には、アラユルリズム計画が役に立つだろう。また、意味解読としての斬新さは、物理的モデルを最大限に活用し、数値シミュレーションを行って物理的必然性まで理解することにある。

［注2］全地球史解読計画……Decoding the Earth Evolution Program, 略してDEEP。堆積物は下から上へ積み重なって堆積していくので、深部ほど古い時代の出来事が記録されている。全地球史解読計画では、先カンブリア時代の地球史の解読に焦点が当てられており、DEEPには「地球史を過去へ向かってさかのぼる」、あるいは「初期地球の地球環境の復元を目指す」という意味が込められている。

こうした研究構想は、野外調査からコンピュータを用いた数理解析まで、研究の手法や分野の異なる研究者が連携することが前提になっており、真の意味で学際的なものである。また、こうした研究に携わる研究者には、広い視野を持つことと、異なる分野の言語を理解することが要求される。つまり、異なる分野の研究者がただ集まるのではなく、「ひとり学際主義」の意識を持つことが大切なのである。

■新しい地球観へ向けて

縞々学は、四六億年の地球の歴史のなかで、地球上で起こった周期的な変動（リズム）や突発的な出来事（イベント）を手がかりに、地球の動的状態を理解しようというものである。

私たちは、潮の満干や日夜のサイクル、季節の移り変わりのなかで、日々生活している。空を見上げれば形の変わった雲があり、時々刻々と形を変えている。また吹くそよ風にも風の息がある。もし、こうした変化がまったくない静寂の世界に連れていかれたら、やりきれない退屈さをもてあますことになるだろう。とくに日本人は古くからそうした天候や季節の変化に愛着を感じており、独特の風土のなかでおびただしい芸術作品を生み出してきた。

ひるがえって、地球史におけるリズムの研究の延長も、生物で満ち溢れた地球という惑星の風土の研究なのではないかという気がしてくる。地球上で生じるさまざまなリズムやイベントは、地球の息吹にも感じられるものである。従来、地球の歴史を扱った学問である地史学の内容は静的であり、躍動する地球の姿を生き生きと描いたものではなかったように思われる。しかし、地球上で発生したリズムは、さまざまなフィードバック機構を介して相互作用を繰り返し、地球の状態を維持し生物圏を育んできた。こうした積み重ねの結果が今日の地球であり、化石や地層の縞の意味を解明することは、過去におけるリズムの性質や地球の状態を知る鍵となるわけである。

さて、このように地球を動的状態に維持しているエネルギー源は、大きく二つに分けられる。一つは地球内部の熱エネルギーである。これはマントル対流やプレート運動を引き起こし、地震や火山噴火の発生原因となるだけでなく、長期的には大気中の二酸化炭素濃度の変動や、海岸線の前進や後退(海水準変動)のリズムを発生させている。また、地球内部のエネルギーは、地球中心核の流体運動を引き起こし、地球磁場を生成維持している。

もう一つは、地球表面の温度分布を支配している太陽エネルギーである。地球表面温度は、太陽から受けとるエネルギーと、赤外放射として地球が宇宙空間に放出するエネルギーのバランスで決まっており、日射量の空間的不均質を解消するように、大気や海洋の運動が生じている。つまり、地球を構成する大気、海洋、地殻、マントル、核には常に熱や物質の流れがあり、その変化がさまざまな環境変動を生み出しているといってもよい。

このような系をシステム論では非平衡開放系と呼んでいる。開放系であることは、地球システムとそれをとりまく太陽や宇宙との間に、物質やエネルギーのやりとりが存在することを意味している。

また、非平衡であることは、生体現象、対流現象、反応拡散現象のように、外からエネルギーを注入されて自己組織化した運動（安定状態）が維持されていることを意味している。ノーベル化学賞を受賞したベルギーのI・プリゴジンは、このような平衡から遠く離れた系が時間発展によって到達する安定状態を「散逸構造」と呼び、力学と熱力学を統一した理論を大きく発展させている。地球や宇宙の進化も「散逸構造」としてとらえることができるだろう。

さらに地球システムが持つ大きな特徴に、非線形性がある。原因と結果に比例関係が成立している系は、線形システムと呼ばれている。この場合、原因を特徴づける要素が二倍になると、その結果として生じる要素も二倍になる。そして、全体の変動は個々の変動のたし算で決まるため、その振舞いは比較的単純である。しかし、自然界にある複雑な系では、比例関係が成立していないことの方が多く、線形でないという意味で非線形システムと呼ばれている。非線形システムでは、パラメータの値によって周期的変化が発生したり、カオスと呼ばれる複雑な変化を発生することが知られているが、まだまだ未知のことが多く、今後の研究の発展が期待されている。いずれにしても非線形システムでは、系の振舞いはいくつかの安定状態の間を行ったりきたりして振動しているので、非線形の振動子（振り子）として扱われることが多い。そして、こうした振動子が相互に影響を及ぼし合っている場合には、振動の位相が同期したり、一方の振動子の周期がもう一つの振動子の周期に引き込まれたりすることが知られている。

同様に、大気、海洋、固体地球の運動に、非線形のフィードバック機構をそなえた相互作用が存在するとすれば、一見独立に見えるリズミカルな変動間にも、なんらかの関連性が存在することが予想される。そのような周期引き込み現象の身近な例として、生物の体内リズムがある。外界からの刺激を立ち切ると、人間を含めた多くの動物には、約二五時間周期の覚醒と睡眠のサイクルのような生体リズムが現れる。こうしたリズムは、地球自転による一日周期に近いので、概日リズム（サーカディアンリズム）と呼ばれている。しかし、私たちは日夜のサイクルのなかで生活しているために、体内時計は二四時間周期の地球時計に同期してしまっており、約二五時間周期の生体固有のリズムは顕在化していないのである。地球のリズムにも同様に、さまざまなリズム間の同期現象が存在するのではないだろうか。

また、非線形システムの特性には、発生する変動の周期が基底周期の二倍、四倍、…というように増加してカオスを発生するものもある。同様に、地球システム全体の動的特性が、さまざまなリズム間の周期構造として反映されているのかもしれない。

このような観点にたって、地球上で生起したさまざまなリズムの相互の関連性や、相互作用のメカニズムを解き明かしていくことによって、これまでの地球史に対する見方と根本的に異なる、ダイナミックな地球史像が明らかにできるのではないだろうか。

■ 地球システムの周期構造

そこで、本書でこれから述べられる地球や宇宙のリズムを周波数軸上に表して、それらの間に簡単な規則性が存在するかどうか、その全体像を概観してみよう（図1）。

数日から一〇〇年の時間スケールの変動には、地球の自転、公転、月の公転によって生じるリズムがある（第9章参照）。これらによって生じる日変化、月変化、年変化は、大気・海洋の変動や生物圏の変動だけでなく、潮汐を介して群発地震や火山活動にも影響を与える場合がある。

太陽活動には一一年周期の太陽黒点変動、二二年の太陽磁場極性反転周期のほか、約八八年のグライスバーグ周期、二〇〇年周期の変動がある（第8章参照）。

大気・海洋の運動は、地球が受けとる太陽エネルギーの緯度方向の不均一を解消しようという流体運動であり、三〇日～六〇日周期の変動、準二年の振動、数年から一〇年ぐらいのサイクルを持つＥＮＳＯ（エルニーニョと南方振動、第4章参照）がある。内

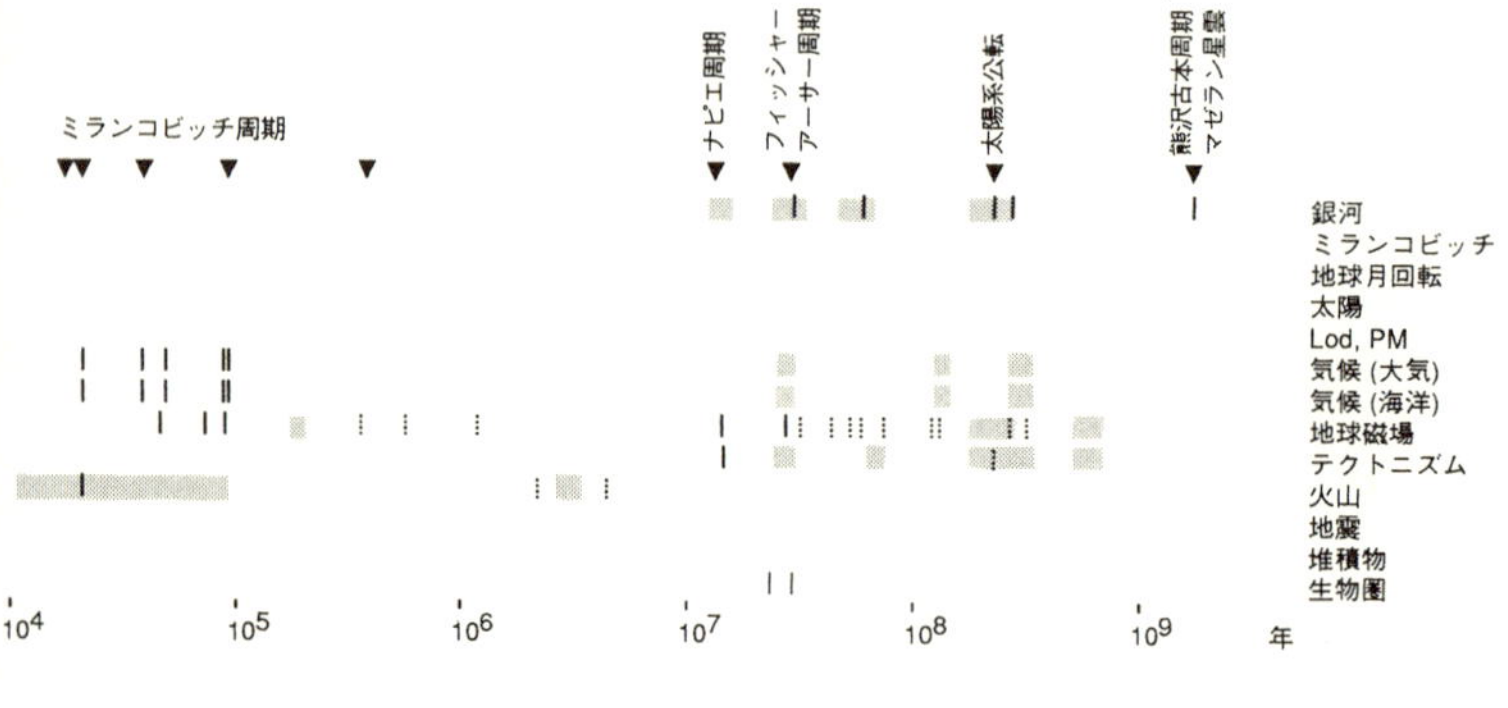

図 1　地球史リズムの周期構造

横軸に変動の時間スケール（周期）をとり，地球の各サブシステムについて，地球のリズムを表示したもの．周期的現象は線で，概周期的現象の時間スケールは灰色の帯で示されている．

10^{-2}-10^{2} 年の周期性には，地球や月の公転のリズム，太陽黒点変動がある．大気・海洋のリズムとして，エルニーニョ現象がある．エルニーニョの再来周期は平均 3.8 年であるが，大規模なものは約 10 年に一度の割合である．大気・海洋の変動は固体地球との間に角運動量のやりとりをともなうので，地球回転変動（Lod：1 日の長さ，PM：極運動）にも反映されている．短い時間スケールの地球磁場の変動には太陽活動の変動が関与している．地震や火山噴火が潮汐と同期することがある．

10^{2}-10^{6} 年の変動には，太陽活動の約 200 年の周期性，地球磁場の非双極子成分の西方移動（約 2300 年周期），およびミランコビッチサイクルがある．最近になって，最終氷期のなかに 10^{2}-10^{3}年の卓越周期を持つ急激な寒暖の繰り返し（ダンスガードオシュガーイベント）が発見された．

10^{6}-10^{9} 年の周期性には，約 3 億年周期の太陽系の銀河系のまわりの公転運動や約 20 億年周期のマゼラン星雲の回帰がある．

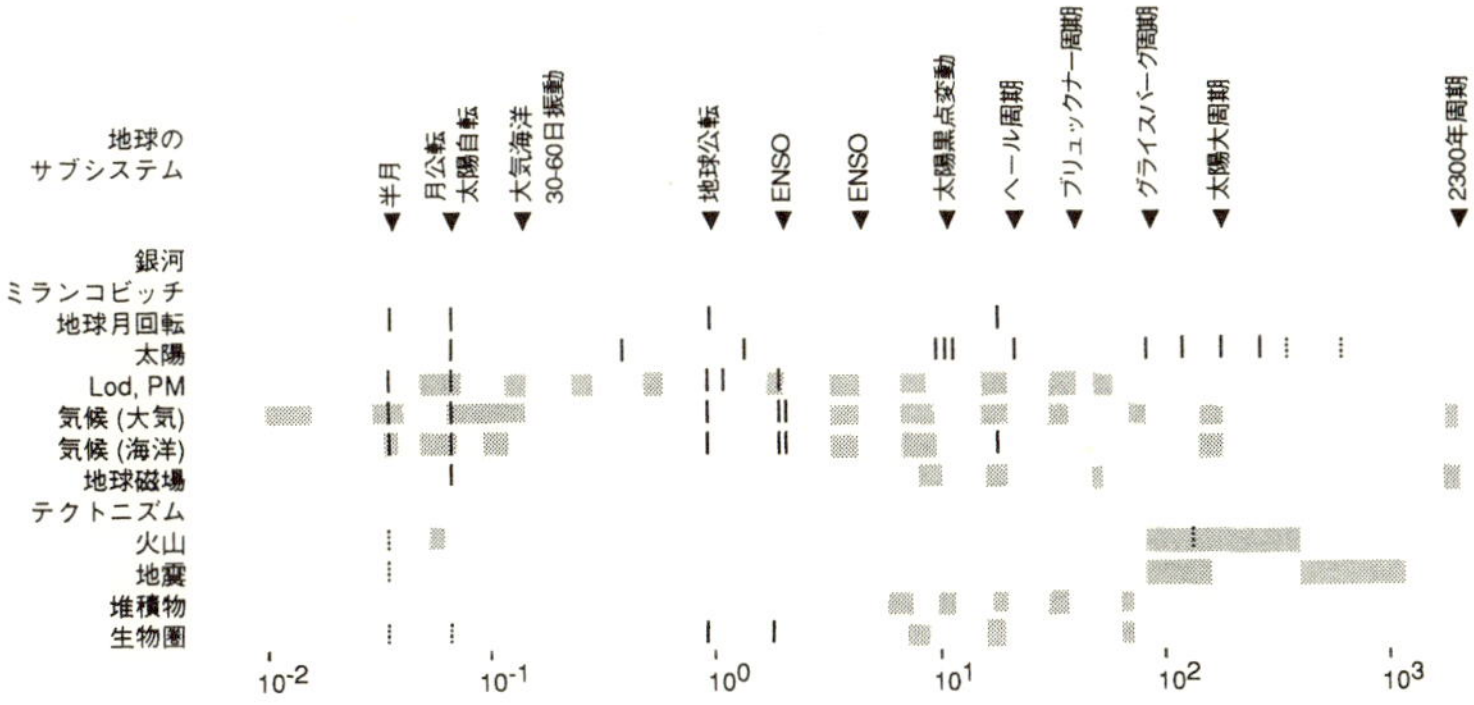

藤勲夫（国立天文台）によると、こうした変動が地球回転速度の変動に明瞭に反映されており、それらの周期に二倍、四倍、…といった級数関係があるらしい。

一〇〇年から一〇〇万年の周期性を調べてみると、大気・海洋の変動の記録として深海底堆積物や極氷床にミランコビッチサイクルにともなう変動が記録されている（第6、7章参照）。この周期帯には固体地球や大気・海洋自身が生み出す変動（自励的振動）が発生していないので、地球軌道要素のわずかな変化にともなう日射量の変動が外力となって、地球表層環境に大きな影響を与えているのではないかと思われる。

地球磁場の変動にもさまざまな時間スケールの変動があり、その原因は太陽磁場の変動や地球内部のダイナミクスにあると考えられている（第8、12章参照）。地球磁場は大局的には棒磁石のような形態をした双極子磁場で表される。実際の地球では地域ごとに双極子成分からのずれがあり、非双極子磁場と呼ばれている。この成分は徐々に西方へ向かって移動しており、約二三〇〇年で地球を一周すると見積もられている。これに対応する周期性が気候変動や太陽活動にも存在するという報告があるが、それらの関連性はまだ充分調べられていない。

一〇〇万年から四六億年の周期性には、顕著なものがいくつかある。まず、最も顕著な周期性に約三〇〇〇万年と約三億年がある。前者には、生物の大量絶滅、地球磁場の逆転頻度、衝突クレーターの生成年代、海水準変動、大陸洪水玄武岩の活動など多くの例があり（第11、12章参照）、これらの因果関係をめぐっては、さまざまな相互作用のシナリオが提出されている。最近になって英国のW・

M・ナピエが、銀河の構造を反映して、三〇〇〇万年の周期の半分にあたる一五〇〇万年の周期性が存在する可能性を論じており、地球磁場の逆転、火成活動に対応する周期性があることも指摘している。

後者の約三億年の周期性には、海水準変動、気候変動、造山運動のサイクルがある（第11章参照）。これは、銀河中心のまわりの太陽系の公転周期に対応している。さらに長い周期性には、マゼラン星雲の回帰によって生じる約二〇億年の周期性があり、熊澤峰夫や古本宗充（金沢大学理学部）によれば、地球表面と月面のクレーター生成頻度や太陽近傍の星の形成年代にも対応する二〇億年の周期性があるという（第10章参照）。

ここで、一〇〇万年より長い周期の変動は、地質時代の年代決定の精度がよくないことや、記録が断片的であることなど、現象の周期性自体もう一度詳しく吟味する必要があることに注意しなくてはならない。また、短い周期の現象は、地球形成期にまでさかのぼっても存在するのかどうか確かではない。

こうした不確定性が存在するものの、これまでに指摘された周期的現象が周波数軸上でランダムに分布しているわけではないことは注目すべきことであると思われる。そして、太陽に一一年、二二年、八八年、…、マントルや核の運動にともなう変動に、一五〇〇万年、三〇〇〇万年、六〇〇〇万年、…といった級数関係が成立するように見えることは単なる偶然ではなく、非平衡開放系としての地球や宇宙のリズムを特徴づける「ボーデの法則」［注3］と呼んでもよいように思われる。また、三〇〇〇万年の周期性のように、地球を構成する多くのサブシステムの変動にほぼ共通した周期性が存在することは、それらが相互に共鳴し合っていることを示唆しているのではなかろうか。

こうした視点にたって、本書は、地球とそれをとりまく宇宙のリズムやイベントが、人類の歴史を通してどのように理解されてきたのかを眺めながら、縞々学がどのような研究を目指しているのかを考えたものである。地球のリズムを研究することが知的探究心の発露として、地球科学のこれからの重要な研究課題として、たいへん魅力的なものであることを語ろうと思う。

［注3］　ボーデの法則……惑星の太陽からの平均距離が簡単な数列で表されることが一七八一年にJ・E・ボーデによって示された。太陽からの n 番目の惑星の軌道半径を a_n とすると、$a_n = 0.4 + 0.3 \times 2^n$ で表される。

II

高時間分解能で地球史を読む

Look into the Earth History in Terms of High Temporal Resolution

■2――珪化木は語る

縞状堆積物や生物の成長縞を利用すれば、人類出現以前のはるか昔の出来事でも、日記を読むように、一日や一年ごとに時間的推移を調べられる可能性がある。熊谷博之（名古屋大学理学部）は、こうした研究に興味を示した研究者の一人である。

普通、年代が古くなればなるほど出来事の起こった時間の推定誤差の範囲が大きくなり、出来事の推移も読みとりにくくなる。ところが彼は、堆積物や化石を従来とは異なる視点で扱うことで、それらに秘められた地球の歴史を鮮明に解読できることを示す研究を行った。岐阜県美濃地方の蜂屋層から産出される珪化木［注1］の年輪の縞に着目したのである。

岐阜県美濃地方の飛驒川の両岸には、蜂屋層と名づけられた第三紀中新世（約二〇〇〇万年前）の火砕流堆積物が露出している。ここは、多数の珪化木が含まれていることで地元の人たちの間では有名であった。火砕流堆積物というのは、雲仙普賢岳の火山活動で見られるような、固まったばかりの熱い溶岩の塊が重力的に不安定になって火口から崩落して発生する粉砕流が堆積したものであり、流れ下る際にとり込まれた岩やなぎ倒された樹木が多数含まれている。

蜂屋層から採集された珪化木は真っ黒に変色していたが、顕微鏡で観察するといずれの試料でも明瞭な年輪はもちろん、一つ一つの細胞までくっきりと観察することができた（図1）。そこで、熊谷は珪化木試料それぞれについて年輪幅を計測し比較していった。

■年輪年代学とは

欧米では、年輪年代学や年輪気候学という分野の研究が盛んである。米国のアリゾナ大学には、これらを専門に研究している年輪研究所がある。

［注1］珪化木……地中に埋もれた樹木が珪酸（シリカ）と置き換わって石化したもの。

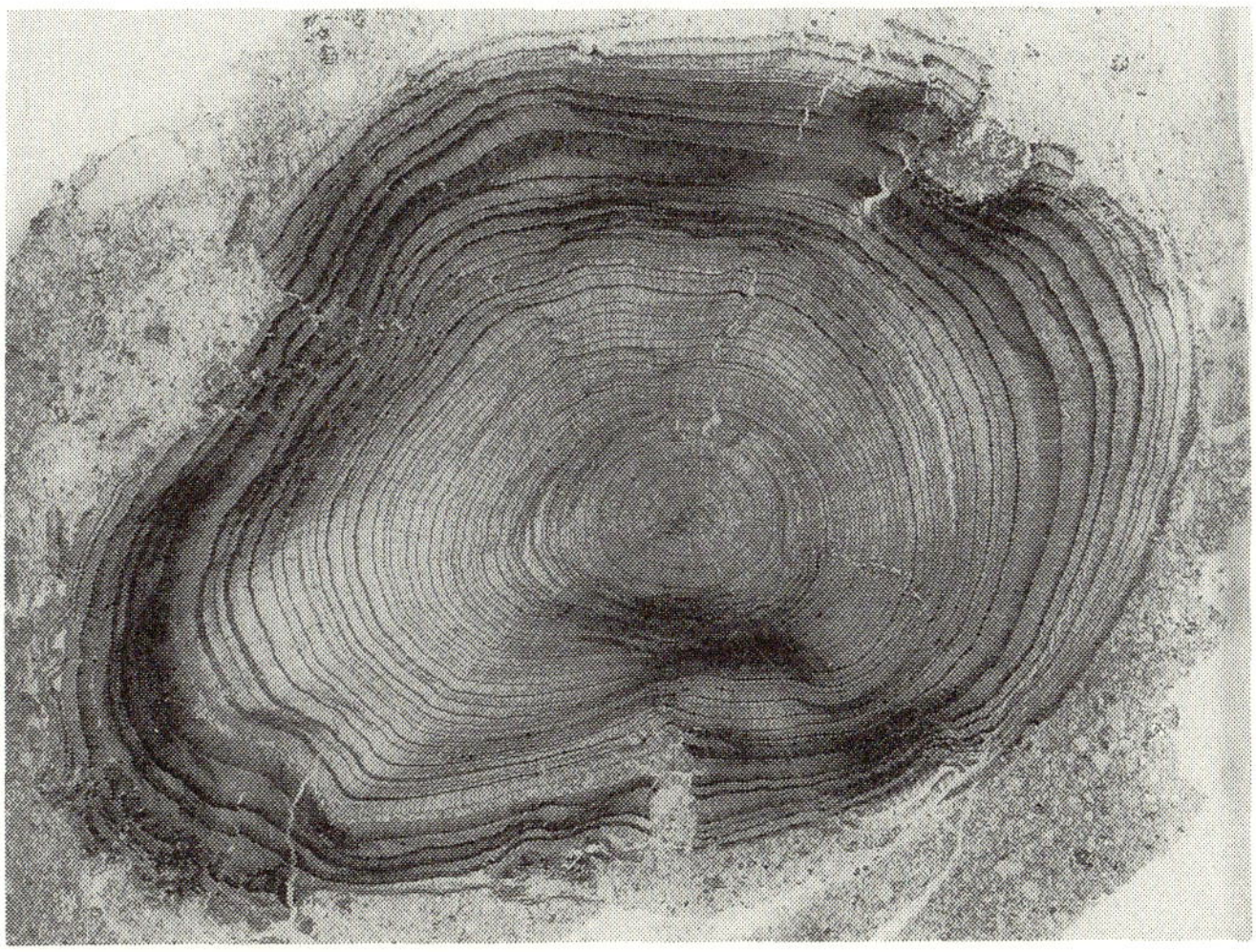

図1　珪化木の薄片写真［熊谷博之提供］

温帯やサバンナ気候のように季節変化が明瞭な地域では、樹木の成長にはっきりした季節変化があり、明瞭な年輪が刻まれている。

年輪幅が気温や干ばつの影響を受けていることを利用して、過去の気候の復元を最初に試みたのは、米国の天文学者のA・ダグラスであり、二〇世紀にはいって間もない頃である。彼は太陽活動と気候の関連性を解明したいと考え、年輪分析を始めたのだった。今日では、ダグラスの遺志をついだ年輪研究所のH・フリッツらによって手法が確立され、気候変動の復元や、遺跡から出土した樹木の年代決定に威力を発揮している。

年輪解析には、ある地域の気候変動が周辺の多くの樹木に似たように作用し、特徴的な年輪幅のパターンを刻んでいくことを前提としている。個体差をとり除くため、同じ時代に成長した多数の樹木の年輪を平均して標準年輪曲線が作られる。そして、異なる時代の標準曲線を重ね合わせて過去へ延長していくことによって、長期にわたる標準年輪曲線が作られる（図2）。このような年輪合わせをクロスデーティングと呼ぶ。

ひとたび標準年輪曲線が作られてしまうと、考古学的な資料に認められる年輪変動をそれと比較することによって、年代が決定されるわけである。

■——珪化木が語る火山活動史

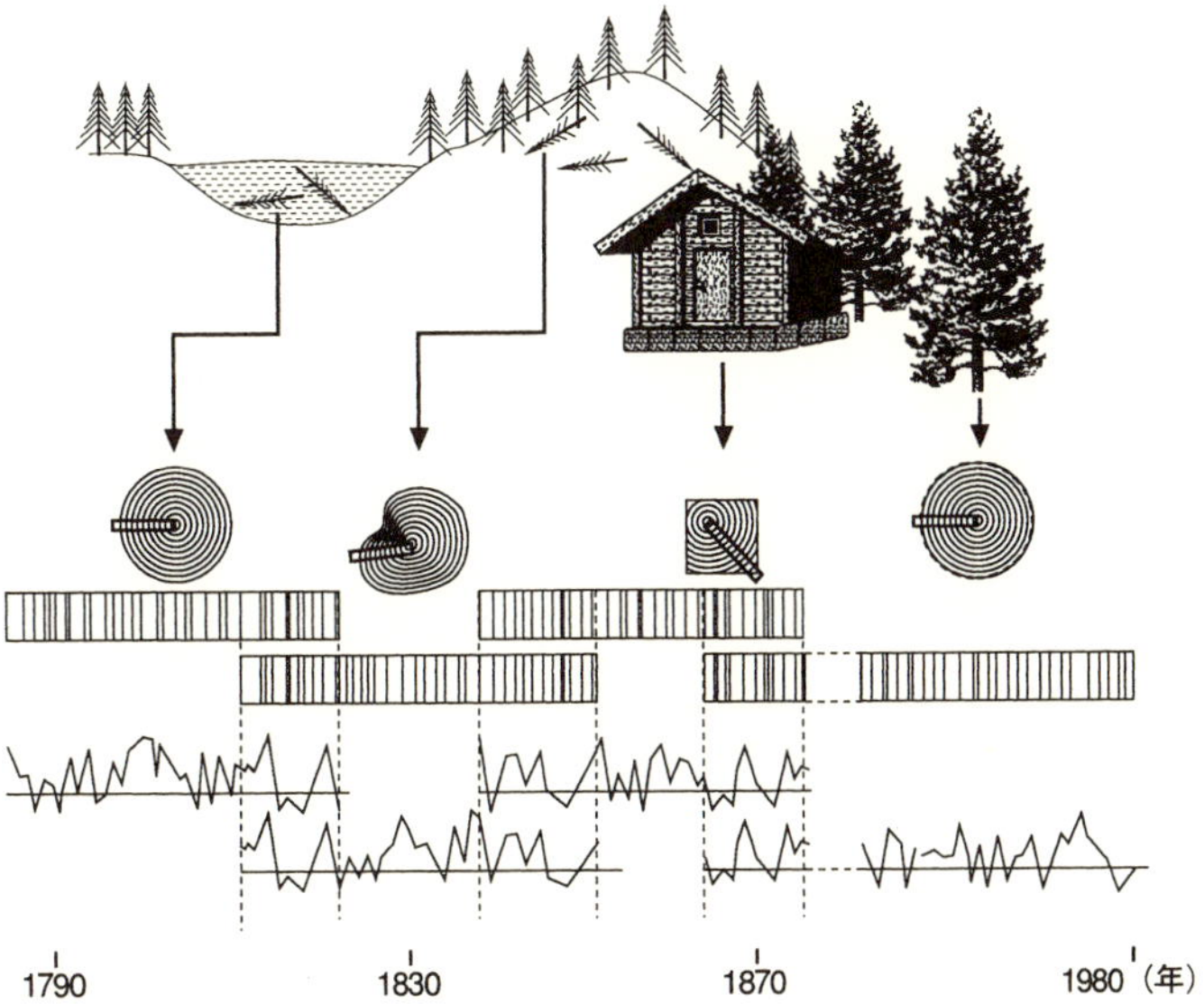

図２　年輪合わせと標準年輪曲線の作成方法［Schweingruber (1988) による］
年輪曲線の縦軸は年輪幅指数.

こうした欧米の研究成果を参考にしながら、蜂屋層の珪化木一つ一つの年輪変動曲線が対比され、統計的に有意に相関があるものが選び出された（図3）。それぞれの樹木には、固有の年輪幅の変化も見られるが、全体としてはよく相関していることがわかる。このことは、珪化木がほぼ同じ時期に、しかも地理的に近い場所で生育したものであることを意味している。

また、個々の年輪変動曲線の終わりは、その個体試料がなぎ倒された年代を表していると考えられる。そこで問題になるのが、なぜこれらの珪化木はなぎ倒されたのかである。さまざまな可能性のなかで熊谷は、蜂屋層の珪化木は火山活動によって発生した火砕流でなぎ倒されて化石化したのだろうと直感した。しかしながら、樹木は寿命

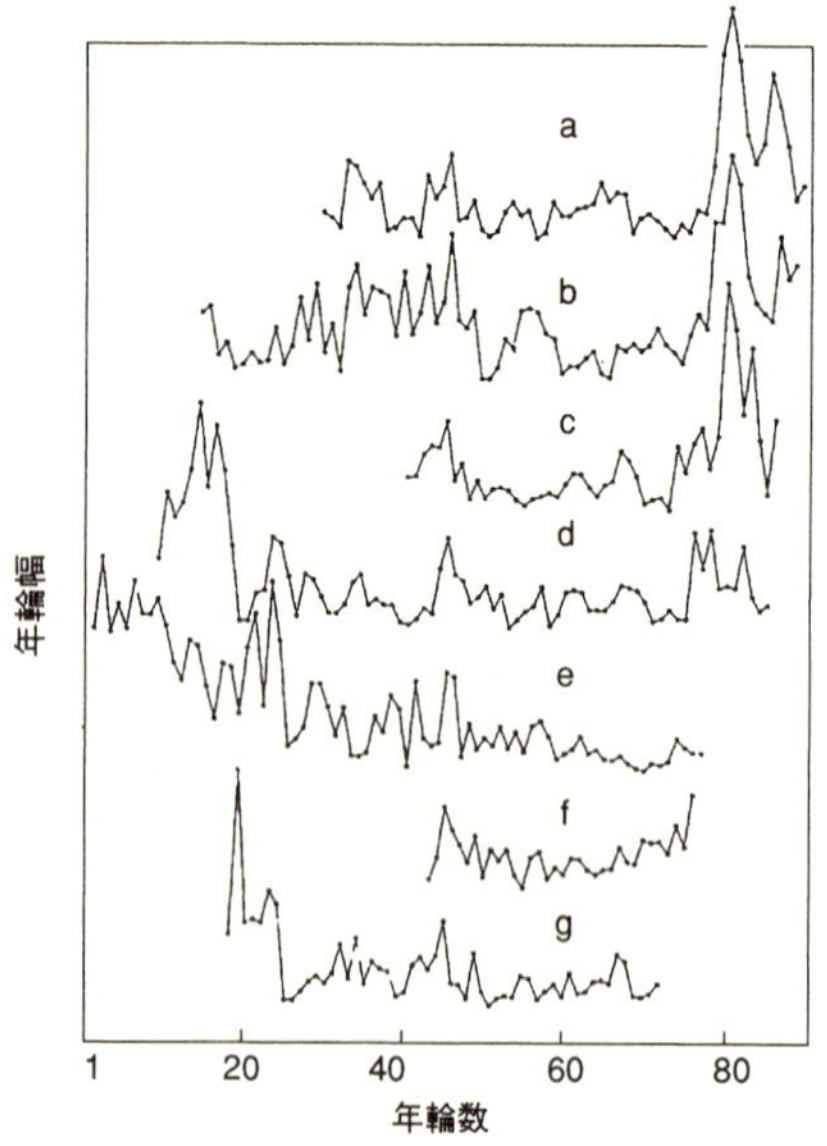

図3　蜂屋層珪化木の年輪合わせ
[Kumagai and Fukao (1992) による]

がきたために枯れてしまった可能性が否定されたわけではなく、学会での発表をためらった。

ところが、世界の火山災害とそれによる森林への影響、とくに樹木の成長との関係に関する報告を丹念に調べていた熊谷は、一九八〇年の北米のセントヘレンズ火山の大爆発の文献に示された一つの図に眼が止まった（図4）。それは、セントヘレンズ火山の爆発後にも生きながらえた樹木の年輪の記載であった。一九八〇年の爆発で多くの樹木がなぎ倒されてしまったが、運よく生き残ったものは、近くの競争相手が減少したため、急に成長がよくなったのである。

すぐに蜂屋層の珪化木の年輪変動曲線を見直した熊谷は、興奮のあまり胸が高鳴っ

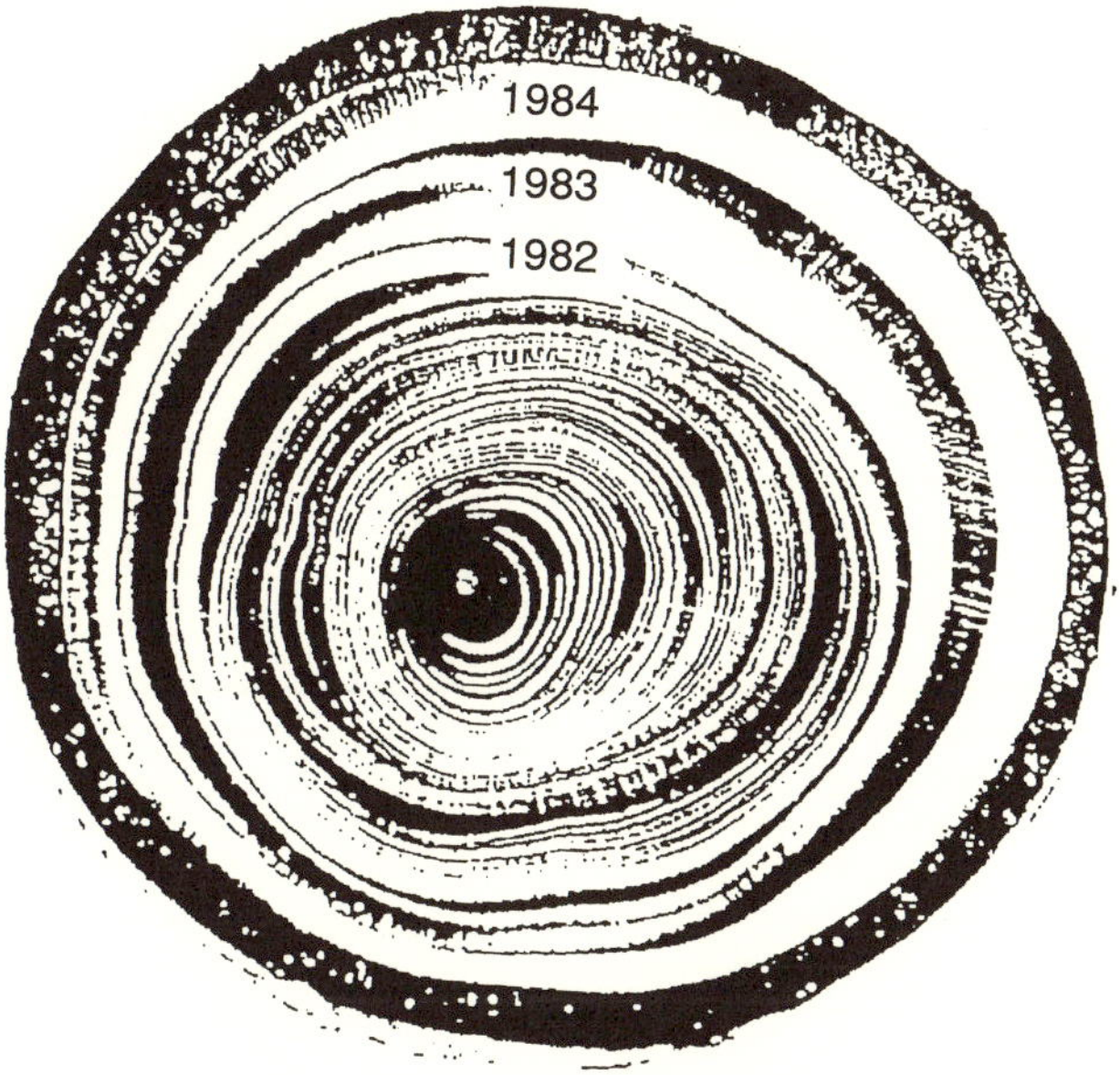

図4　1980年のセントヘレンズ火山の爆発で生き残った樹木の年輪
[Schweingruber (1988)による]
爆発以後には急激に成長がよくなっている.

た。図3に示された、試料e、f、gがなぎ倒された後も生き延びたと考えられる試料a、b、c、dは、その後急激に成長がよくなっているではないか。この発見はさっそく米国地球物理学連合の学術雑誌（*Geophysical Research Letters*）に投稿された。

一九九三年三月に福岡県の博多で「地球環境進化史—四〇億年」と題する科学技術庁主催のフォーラムが開催され、縞々学に関心のある多くの研究者が出席した。このフォーラムの間に、活発な火山活動を続ける雲仙普賢岳の見学が含まれており、現地の水無川の土石流の産状をつぶさに観察することができた。そこで

図５　上：水無川の土石流，下：蜂屋層の珪化木［熊谷博之提供］

見た土石流と、そのなかに埋まっているなぎ倒された樹木の生々しい姿は、岐阜県の飛騨川岸に露出する蜂屋層の珪化木と酷似していたのである（図5）。水無川の土石流の上を歩きながら、蜂屋層の珪化木は当時の火山活動を記録していることが、もはや疑いようがないことを実感することができた。

珪化木から二〇〇〇万年前の火山活動史が、一年刻みという高精度で読みとれたのであるから、現在活動を続けている火山でも、火砕流堆積物中の樹木片を使って火山活動史が復元できるはずである。方法論を確立するためには、ぜひ新しい火山でそれを確かめる必要がある。そこで、浅間山の天明の大爆発（一七八三年）や富士山の宝永噴火（一七〇七年）で死滅したと考えられる埋没樹木の解析も進められている。年輪年代学や年輪気候学があるなら年輪火山学があってもいいのではないかというのが、こうした研究の出発点なのである。

年輪から読みとれるものはそれだけではない。歴史時代や先史時代の巨大地震や大規模な山崩れも記録されている可能性がある。それには、埋没年輪の産状を詳しく観察する必要がある。そして、その時代を特定するのに埋没年輪が役に立つわけだ。樹木年輪を用いた地球の歴史解読は、縞々学の目指す研究の格好の具体例の一つといってよいだろう。

■3——湖成堆積物は語る

前章では、珪化木の縞を利用した研究が、過去の火山活動を探る新しい可能性を切り開きつつあることを述べた。ここでは、湖成堆積物の解析から、歴史的記録のない時代に起こった被害地震を探る試みについて紹介することにしよう。

日本は変動帯に位置するため、地震による被害をたびたび受けてきた。歴史時代の地震被害のようすは、『日本書紀』や『三代実録』などの歴史書のほか、さまざまな時代に書かれた日記や随筆などにも記録されている。現在、日本で最も古い地震の記録は『日本書紀』にある西暦四一六年八月二三日の河内の地震であり、「允恭天皇五年七月十四日己丑、河内国地震フ」と記されている。

歴史資料のなかには、どこでどういう被害があったかが記録されているものがあり、そういう資料が豊富な地震に対しては、被害状況とその地理的分布から地震の規模を表すマグニチュード（M）や、地震がどこで発生したのかを示す震央の推定が可能である。こうした情報は、地震の発生メカニズムの解明や、来るべき地震を予知する場合の貴重な情報となる。

宇佐美龍夫によってまとめられた『新編 日本被害地震総覧』(東京大学出版会、一九八七)には、西暦四一六年以後の六五三の地震が納められており、かなりの地震に対してマグニチュードや震央の位置が推定されている。わが国に長期間にわたる被害地震のカタログが存在することは、地震学者や歴史学者の長年の努力の産物であり、貴重な財産といってよいだろう。

しかし、古い時代の地震ほど記録が乏しくなり、どこで地震が発生したのかが不明であったり、被害の記録が不十分で地震の規模が推定できなかったりする場合が多くなる。実際に、西暦一六〇〇年以前の地震については、資料が急激に乏しくなり、震央の位置や規模が不明な地震が多くなる傾向がある。そこで注目されたのが湖底に眠る堆積物なのである。

■堆積物に記録された地震イベント

縞々学の研究者は美しい縞状堆積物に魅せられる。一九八八年に岐阜大学教育学部の四年生だった長屋啓子と長谷川ゆかは、卒業研究として縞状堆積物の調査にとり組んだ。場所は富山県の立山火山を縦断するアルペンルートの室堂駅の北にある地獄谷である。ここでの堆積物には、硫黄と砕屑物からなる美しい縞模様が観察された(図1)。

図1　立山火山地獄谷の縞状硫黄堆積物

白っぽい色をした硫黄に富んだ層と，黒っぽい色をした砂や粘土に富んだ層の組合わせが1年ごとのリズムを刻んでいる．

小林武彦（富山大学理学部）らの調査によると、この堆積物は立山火山の水蒸気爆発でできた火口湖に溜まったもので、今から約三〇〇〇年前のものである。また、この堆積物の構成物質の分析や珪藻群集の解析から、縞模様が季節変化を反映したものであり、冬季に堆積した黄白色で硫黄に富んだ層と、夏季に堆積した暗灰色で砕屑物に富んだ層がセットとなって、一年ごとの縞を刻んでいることが明らかにされている。

この堆積物の研究の目的は、縞状堆積物の厚さ変化の周期性を調べることであったが、水平に堆積した地層が乱されて褶曲している部分が何層もあり、近くで発生した地震によって形成されたものではないかと思われた。

長屋と長谷川は、長野県木曽郡王滝村の滝越湖成層の調査も行った。ここでは、厚い土石流堆積物が粘土やシルトからなる縞状堆積物にはさまっており、間欠的に土石流が発生したことが読みとれた。王滝村では一〇年ほど前（一九八四年）に発生した長野県西部地震で御嶽山の山腹が崩壊し、土石流によって大きな被害を被った。滝越湖成層中の土石流堆積物も、内陸直下型地震によって誘発されたものではないだろうか。

地震の発生源である活断層が密に分布している地域や、過去に被害地震を経験した地域では、まだ湖底に眠っている堆積物に地震による擾乱が記録されているに違いない。だとすれば、こうした堆積物を採集して詳しく分析すれば、古文書に記録が残されていない時代までさかのぼって地震活動の歴史を調べることができるのではないだろうか。

■水月湖の湖底堆積物と内陸被害地震

こうしたアイデアに基づいて、私たちは歴史資料に記録された被害地震に対応するイベントを、堆積物から多数検出することに成功した。

解析に用いられた堆積物コアは、若狭湾に面した福井県三方町の三方五湖の一つである水月湖から採集されたものである。これは全長一一メートルに及んでおり、文部省重点領域研究「文明と環境」の計画研究「気候・植生の変遷と文明の盛衰」（代表者安田喜憲、国際日本文化研究センター）で採集されたものである。この堆積物の分析が福沢仁之（現在東京都立大学、当時北海道大学）によって行われていた。

　この堆積物コアには、深度約三〇センチメートルの部分と五五センチメートルの部分に、地震の擾乱によると考えられるタービダイト層［注1］が認められた（図2）。このコアから深度ごとに試料をとり出して重鉱物組成を測定したところ、上位のタービダイトの出現を境に、湖の環境が急激に変化したことが明らかになった。タービダイト層の上位では硫化鉄が卓越しており、汽水性の環境で堆積したことを物語っている。その下位では炭酸鉄が形成されており、淡水性の環境を示している。

　このような湖の環境の変化は、寛文二年（一六六二年）の地震によるものであることがわかった。この地震による地殻変動によって、水月湖からの排水路であった気山川の下流が隆起したため、湖水

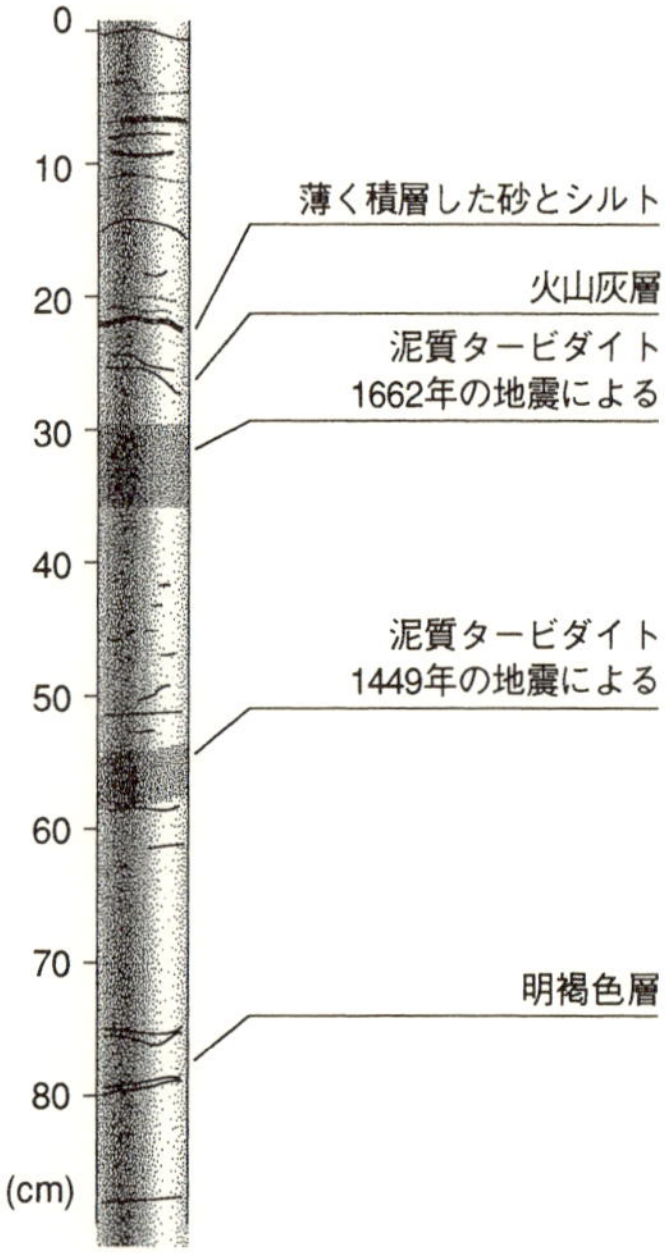

図2　水月湖から採集された堆積物コアの柱状図
［川上ほか(1993)による］
深度30 cmのタービダイトは1662年の地震による．深度55 cmのタービダイトは1449年の地震によるものと考えられる．深度25 cmの火山灰層は，1779年の安永桜島火山噴火によるものと考えられる．

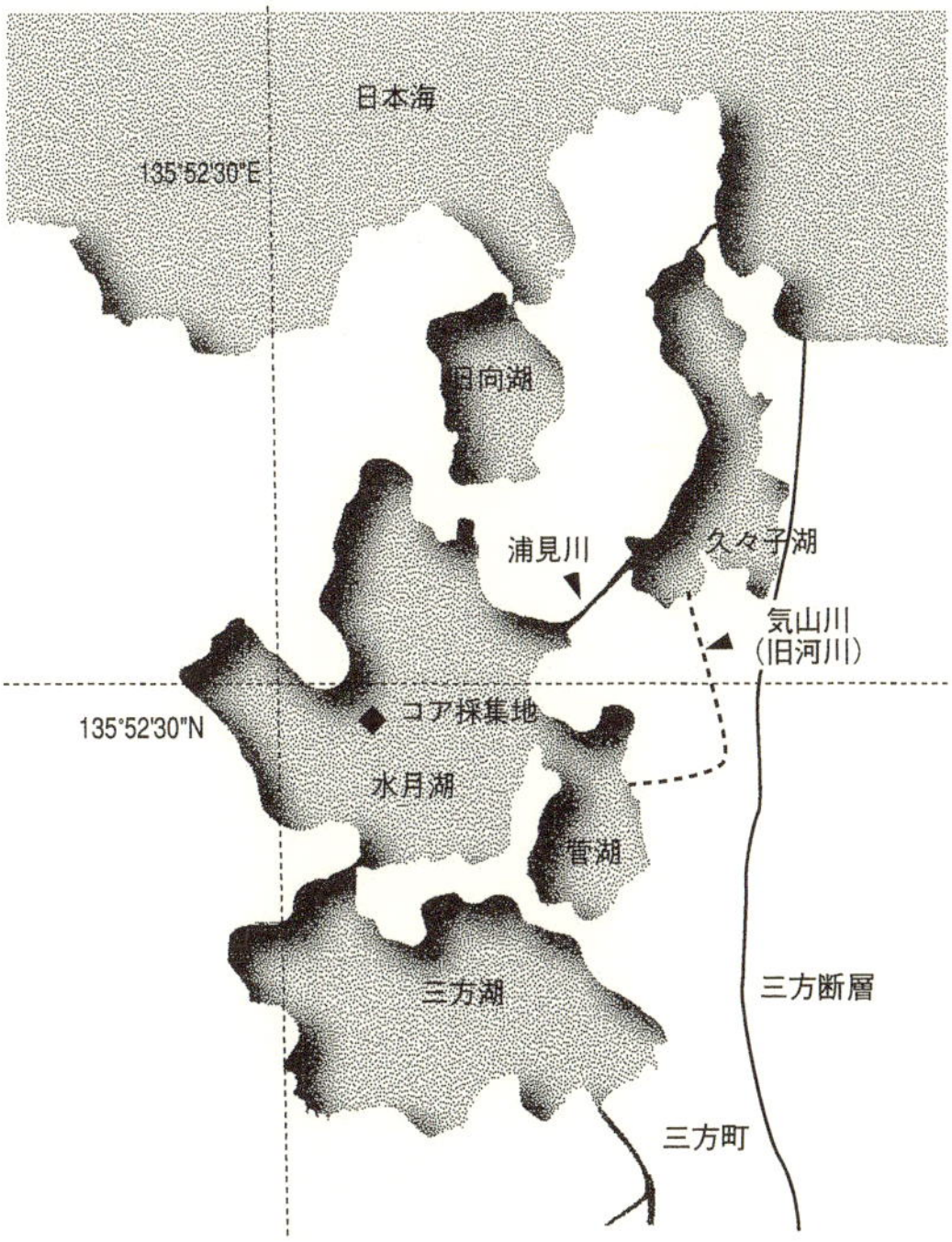

図３　三方五湖周辺の地図
[福沢ほか(1994)による]
洪水による土石流は三方湖に流入しているため，水月湖への影響はほとんどない．1662 年の地震によって気山川には水は流れなくなり，新しい排水路として浦見川が掘削された．

があふれて周辺の集落が水没してしまった。そこで、行方久兵衛の指揮のもとで新しい水路（浦見川）が掘削されたのである（図3）。これは大変な困難をともなった事業であったらしい。この水路によって水月湖に海水が流入するようになった。堆積物の重鉱物組成はこの変化を明瞭に記録

[注1] タービダイト……強い地震動によって発生した混濁流が堆積したもの。

していたのである。

堆積物に一六六二年という時間面が与えられると、それ以後に堆積した堆積物の厚さと時間間隔から、堆積速度がほぼ一定であるとすれば、堆積物の蓄積率を推定することができる。こうして下位のタービダイトは一四五〇年頃のものであると推定された。『新編 日本被害地震総覧』によると、一四四九年五月一三日に京都で地震があり、「若狭道長坂の辺りで山崩れ、人馬多く死す」という記録が残っている。下位のタービダイトはこの地震による可能性が出てきた。また、深度二五センチメートルの部分には火山灰の層がはさまれており、年代は一七八〇年頃と推定された。歴史時代の大規模な火山噴火の記録と比較すると、この火山灰は安永（一七七九年）の桜島の噴火によるものである可能性が高い。

このコアは珪藻群集遺骸によって一年ごとの縞が刻まれており、堆積速度を一定として導かれたこれらのイベントの年代は、縞の枚数から推定された年代とほぼ一致していることが最近確かめられた。

さらに、このコアから五ミリメートル間隔で試料をとり出して、かさ比重と粒子比重を測定した（図4）。ここでの堆積物は珪藻粘土であり、粒子比重は約二・〇である。地震による擾乱を受けた層準では石英や長石などの砕屑性粒子が多くなり、空隙率が大きくなっている。このような部分には、さらに比重の大きい鉄鉱物が沈殿しており、粒子比重は周囲の部分に比べて著しく大きくなっていることが明らかになった。このような粒子比重の異常で特徴づけられるイベントが、西暦一一〇〇年から一九〇〇年の間に一〇件見いだされた。それらを図4に番号をつけて示してある。これらのピーク

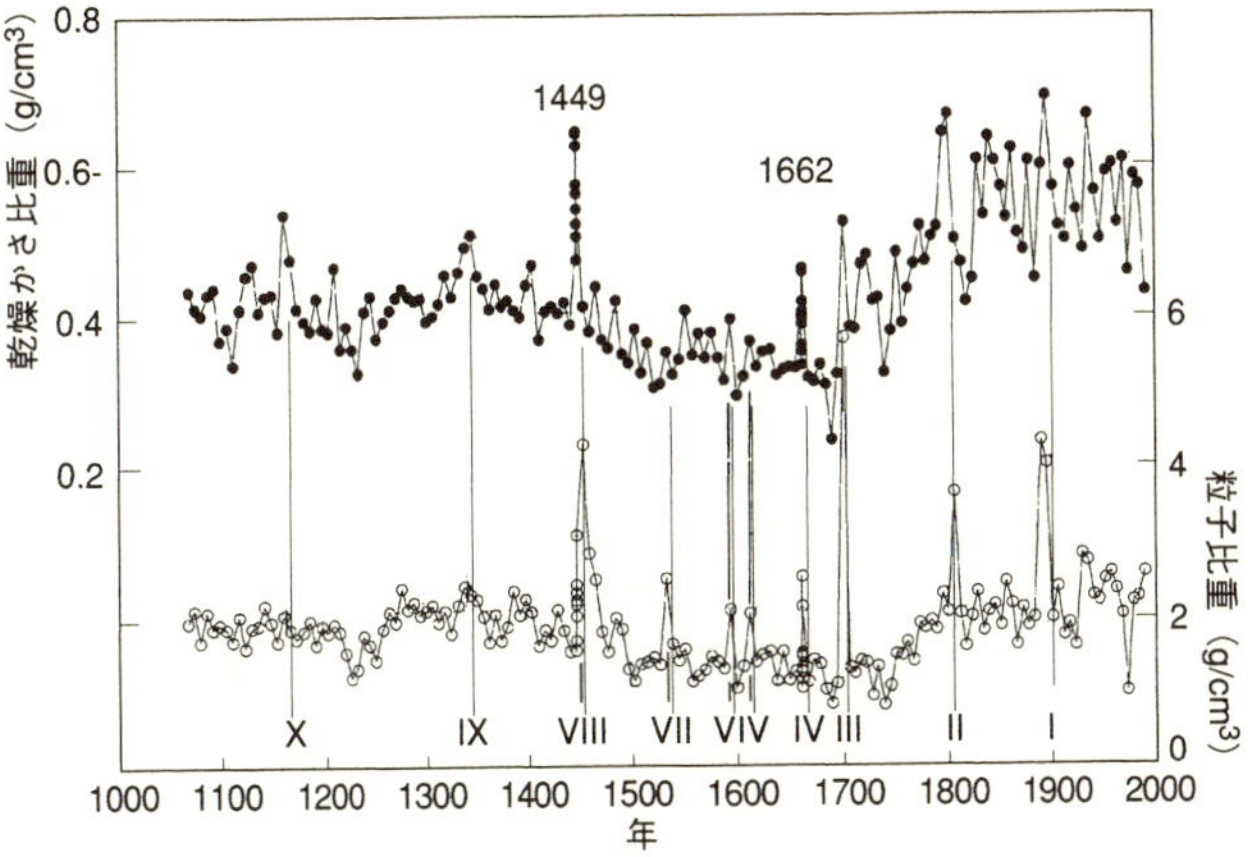

図４　堆積物の深度と粒子比重（白丸），かさ比重（黒丸）の関係

[川上ほか(1993)による]

イベントⅠ：1891年濃尾地震，Ⅱ：1819年近江の地震，Ⅲ：1707年宝永地震，Ⅳ：1662年寛文地震，Ⅴ：1614年の地震？，Ⅵ：1586年天正地震，Ⅶ：1532年の地震，Ⅷ：1449年の地震，Ⅸ：1325年の地震，Ⅹ：1185年の地震．

は砕屑粒子の混入イベントを反映しており、地震によってもたらされた可能性が高いと判断される。実際、一六六二年、一四四九年のタービダイトの層準では、これらに対応して高いピークが認められる。

図4に示されたイベントに対応すると考えられる地震は次のようである。イベントⅠは一八九一年に発生した濃尾地震（M八・〇）に対比される。この地震は福井県三方地方にも斜面崩壊を引き起こしており、堆積物に記録されたイベントもこの地震によるものであろう。

イベントⅢは一七〇七年の宝永地震（M八・四）に対比される。この地震は南海トラフにおけるフィリピン海プレートの沈み込み地震であるが、西南日本の広い範囲にわたって被害をもたらしており、日本での史上最大の地震であろうと推察される。

イベントⅥは、一五八六年の天正地震（M∨七・八？）に対比される。この地震の被害は愛知県から岐阜県にかけて大きかった。しかし、被害域に対応する活断層はなく、謎の多い地震とされていた。この地震では岐阜県北部の白川で帰雲山が崩壊し、帰雲城が埋没したとされる。また、近江長浜では山内一豊の幼女が圧死している。最近の研究によると、この地震の震源は伊勢湾断層と御母衣断層、阿寺断層が同時に活動したとされ、二つの地震が同時に発生したいわゆる双子地震だったらしい。

ここに示された地震による三方地方での震度はV以上であり、いずれも湖底堆積物に擾乱を与えた可能性は高い。一方、それ以外の時期には顕著なピークはないことから、歴史地震と堆積イベントの対応は非常に高いことを示唆している。

ところで、堆積物の比重異常が大雨や洪水による土石流の発生によるのではないかという疑問を持たれる読者もあるであろう。地図（図3）を広げるとわかるように、水月湖の上流には三方湖がある。河川は三方湖に流入しているため、洪水による土砂が水月湖まで運ばれる割合は少ないと考えられる。実際、水月湖の堆積物の堆積速度は一年あたり〇・九ミリメートルであり、大量の土砂が一時的に供給されることは考えにくい。

さらに福沢によると、この堆積物の粘土鉱物の量比（クロライトとイライトの比）を調べると、三方町で大規模な土石流が発生したとされる年に対応してピークが存在することがわかってきた。すなわち、比重のピークは地震のイベントを、クロライトに富んだ粘土鉱物のピークは洪水イベントを示唆している。こうした情報をもとに、堆積物に記録されたイベントが地震によるものであるのか、洪水によるのかをある程度区別することが可能なわけである。

現在、さらに深い部分のコア試料の解析が行われているところである。こうして、過去一万年間にわたる地震イベントの検出の道が開けてきた。全国各地の湖でも堆積物を丹念に分析することで、歴史資料が存在しない時代の地震イベントが復元できるようになると期待される。湖成堆積物を用いた地震イベントの解読は、内陸地震の予知へ向けて、貴重なデータを提供できるだろう。

さらに、水月湖のコアは、地震イベントだけでなく、過去一〇万年間の環境変動を一年刻みで記録していることが明らかになりつつあり、今後いっそう注目される。

■4——熱帯サンゴ礁は語る

一九九三年は真夏になっても日本列島上空に梅雨前線が停滞し、日照不足や異常低温によって近年まれにみる冷害を被った。そうかと思えば、翌九四年には西南日本が日照りによる異常渇水に見舞われた。こうした異常気象を毎年のように経験すると、私たちをとりまく大気や海洋の状態に、何か不吉な変化が起こり始めているような気がしてくる。

ところで、日本周辺で起こる異常気象や数年スケールの気候の変動に、東太平洋のエルニーニョ現象がかかわっていることが話題にされることが多くなった。エルニーニョとはどういう現象なのだろうか。過去の異常気象は本当にエルニーニョ現象の仕業なのであろうか。

最近になって、太平洋の熱帯サンゴ礁のサンゴの成長縞、高山の縞状万年雪や樹木年輪に、過去のエルニーニョの発生が記録されていることがわかってきた。図1はガラパゴス諸島で採集されたサンゴの縞模様である。これらを用いてエルニーニョ現象がいつ発生したのかを明らかにできれば、異常気象の発生年と比較することによって、両者の因果関係を調べることができるだろう。

ここでは、エルニーニョ現象とは何かを簡単に解説した後、歴史時代以前のエルニーニョの発生を探る最近の研究を紹介しよう。

■エルニーニョとは

話の発端は南米の漁業国ペルーに始まる。ペルー沖が世界でも有数の漁場であるのは、単なる偶然ではない。赤道太平洋の西縁のインドネシアあたりは、巨大な入道雲（積乱雲）の発達する上昇気流の激しい地域である。ここへ向かって流れ込む強い東風（貿易風）は、赤道付近の暖かく塩分濃度の多い表面海水を風下へ吹きよせる。一方、ペルー沖には高緯度や深海から冷たく栄養分に富んだフンボルト海流が流れ込んで、魚のえさになるプランクトンの繁殖をもたらしている。

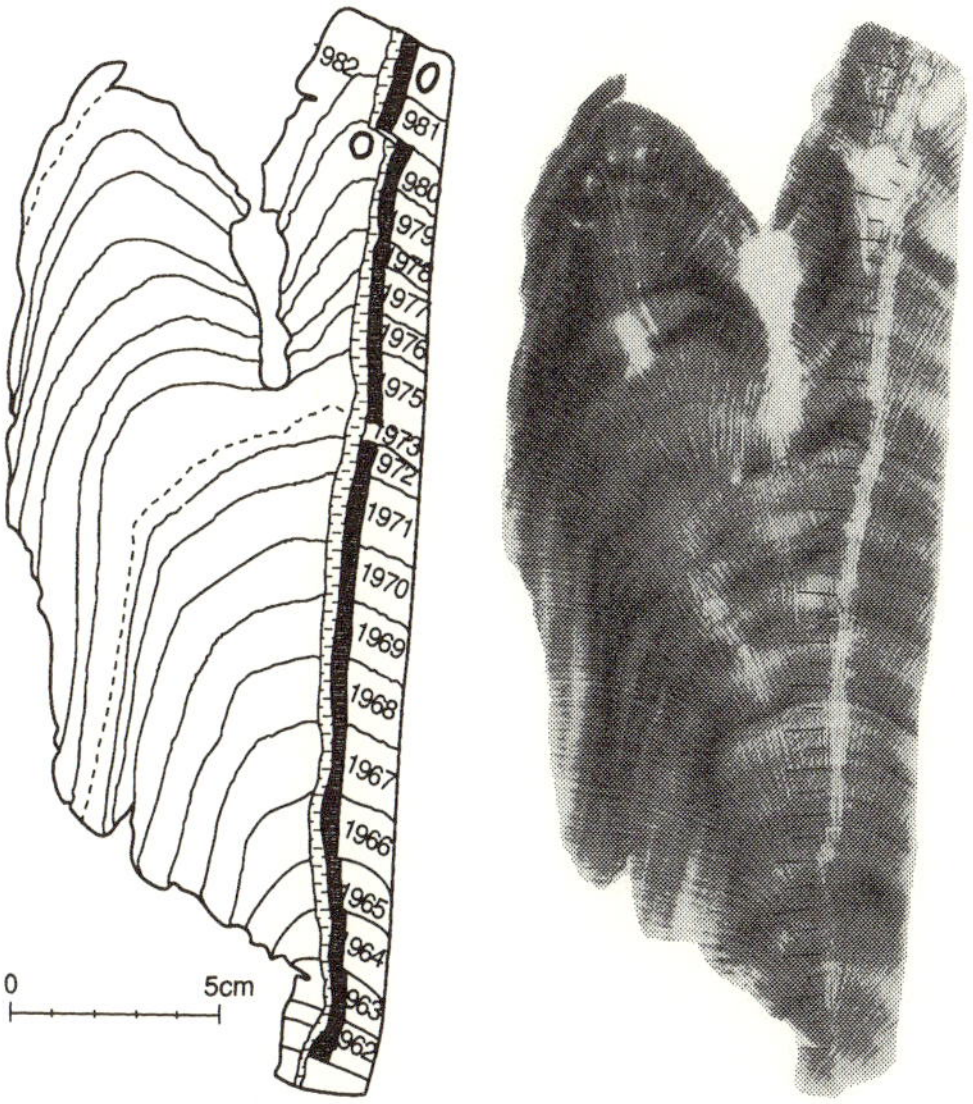

図１　ガラパゴス諸島で採集されたサンゴの縞
［Dunber *et al*. (1994) による］

ペルーでは、かなり昔から数年に一度、クリスマスが近づく頃から、アンチョビの漁獲高が急激に減ることが知られていた。その頃から南半球は夏になり、南東貿易風が弱まって赤道域の暖水が流れ込んでくるためである。この海水は古くからエルニーニョ（El Niño）と呼ばれていた。エルニーニョとはスペイン語で男児という意味であり、生誕したばかりのキリストをさしている。

大規模なエルニーニョが発生すると、この暖かい海水の流れ出しが強くなり、海水温の高い状態が数年続く。エルニーニョ海流は、乾燥したペルーの大地に大雨や洪水をもたらす一方、沖合では栄養分が乏しくなってプランクトンが棲めなくなり、豊富な魚や海鳥がいなくなってしまうわけだ。このような状態が数年続いたあとは、再び北風は弱まってペルー沖は良好な漁場に回復する。今日では、この状態はエルニーニョに対してラニーニャ（La Niña, 女児の意味）と呼ばれている。

このエルニーニョ現象は、ペルー沖合だけの局地的な異常現象というわけではなく、全地球的な広がりを持つ、しかも大気との強い相互作用に起因する海洋変動であることが次第にわかってきた。

■エルニーニョ解明の糸口

エルニーニョ研究の発端は、一九世紀末までさかのぼる。一八九七年、太平洋を隔てたオーストラリアのシドニーとアルゼンチンのブエノスアイレスの大気圧の変動に興味深い規則性が見いだされた。二地点の気圧の変動の仕方は、まるでシーソーの両端のように、一方の気圧が高い時にもう一方は低い値というようであり、高気圧と低気圧の繰り返しは不規則であるが、平均すると再来周期は約三・八年であった。その後、このような大気圧の変動の仕方にみられる相関は、シドニーとブエノスアイレスだけでなく、世界各地の観測結果でも認められた。この現象は、後にG・T・ウォーカー卿によって南方振動（Southern Oscillation）と名づけられた。

一九世紀末のインドにおける洪水や干ばつの様子を目の当たりにしたウォーカー卿は、その原因であるインドモンスーンの経年変動の研究に没頭していった。そして、一九二〇年代から一九三〇年代にかけて、さまざまな気象データはもとより、ナイル川の洪水頻度の変動から太陽黒点変動との相関までも調べあげた。彼は、南方振動が大気圧だけでなく、降水量の変動や風系にも現れていることや、インドモンスーンとも関連していることを明らかにしていった。しかし、その原因にまでは迫ることができなかったため、単なる統計的規則性にすぎないと見なされ、あまり重要視はされなかったようである。ウォーカー卿の南方振動の研究は、インドの一八七七年と一八九九年の異常気象がきっかけとなったのであるが、これらの年は大規模なエルニーニョの年であった。そのことに彼自身気がついていたのかは、今日では知ることはできない。

インドネシアのジャカルタにおける気圧変動と世界各地の気圧の変動の相関（図2）を調べると、南方振動には地球表面のかなりの部分が関与していることが読みとれる。相関係数は、符号が正で値が一に近い地域ほどジャカルタの変動と類似しており、負で値が一に近いほど変動の様相が逆さまであることを示している。図2には、西太平洋と東太平洋が著しい対称性を示していること、南方振動が、グローバルな現象であることが明瞭に描かれている。

一九五七年の国際地球観測年の成果が出始めた一九六〇年代になって、エルニーニョの解明に糸口が見いだされた。たまたま一九五七年にエルニーニョが発生していたことも幸いであった。そして、南方振動にともなう太平洋の気圧配置の変化に付随して降水量や貿易風が変動しているだけでなく、ペルー沖の表面海水温の異常高温が密接に関係していることが示された。しかも、こうした変化にはペルー沖だけでなく、赤道太平洋の広い範囲が関係していた。このことはエルニーニョ現象と南方振動が、同じ現象の違う側面であることを示唆している。

現在では、南太平洋のタヒチとオーストラリアのダーウィンの気圧の差が、南方振動の指数（ＳＯＩ）として広く採用されている（図３）。両者には、たいへんよい逆相関が認められ、一九四二年ごろや一九八三

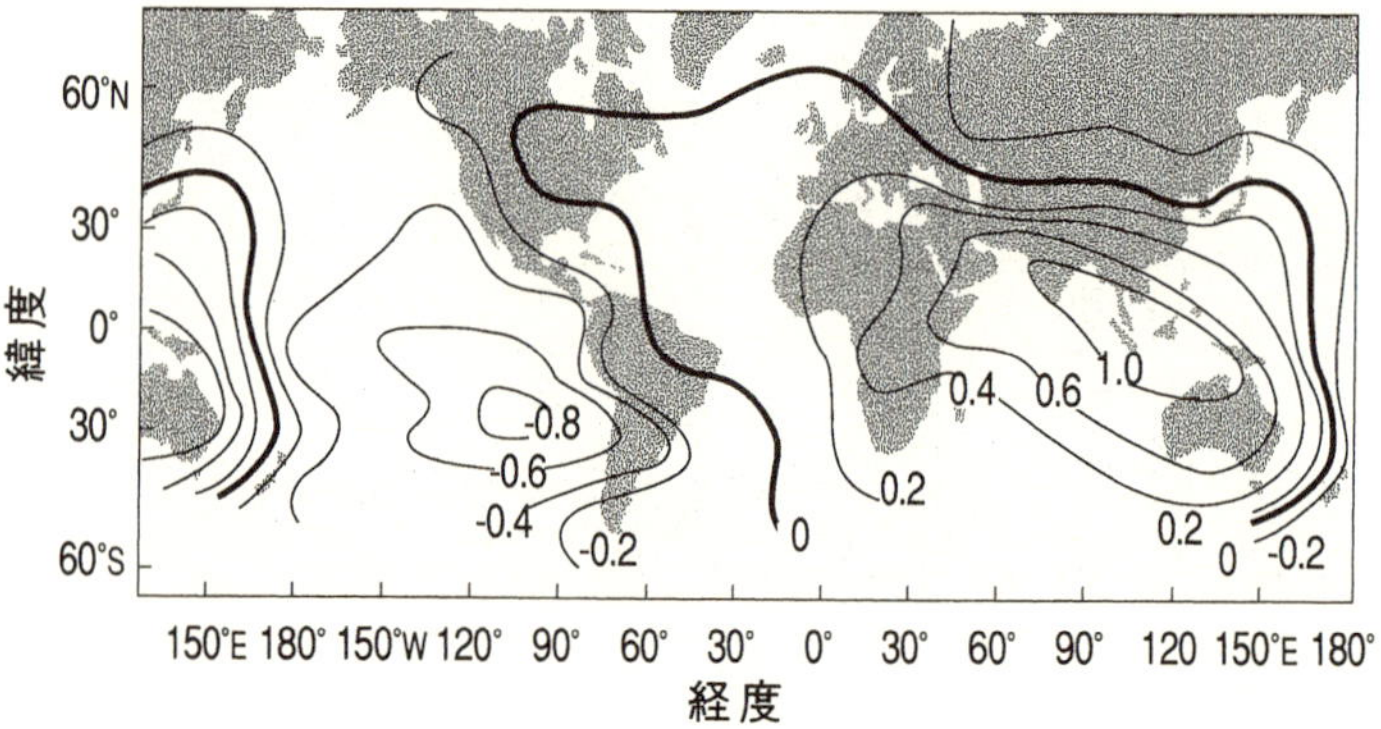

図２　インドネシアのジャカルタの大気圧の変動の仕方と世界各地との相関係数
[Berlage (1957) に基づく]
インドネシアとペルー沖で逆相関が強く，数年周期でシーソーのように変動している．

年ごろに大規模なエルニーニョが発生したことなどが読みとれる。ただし、相関が明瞭でない時期があったり、変動パターンが不規則であることは、現象の複雑さの一端を示している。

■エルニーニョと南方振動の結合

ウォーカー卿の研究から三〇年の歳月を経て、エルニーニョと南方振動がようやくグローバルな大気・海洋変動の異なる側面として位置づけられる時がきた。

一九六九年、カリフォルニア大学の気象学教授を定年で退官していたJ・ビヤクネスによって、南方振動とエルニーニョ、ラニーニャを結びつける物理的なモデルが提示されたのである。彼のモデルによると、大気循環が海水の流動と温度分布の地域性を生み出す。これが原因となって大気循

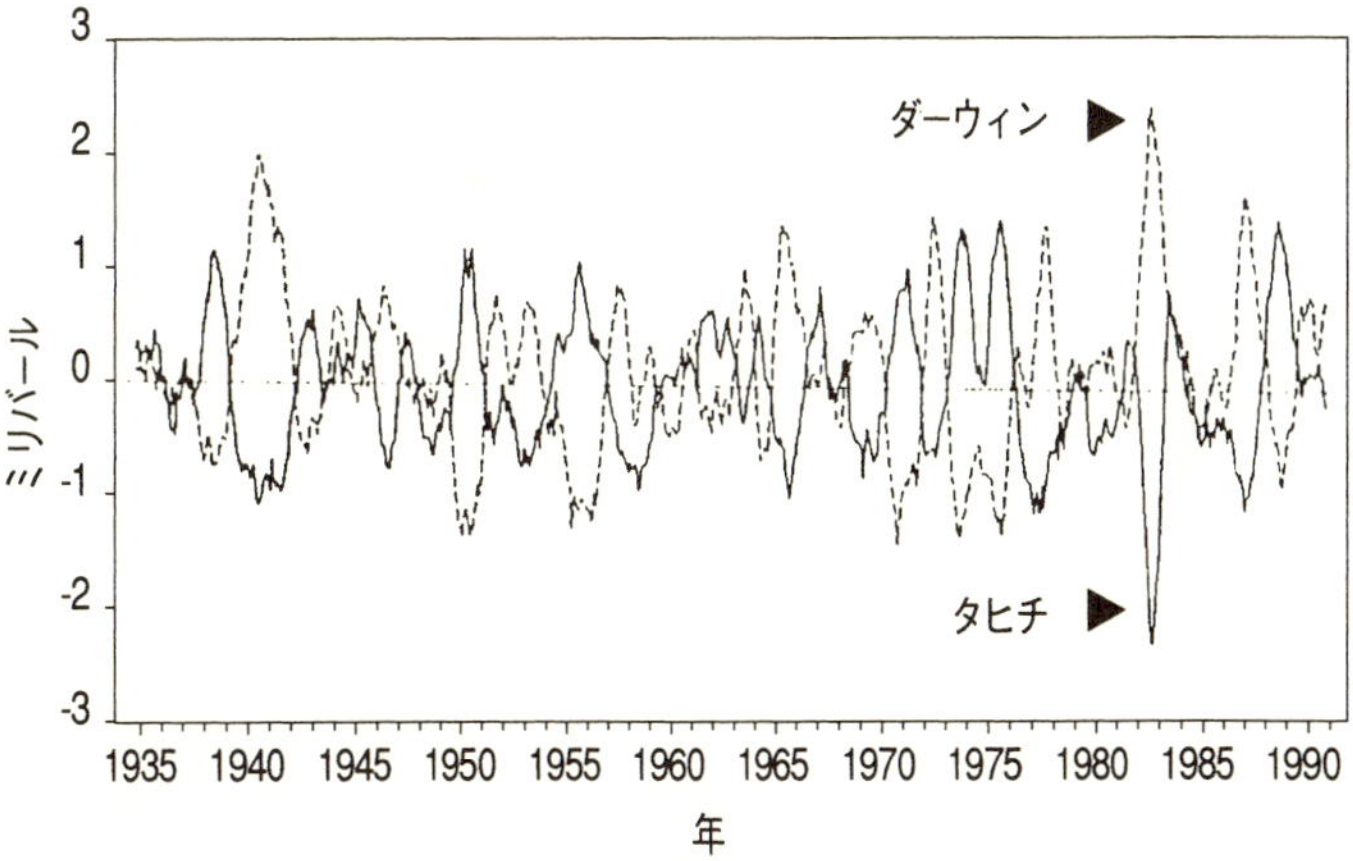

図3　タヒチとダーウィンの大気圧の時間変動
[Diaz and Kiladis (1992) による]
実線はタヒチ，破線はダーウィン．両者の間には逆相関が顕著に認められ，その相関係数は－0.75である．

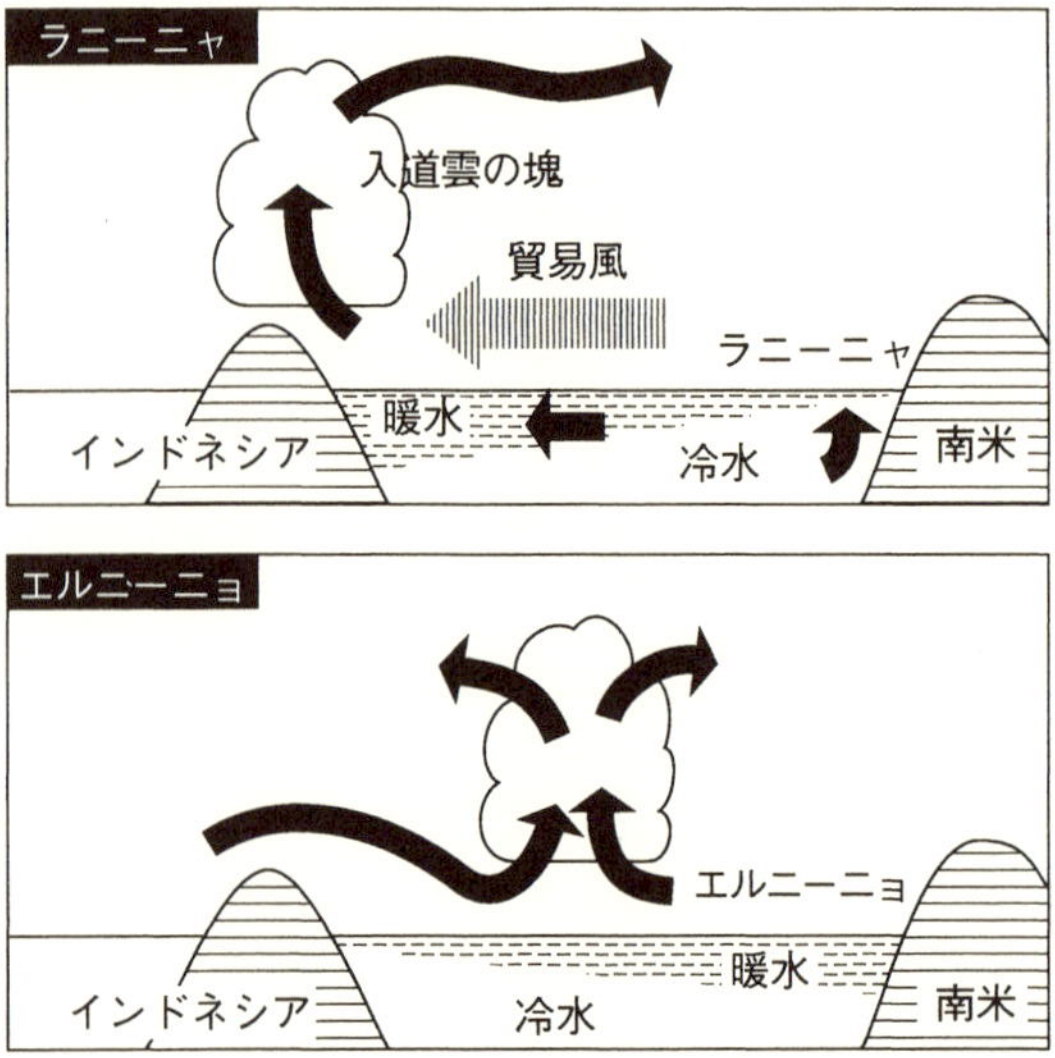

図4　エルニーニョ期とラニーニャ期の大気・海洋循環のパターン
ラニーニャ期には貿易風によって温暖な海水が西太平洋へはき寄せられる．エルニーニョとラニーニャのサイクルは大気と海洋の相互作用を反映している．雲や風系の変化が日本付近の気象にも影響を与える．

環のようすを変え、さらにそれが海洋に影響を与えるというように、めぐりめぐって大気と海洋それぞれに波及効果が大きくなっていくのだ。図4は、エルニーニョとラニーニャの最盛期における大気と海洋の循環のようすを模式的に示したものである。

赤道太平洋における大気循環は、海水面温度のパターンによって決まっている。温暖海水域では、水蒸気に富んだ暖かい空気の上昇によって大規模な積乱雲が発生して激しい雨が降る。一方、低温海水域における大気の流れは下降流であり、大気は乾燥して雨は降らない。

ラニーニャ期には高温海水域は西太平洋に偏っており、上昇した大気は上空で東へ向かって流れ、低温海水域であるペルー沖で下降流となっている。その反流として海面付近では強い南東貿易風が吹いている。この貿易風は日射で温まった表層海水を西へ押し流す結果、上昇気流を生み出している温暖海水域が西太平洋に形成される。

これらの一連の現象は循環的になっているが、どれか一つが弱まるとエルニーニョの発生の原因となる。たとえば、何らかの原因で南東貿易風が弱まったとしよう。西太平洋に偏っていた温暖海水は東側へ逆流し、ペルー沖が温暖になる。そうすると大気循環も変化して、さらに貿易風が弱まることになる。

実際、K・ヴィルツキ（ハワイ大学）は、海水面の高さ（潮位）や風系の観測データを解析して、エルニーニョの発生にともなう風系変化によって、赤道太平洋の水位の変動が西から東へ向かって移動していくことを見いだし、大気と海洋が熱的にだけではなく力学的にも結びついていることを示している。

こうした循環によって、わずかな大気や海洋のゆらぎが、エルニーニョまたはラニーニャ状態へと発展するのであろう。その繰り返しがＥＮＳＯ（次頁）のサイクルを生み出していると考えられる。すなわち、エルニーニョ状態、ラニーニャ状態は、ともに大気・海洋間の相互作用の正のフィードバック機構によって維持されているわけであり、逆の状態へのゆらぎに対して歯止めがきかないという意味で不安定な系である。

ビヤクネスは、赤道太平洋をめぐる東西の大気循環を、南方振動の名づけの父ウォーカー卿にちな

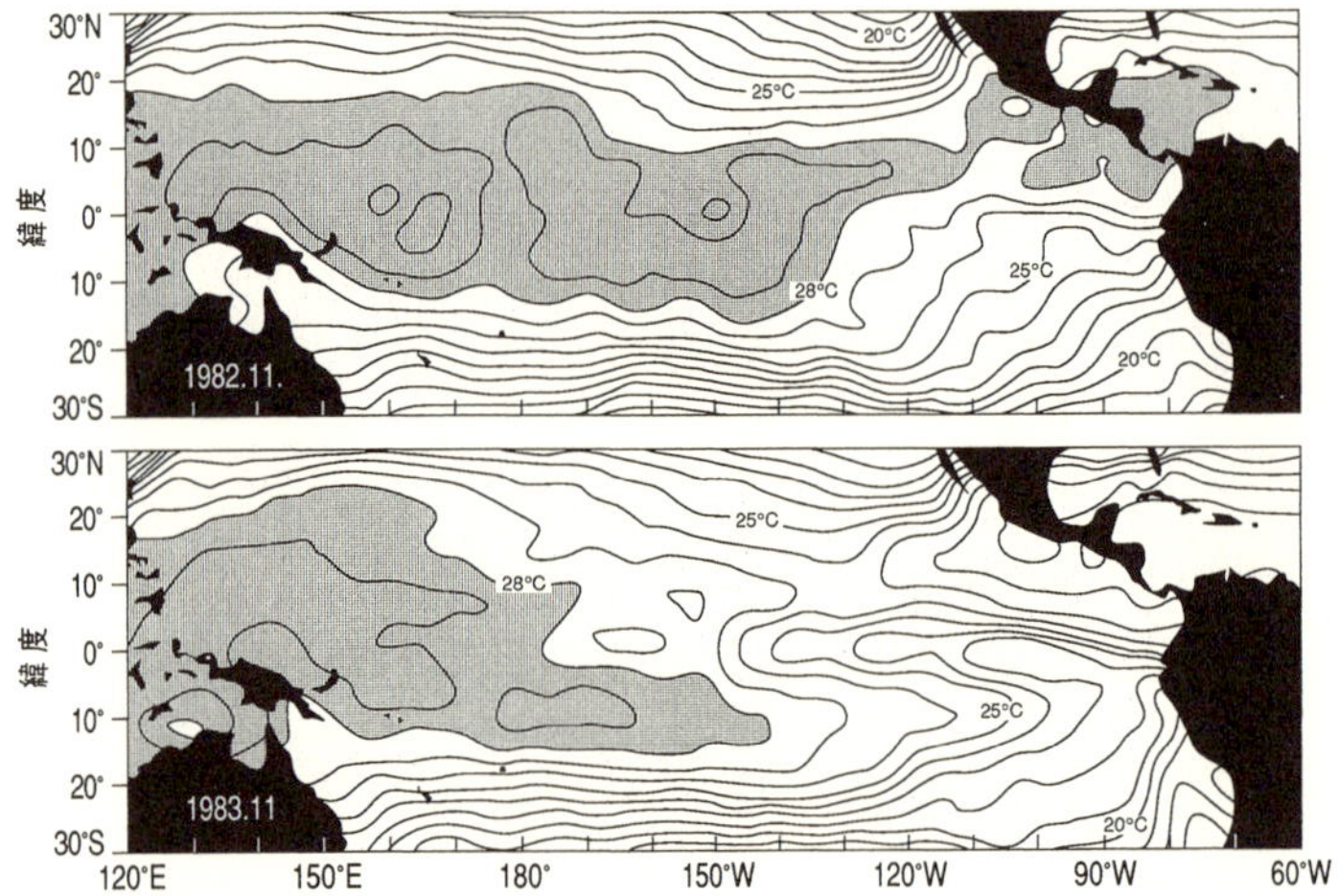

図5　1982年のエルニーニョ期と翌年のラニーニャ期における海水温分布
[Philander (1990) による]
エルニーニョ期には高温海水域が赤道太平洋に沿って広がっている.

んで、ウォーカー循環と呼ぶことを提唱している。ビヤクネスは、大気現象に流体物理学的な思想を導入したノルウェー学派の中心的人物であり、低気圧と前線にかかわる偉大な功績を挙げている。グローバルな視野で現象を追いかける研究姿勢が、大気・海洋結合モデルのシナリオを導いたのではないだろうか。

今日では、エルニーニョと南方振動は、グローバルな大気・海洋変動の異なる側面であることから、これらの英語名の頭文字をとって、ENSO (El Niño/Southern Oscillation) と呼ばれるようになっている。

さて、本章の目標は歴史時代以前のENSOの発生を探ることである。その方法論を確立するには、「現在は過去を解く鍵である」という言葉が示すように、ENSOの発生にともなってどのようなことが起こっているの

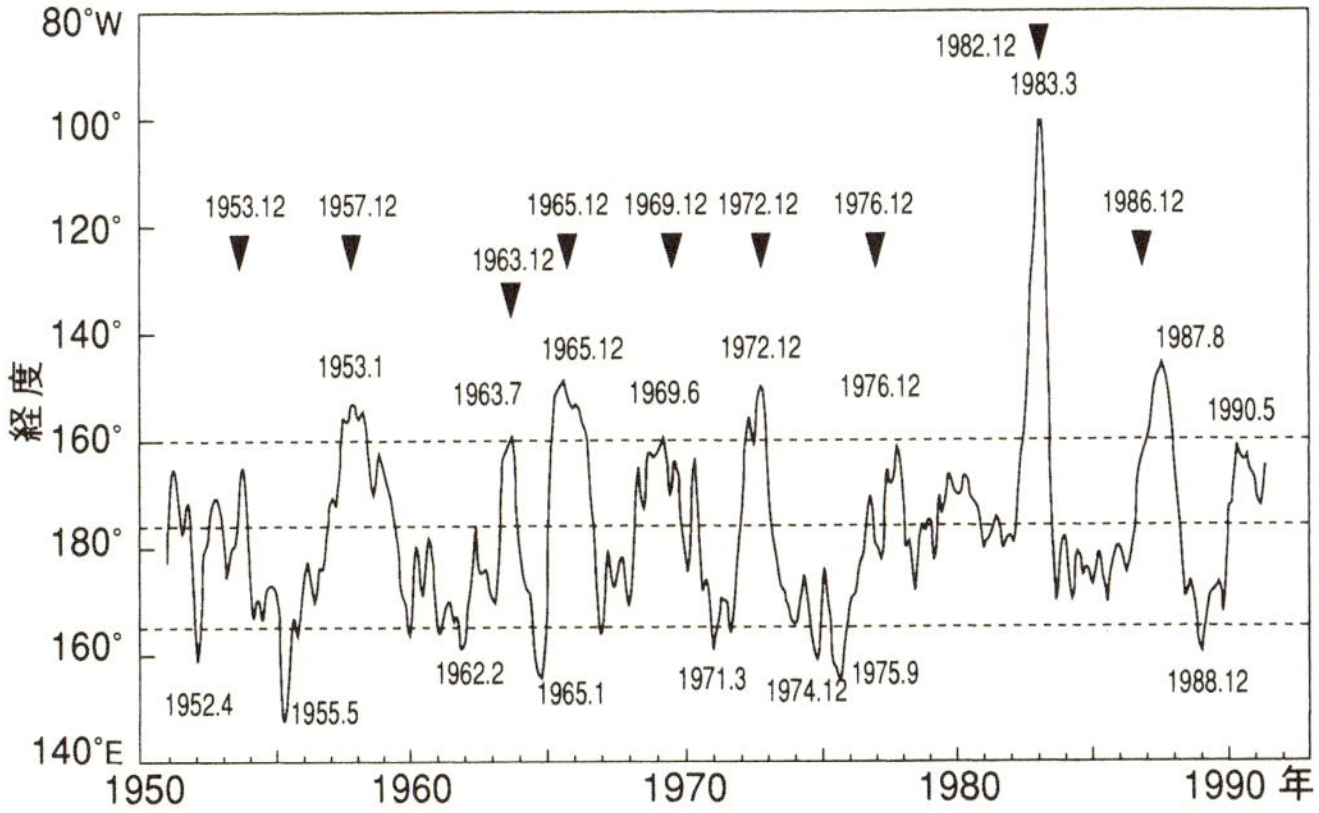

図6　水温が 28.5 度以上の海域の最東部の経度の時間変化
[Diaz and Kiladis (1992) による]
温暖域が東へ拡大した時にエルニーニョが発生している．1982/1983 年の ENSO は大規模であったことがわかる．

かを理解しておく必要があるだろう。

図5は、一九八二年と一九八三年のエルニーニョとラニーニャの最盛期における太平洋の海水の温度分布を示したものである。エルニーニョの最盛期には、二八度より高温の領域が赤道太平洋を広く覆っているが、ラニーニャ期には西太平洋に限られていることがわかる。そこで、一九五〇年以降について、二八・五度より高温の領域がどの経度まで発達したのかを示したのが、図6である。この図から、エルニーニョといっても高温域の広がりは、大規模なものから小規模なものまで、不規則であることが読みとれる。そこで、エルニーニョを空間規模や異常の大きさに基づいて、非常に強い、強い、やや強い、普通、弱いというように分類するようになった。そして、スペインによる征服以後の航海日誌や歴史文書に記録された異常気象の記述に基づいて、西暦一五二五年以降、

四七の比較的強いエルニーニョイベントが見いだされた。大規模なエルニーニョが発生したのは、一五七八年、一七二八年、一七九一年、一八七七-七八年、一八九一年、一九二五-二六年などである。

■何がENSOを引き起こす?

何がエルニーニョやラニーニャの引き金になるのだろうか。なぜ数年間隔でエルニーニョとラニーニャが繰り返すのだろうか。この問に対する合理的な説明は、ビヤクネスがモデルを提示してから二〇年が過ぎた今日でも未だ充分ではない。

大気や海洋の観測衛星が飛びかい、コンピュータによるシミュレーションが発達した今日、ENSOに関連する大気・海洋系の変動について急速に理解が深まっている。一九八五年から一〇年計画で、熱帯海洋地球大気計画(TOGA, Tropical Ocean Global Atmosphere)と名づけられた国際共同研究が進められている。また、インドネシアに日本の協力による赤道大気観測センターの設立が計画されている。これらの計画は、ENSOの実態や生成・終息の機構を解明することによって、将来的にはENSOの発生の予測を目指している。

このような研究成果に基づいて、赤道大気と海洋の循環や、それらの間の熱や水蒸気のやりとりを考慮した数値シミュレーションモデルの開発が手がけられるようになっている。エルニーニョ、ラニーニャのサイクルをコンピュータで再現しようというのである。すでにいくつかのモデルで、エルニーニョに類似した海水面温度の振動解が得られている。これらのモデルでは、先に述べたような大気と海洋間の非線形のフィードバック機構の結果として、自励的振動が生み出されている。そして、クリスマスの頃にエルニーニョが発生することは、生体リズムと日夜のサイクルの共鳴現象と同様、大気・海洋系の自励的振動と季節変化のリズムの共鳴を示唆している。その妥当性の検証は、観測データとの比較を待たねばならないだろう。

その一方で、エルニーニョの発生に、赤道太平洋の大気・海洋系以外の要素が外力として作用しているとする見解もたびたび提案されている。気象学的変動としては、ウォーカー卿の研究のように、インドモンスーンがエルニーニョに深くかかわっているという指摘は数多くある。ENSOと太陽黒点変動との相関や、大規模な火山噴火との相関も指摘されている。

さらに、地球回転変動とENSOに対応する海水面変動とに相関があるという指摘も加わって、昨今ではENSOの原因論に固体地球の研究者も交じって、議論はさまざまな方向へ広がっている。

■歴史時代のENSOを探る

一九〇〇年以降については、さまざまな気象観測が行われるようになり、いつエルニーニョが発生したのか、その規模はどの程度であったのかは、比較的よくわかっている。ではそれより以前はどうだったのだろうか。一六世紀から一九世紀の小氷期と呼ばれる地球が寒冷化した時代や、中世の温暖期にもエルニーニョは発生したのであろうか。さらに古い地質時代にもエルニーニョは存在したのだろうか。こうした問に答えるために、前章や前々章で述べられたような縞状堆積物などから、高時間分解能で過去のENSOを読みとることは可能だろうか。

W・クイン（オレゴン州立大学）は、歴史時代のエルニーニョがどのようであったかに強い関心を示した海洋学者の一人であり、強い探究心と情熱が、彼を南米の異常気象を記した歴史文書の収集と整理に向かわせている。しかし、彼の探究心はこれだけでは満足しなかった。

エジプトでは紀元前三〇〇〇年から文明が栄えており、ナイルの氾濫は農耕に影響を与えることもあって、年代記などに詳しく記録されている。そこで、さらに時代をさかのぼってエルニーニョの発生を調べるには、ナイル川の氾濫の記録を調べればよいのではないかとクインは考えた。

ナイル川の源流はエチオピア高原である。ここでの降水量の変動は、インドモンスーン地帯の降水量と相関があることが知られている。これらの地域は、エルニーニョが発生した年には極端に降水が少ないので、ナイル川の流量が少ない年を調べればよい。聖書の創世記に「エジプトの全土に七年間の大豊作が続き、その後七年間の干ばつが全土を覆うであろう」と書かれていることも、エルニーニョとの関連性をほのめかしているように思われた。

さて、クインは、さっそくエジプトの年代記やナイル川の氾濫の記録、流量の測定データなど、役に立ちそうなデータをかき集めた。そして、西暦六二二年から一五二二年の間に、ナイル川の流量が異常に少なかった年を一七八件見いだした。これは平均すると約五年に一度の割合である。ところが、それらは一様に分布しているわけではなく、時代によって発生頻度がかなり異なっている。六二二年から九九九年の寒冷期には、ナイル川の流量が異常に少ない年が多いのに対し、一〇〇〇年から一二九〇年までの中世の温暖期には、水位の異常低下の発生が少ないのである。寒冷期にはエルニーニョが発生しやすいのかもしれない。このような傾向が実際のエルニーニョの発生頻度を反映したものか、今後明らかにしていく必要があるだろう。

■熱帯サンゴ礁は語る

エルニーニョの影響は、赤道太平洋の広い範囲にわたっていることを先に述べた。エルニーニョの発生は、気圧や風系、降水量の変動だけでなく、そうした変化にともなって海水温や海洋循環の変動も引き起こしており、ひいては海水組成の変動をも生み出している。

J・E・コール（コロンビア大学ラモントドハティ地質学研究所）やG・T・シェン（ワシントン大学海洋学教室）らのグループは、熱帯サンゴ礁に記録されている海水組成の変動記録に、エルニーニョによる変動が刻まれているのではないかと考えた。サンゴには生息環境の季節的変化によって、一年ごとに縞が形成されるものがあり、時間刻みとして利用できるという利点がある。

エルニーニョの復元には、南米大陸周辺の試料が重要な役割を果たしてきた。サンゴ礁を用いれば赤道太平洋全域にわたって情報が得られるので、いつ起こったのかという問だけでなく、個々のイベントの影響域が地理的にどれくらい広がっているのかも検討できるのではないかと期待された。そして、ガラパゴス諸島、ミクロネシアのタラワ島、インドネシアのバリ島からサンゴ試料が採集され、コールらは酸素同位体比、シェンらは微量金属元素の分析を開始したのだった。

まず、ガラパゴス諸島の結果を見てみよう。ここはエルニーニョの影響を強く受ける地域である。一九三六年から一九八三年の期間のサンゴ中のカドミウムとカルシウムの比（Cd/Ca比）とペルーのプエルトチカマにおける海水温度の変動を比較すると（図7）、両者がよく対応していることが読みとれる。エルニーニョが発生すると栄養分に富んだ寒流が衰える。海水中のカドミウムの存在度は栄養塩類の存在度と相関が高いため、エルニーニョの発生時のカドミウムの減少が、サンゴの骨格に記録されていたのである。

海水中のカドミウムやバリウム、シリカと栄養塩類の存在度によい相関があることは、E・A・ボイル（マサチューセッツ工科大学）が最初に発見したものであり、海洋循環のトレーサーとして利用されているが、その原因はよくわかっていない。

一方、ミクロネシアのタラワ島は、エルニーニョの発生期には上昇気流の発生の中心地域となり、激しい降雨に見舞われることが知られている。この地域では、激しい降雨によって表面海水の塩分濃度が低くなる。そうすると表層海水は安定成層状態となり、降水によって薄められた海水と深部の海水の混合は起こらない。したがって、表層海水の酸素同位体比も、降水量に比例して通常の海水値より小さくなっている。タラワ島でのサンゴの酸素同位体比には、ENSOにともなう降水量の変動が

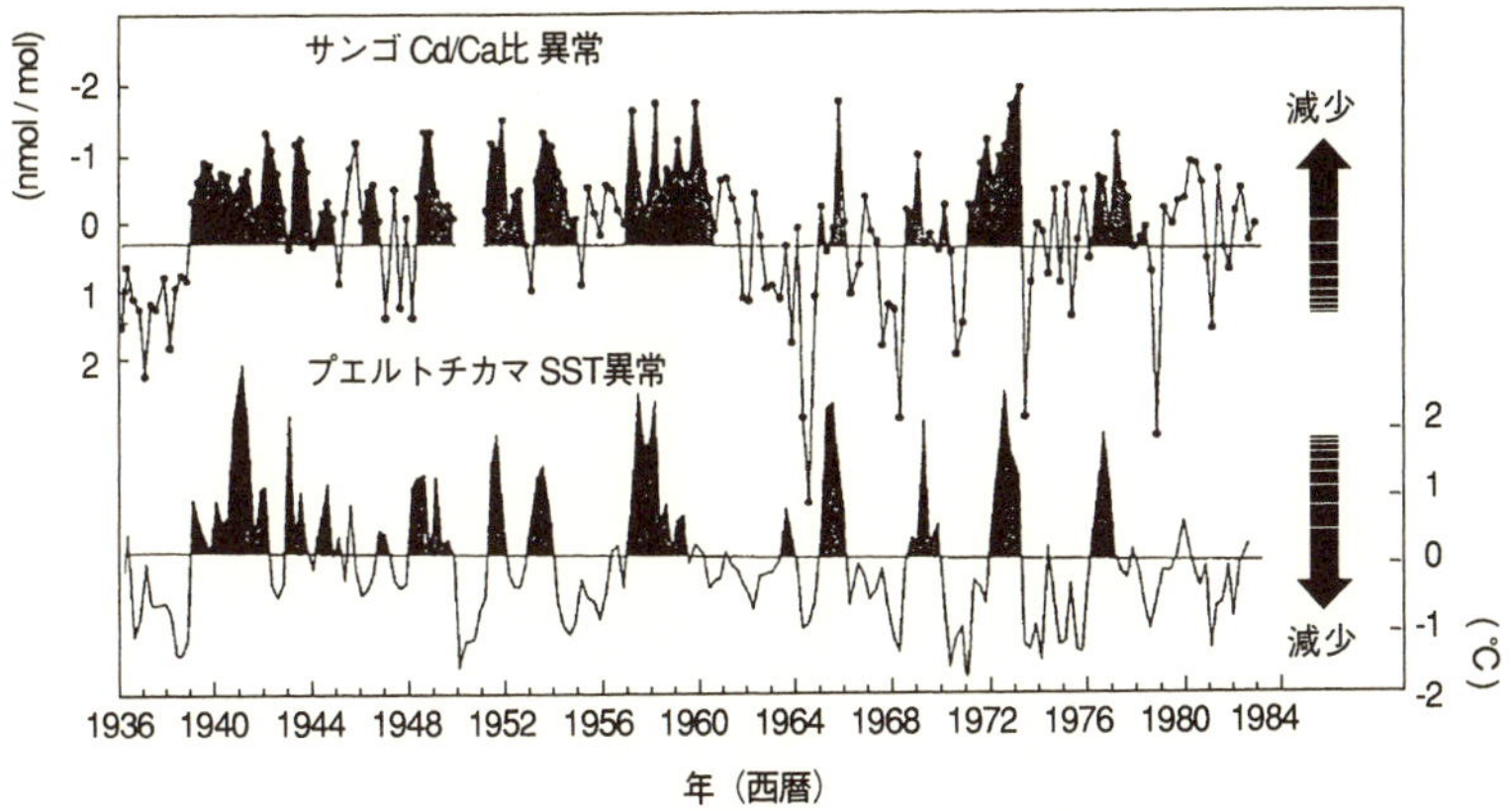

図7　ガラパゴス島における1936年以後のサンゴのCd/Ca比と，プエルトチカマの表面海水温の時間変動の比較［Cole *et al*.(1992)に基づく］

明瞭に読みとれる（図8）。また、タラワ島では、エルニーニョの最盛期になると、それまでの東風に代わって西風が吹くようになる。この西風はサンゴ採集地点の西に広がるラグーンから、採集されたサンゴの生息地にマンガン（Mn）をもたらしていることが観測データに基づいて示唆されている。そして、このサンゴのMn/Ca比の変動にも、ENSOにともなう風系変化が記録されていることが明らかにされている（図8）。

図9には、インドネシアのバリ島のサンゴの結果も合わせて、三地点の化学組成の変動が比較されている。個々のENSOの発生（イベント）で化学組成の変動の大きさやその直接の原因が場所によって異なることを利用すると、それぞれのENSOイベントの特徴が克明に浮き彫りにできる。

たとえば、一九六九年のイベントの影響は、タラワ島のサンゴのMn/Ca比には認められない。Mn/

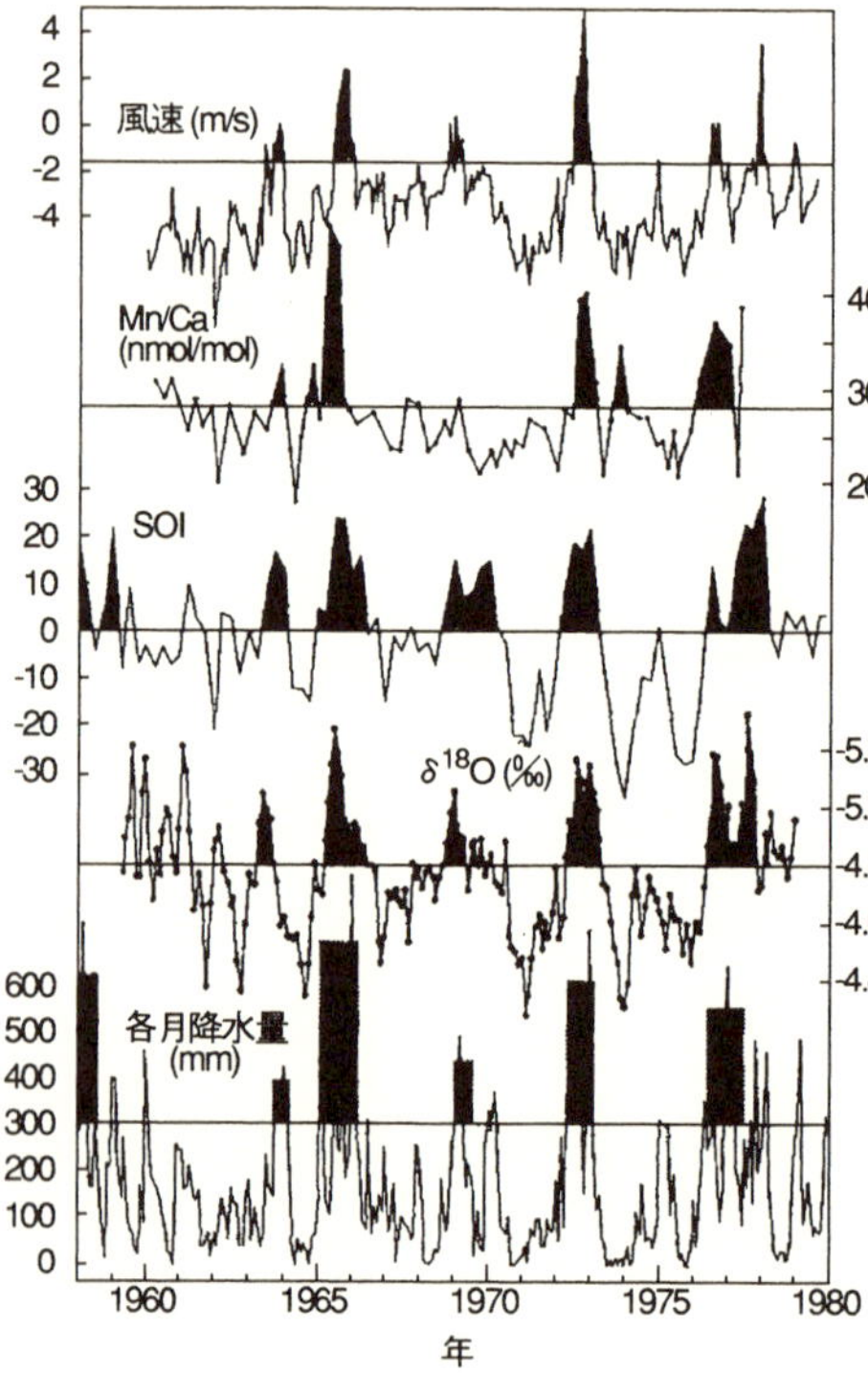

図８　タラワ島における風速の変動，サンゴの Mn/Ca 比，酸素同位体組成，月別降水量と南方振動指数（SOI）との相関
［Cole *et al*. (1992) による］

Ca比の変動は風向や風速の影響を反映しているので、タワラ島では風向きに大きな変動がなかったことを示唆している。この時のガラパゴスの指標は大きな偏差を示しており、ペルー沖の寒流の方はかなり弱まったと考えられる。

このように、これらの一連の研究は、ＥＮＳＯ変動が各地のサンゴの化学組成にどのような影響を与えるのか、それらを用いてどのようにＥＮＳＯを復元するのかといった方法論を示したものといえよう。

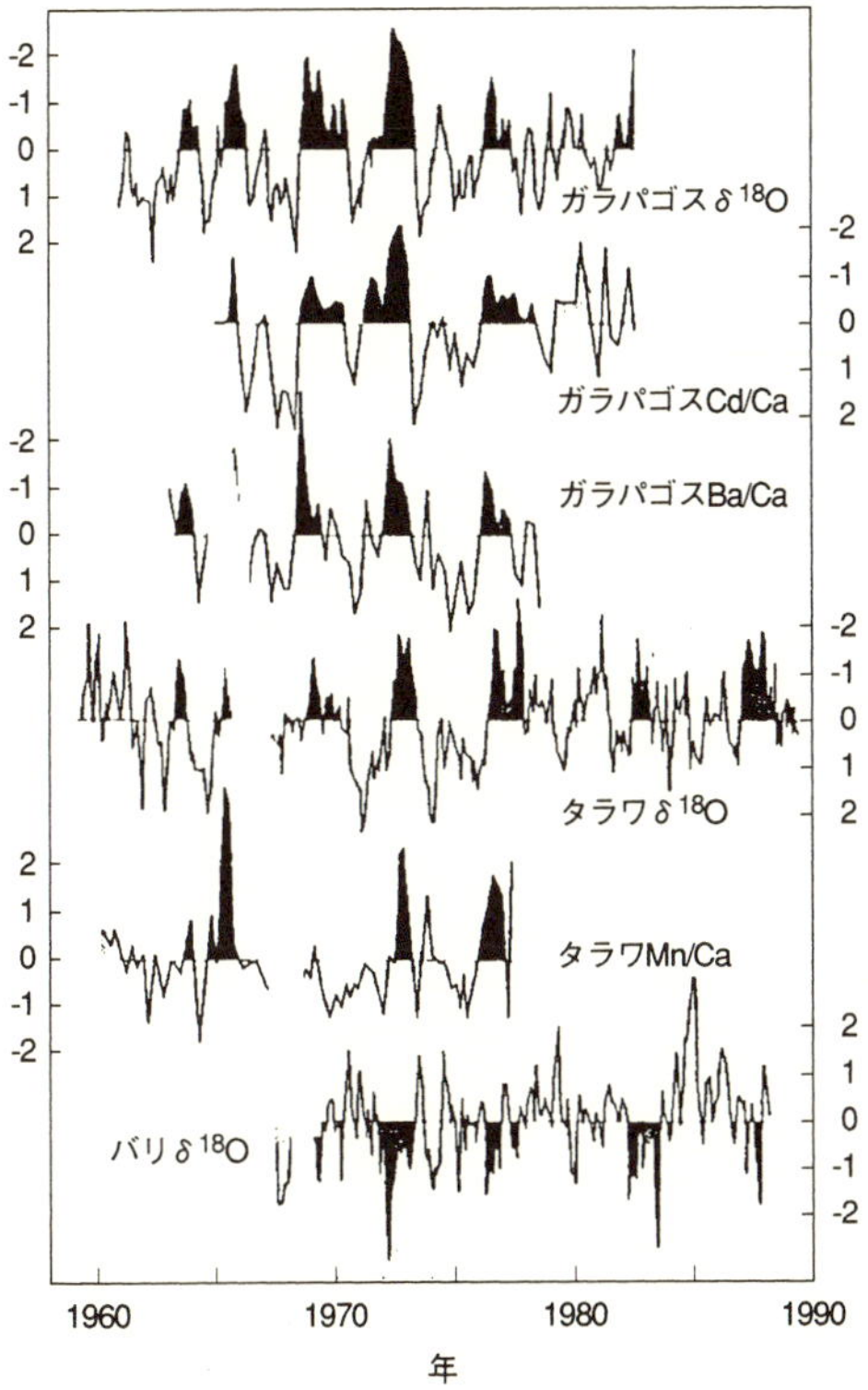

図9　ガラパゴス島，タラワ島，バリ島のサンゴに記録された組成変動の比較

[Cole *et al*. (1992) による]

この図には変動量の平均値からの偏差が示されている．グラフの縦軸目盛りは，変動量を標準偏差で規格化してある．

山岳氷河は語る

過去のENSO変動を記録しているものはサンゴ礁だけではない。南米大陸の西縁にそって南北にのびるアンデス山脈の万年雪にも、ENSOの痕跡が残っていた。

アンデス山脈は標高六〇〇〇メートルに達しており、世界の屋根といってもよい。ここではアルゼンチン側からの気流が冬季に積雪をもたらし、厚い万年雪が発達している。L・G・トンプソン（オハイオ州立大学）らは、アンデス山中の万年雪から過去の気候変動を探ろうと考えた。彼らは一九八三年に、ペルーのチチカカ湖の北西三〇〇キロメートルにあるクエルッカヤの万年雪から、約一五〇メートル、年代にして一五〇〇年分の雪氷の掘削コアをとり出した。

この雪氷の試料は、塵やほこりなどの不溶性不純物による縞模様が顕著であり、年輪のように現在から過去へ一年ごとに数えることができた。そこで、トンプソンらは、雪氷の縞一枚一枚について、不純物の量、層の厚さ、酸素同位体組成を測定した。

過去九年分の不溶性不純物の存在度と蓄積された雪の量の年々の変動（図10）から、エルニーニョにあたる一九七六年と一九八二年には、積雪量が少ないことが読みとれた。エルニーニョが発生するとペルー周辺の沿岸部では降水量が増えるが、逆にアルゼンチン側からの気流が衰えて山岳地域の積雪量が減るためと考えられる。そこで、彼らは、過去一五〇〇年分の酸素同位体比と積雪量の変動を求め、クインが歴史資料をもとに提出したエルニーニョ発生年と比較したり、インカ文明の盛衰との

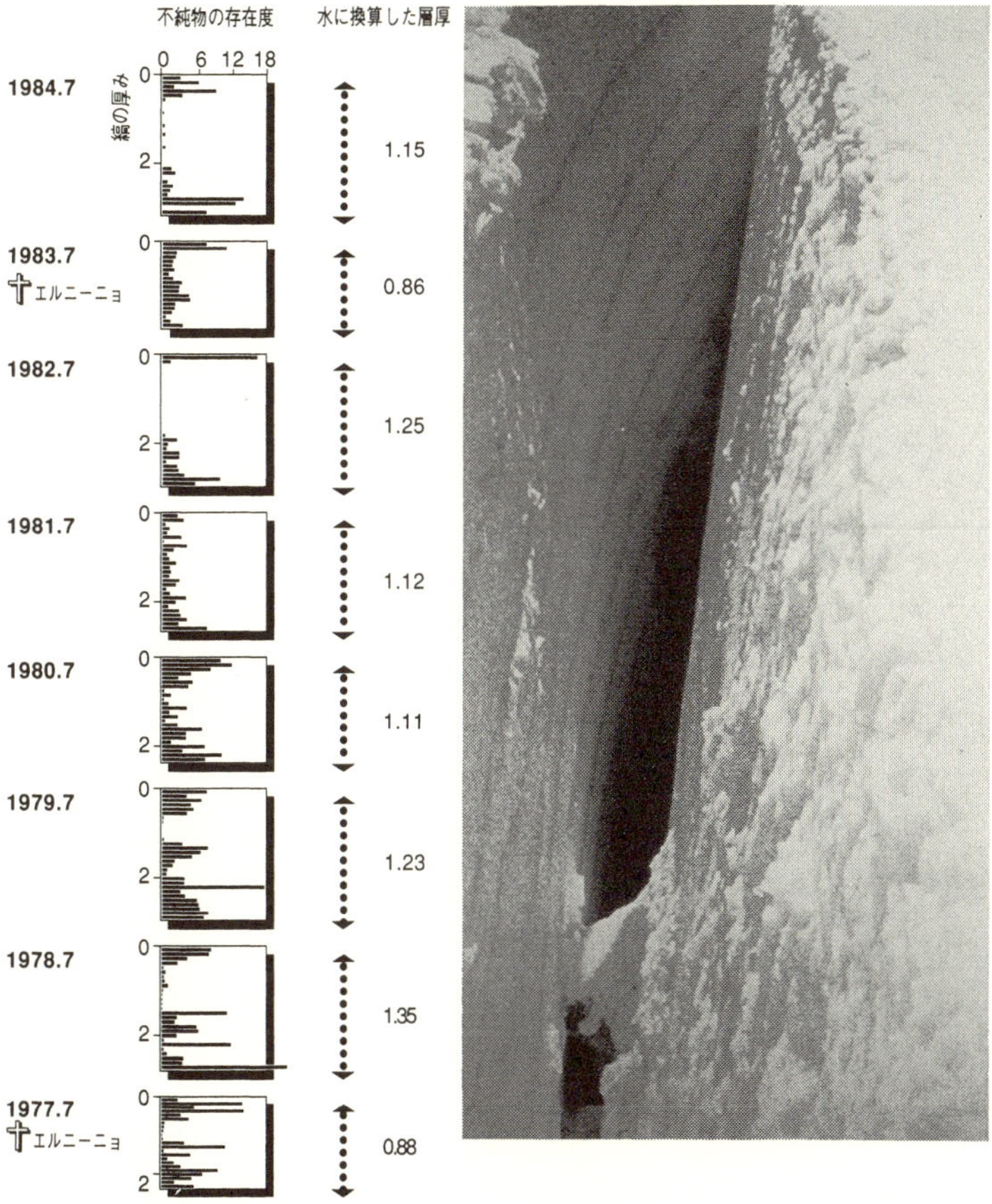

図 10　クエルッカヤ万年雪に記録された積雪量の年々変化とそれに含まれる不溶性の塵の存在度［Thompson *et al*. (1984) に基づく］
積雪量の少ない 1976 年と 1982 年にエルニーニョが発生した．

関係を考察している。ここでは、エルニーニョの激しかった年に積雪量が少ないことが読みとれた。

しかし、積雪量の変動にはエルニーニョ以外の要因も作用しているので、対応関係が認められない場合もあり、解釈は単純ではない。クインの結果もトンプソンらの結果も、今後、信頼性の高い別のデータを取得して再検討が必要とされる。

■地球史解読における地理学的課題

地球は三次元的広がりを持った天体である。ＥＮＳＯが発生したとき、その影響が地域によって気温変動や海水温変動に表れたり、洪水や干ばつのような降水量に表れたりすることは、このことを明瞭に物語っている。つまり、地球

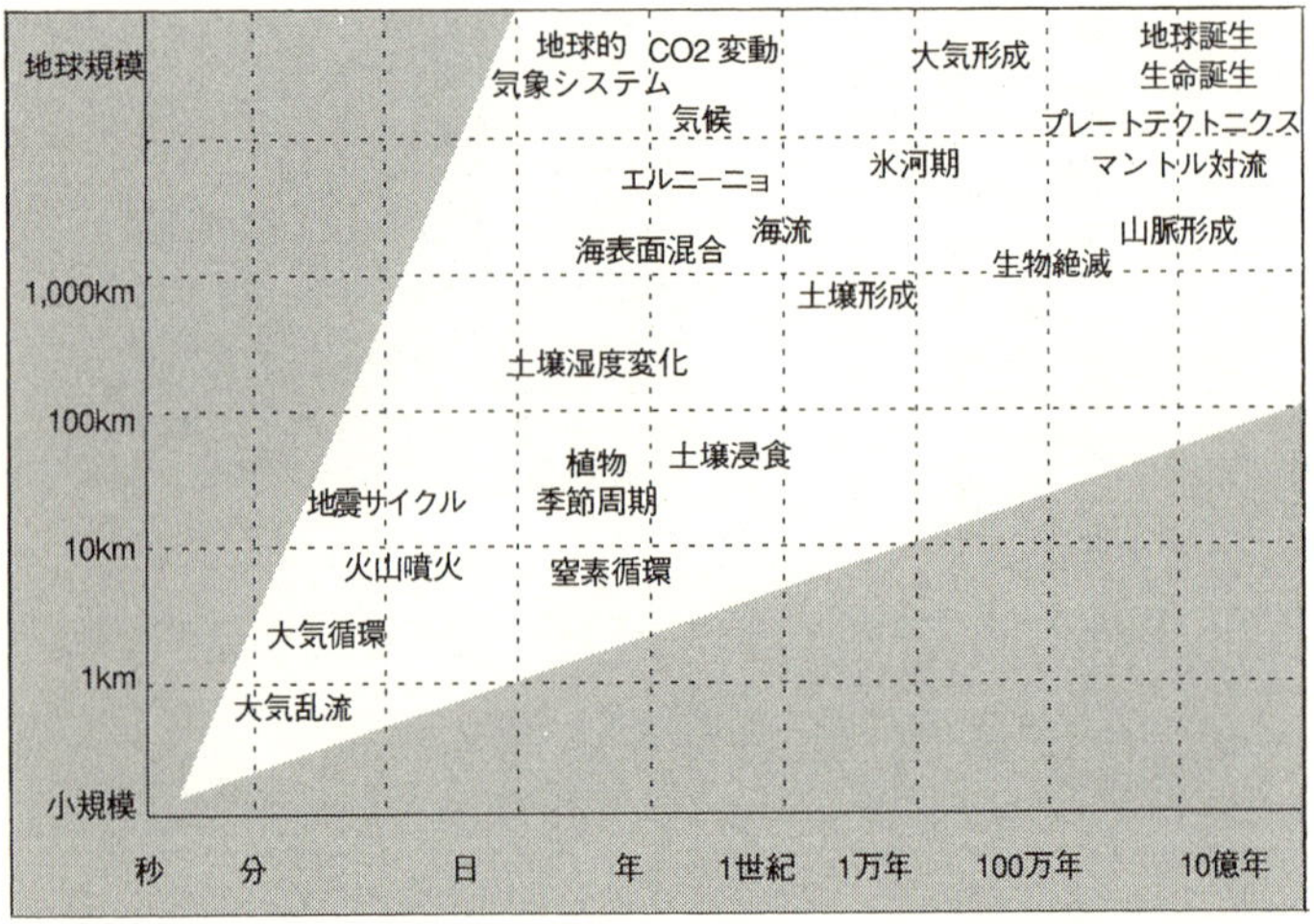

図 11　地球上で発生するさまざまな現象の時間スケールと空間スケールの関係
［NASA Advisory Council, Earth System Sciences Commitee (1988) による］

表面で発生するリズムの時間変動を調べる場合には、その影響が表れる空間的な広がりを考慮する必要がある。

図11は、地球上で発生するさまざまな変動やイベントの継続時間と、その空間的な広がりを示したものである。一般的に、時間スケールの長い現象ほど空間規模が大きくなっていることが読みとれる。

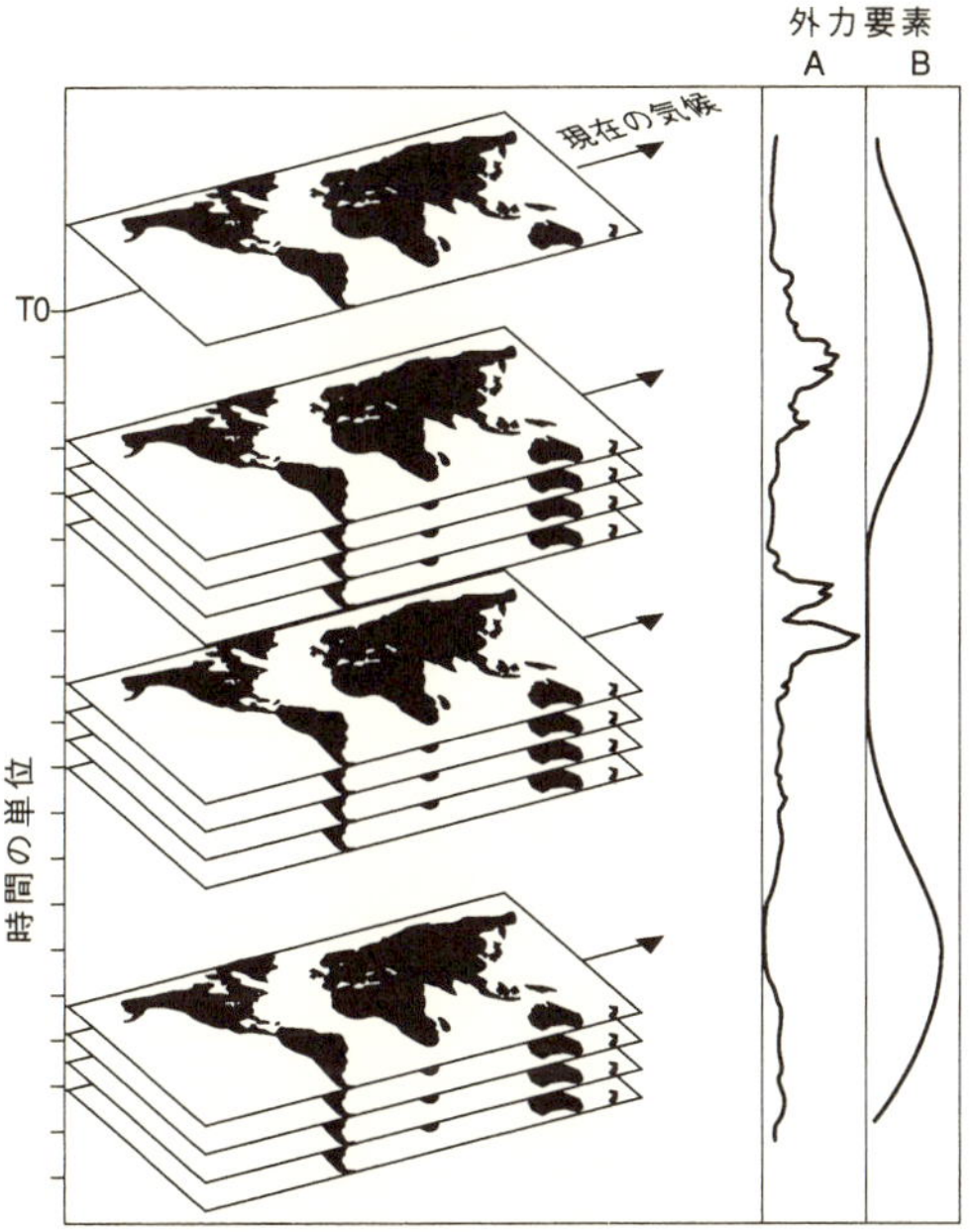

図12　地球システム変動の出現様式の地域性のマッピング
[Bradley *et al*. (1989) による]
各時代ごとに変動の地域性を明らかにすることにより，変動の盛衰過程が明らかにできる．

第四紀の気候変動や地球磁場の永年変動のような、数万年より短い時間スケールの変動を扱う場合には、地域性が問題になる。

変動の地理的分布まで解読することができれば、その変動の原因解明に貴重な情報を提供することになる。もし、氷期の到来や間氷期の始まりなどの現象が、ある地域で発生した擾乱が発展して地球全体にまで及んだものであるとすれば、変動の様相を地理的に把握することで、その原因を解明する糸口が得られるからである。そのためには、世界各地で変動の時間的推移とその出現様式を復元し、それらを対比してそれぞれの時間断面で地理的分布として表現する必要がある（図12）。ＥＮＳＯや過去一〇万年間の氷期と間氷期の繰り返しについては、こうした検討が始められており、変動の地域性からも原因究明や仮説の検証が可能になるだろう。

III

地球システムの変動とその原因

——気候を例として

The Dynamism of the Earth System and Its Forcings

5 気候の変動

前章でＥＮＳＯ現象がグローバルな気候の変動と大きく関係していることが示されたが、現在地球環境問題として最も騒がれているのは、地球温暖化に象徴される気候変動であろう。

化石燃料の使用によって放出される大気中の二酸化炭素濃度は、産業革命以後急激に増えている。二酸化炭素は温室効果ガスとして、また生物の光合成の材料物質として、地球上の生物にとっては貴重な存在であるが、あまりにも急激に増加すると急激な温暖化をまねき、ひいては人々の生活や食糧問題に深刻な事態を引き起こしかねない。来るべき将来に対するこのような危惧は、地球温暖化という言葉で象徴され、昨今では地球環境問題が国際政治の舞台でも主要な協議事項の一つになっている。

現在の気候を理解するためにも、将来の気候を予測するためにも、過去の気候がどのように移り変わってきたのかを明らかにすることは大切である。それらには、気候変動の原因や気候システムの相互作用の機構を解く鍵が隠されている可能性があるからである。また、気候変動モデルの検証にもなくてはならないものである。

地球システムを構成する要素が複雑にかかわり合って気候の状態が生み出されている。その相互作用のリンクを解きほぐし、とくに密接にかかわり合っている要素間の結合を認定することによって、地球というシステムをより深く理解できるようになると思われる。

■――気候変動とは

気候とは何をさすのか、また気候変動とはどういう現象をさすのだろうか。気象庁などの規定としては、三〇年間の気温や降水量の観測値の平均が、気候値として採用されている。毎年の平均気温や降水量は年々変動しているが、三〇年間の平均をとれば、その地域の大気の平均の状態を反映していると見なしてもよいだろう。しかし、年々変化と平均値からの差である変動の大きさも、その地域の気候を特徴づけるものであり、気候とは何をさすのか、また気候変動とはどういう現象をさすのかを厳密に定義することは、一般に困難であることを心得ておく必要があろう。

観測データのある明治以後の期間については、気候値が厳密に定義できる。それ以前の気候を復元するには、古文書の記録、樹木年輪や花粉の種類、化石などの生物学的指標、氷河地形や堆積物などの地質学的な指標に頼らざるを得ない。遠い過去の気候の復元は、定性的な話になってしまうという問題もある。

図1には、地球上の気温の時間変動が、さまざまな時間スケールで示されている。過去八〇年間の

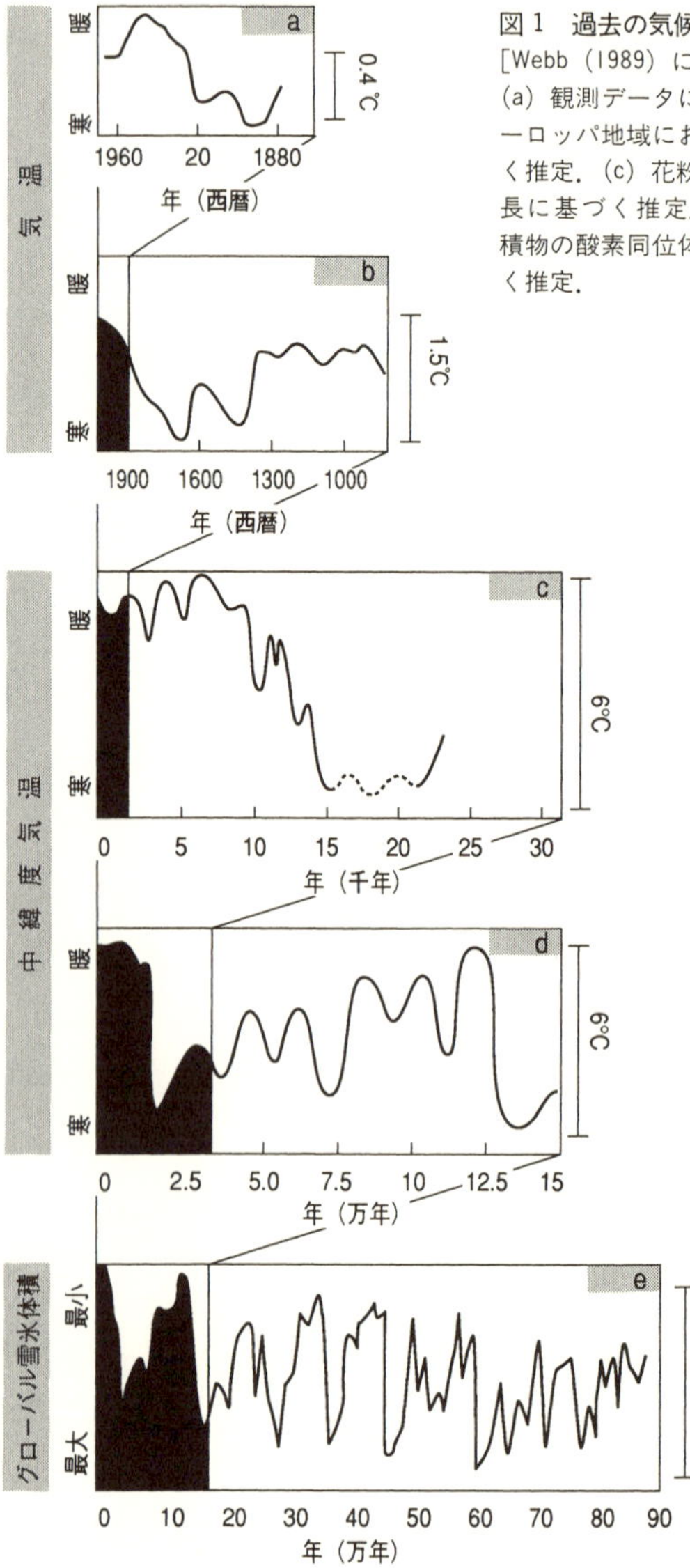

図1　過去の気候の変動曲線
[Webb（1989）による]
(a) 観測データに基づく推定. (b) ヨーロッパ地域における歴史資料に基づく推定. (c) 花粉分析や山岳氷河の消長に基づく推定. (d), (e) 深海底堆積物の酸素同位体比の変動曲線に基づく推定.

変動(a)は、世界各地の気温測定のデータを平均して求められたものである。過去一〇〇〇年間の変動(b)は、歴史記録に基づいて復元されたものである。それ以前の変動は、氷河の消長、海水準変動、氷床の酸素同位体比などに基づいて復元された。この図に示された変動曲線を眺めると、気候の変動には短い周期のものから長い周期のものまであり、変動の仕方がたいへん複雑なように見える。

こうした変動が、いわゆる酔っぱらいの歩行(酔歩運動)のようなランダムなゆらぎの蓄積であるならば、将来の変動を予測することはできないことになる。しかし、気候変動の背後に物理的な変動要因があり、周期的変動にランダムな成分(雑音)が重なっているものであれば、将来の気候予測は原理的には可能であろう。

観測時代には、一〇年から二〇年ごとに気候の温暖化と寒冷化が繰り返している。歴史時代には弱いながら一〇〇年から四〇〇年周期の変動がある。これは太陽活動との関連が指摘されているものである。

二万、四万、一〇万年といった周期は、第四紀の気候変動に顕著であり、ミランコビッチサイクルに対応する応答であると考えられている。この時間スケールの周期性のなかには、次章で概観するような数百年から数千年の変動が含まれていることが明らかにされつつあり、周期性を生み出す原因をめぐって、現在活発に研究が進められている。

ところで、時間目盛りを細かくする試みと、長期間にわたる変動の復元とを両立させることは、困難な場合が多い。たとえば、エルニーニョ現象や太陽黒点変動のような数年から数十年の変動を解読するには、時間精度の高い樹木年輪、造礁サンゴ、湖成堆積物などの試料を用いる必要がある。しかし、こうしたものは長さが限られており、解読できる期間がせいぜい数万年程度である。一方、海洋底では堆積物の蓄積速度が一〇〇〇年に一ミリ未満であり、数百万年という期間にわたる試料が確保できるという利点があるが、一〇〇〇年より細かい時間目盛りで現象を追いかけることはできなくなる。こうした制約から、一般には時代をさかのぼるほど短い周期の変動の解読が困難になる。図1に示されたように、時間をさかのぼるほど時間分解能が悪くなるのは、解読に用いられる試料の制約を反映したものである。

しかし、古い時代の化石の縞や堆積物の縞を解読することで、短い時間スケールの変動を明らかにできる可能性は残されている。そうした試料の解読を追究することで、時間分解能の高いデータが得られ、新しい地球像の構築へと導かれるだろう。

次章からは現在活発に進められている地球史解読の具体例が述べられるが、その前に気候変動解明に向けての理論的な枠組を考えておこう。

■気候変動の原因解明とその予測へ向けて

何年か前にパリで開催された「地球物理学におけるカオス、フラクタル、非線形変動」と題する研究会で、UCLA（カリフォルニア大学ロサンゼルス校）のM・ギルは、科学の目的は未来を予測する

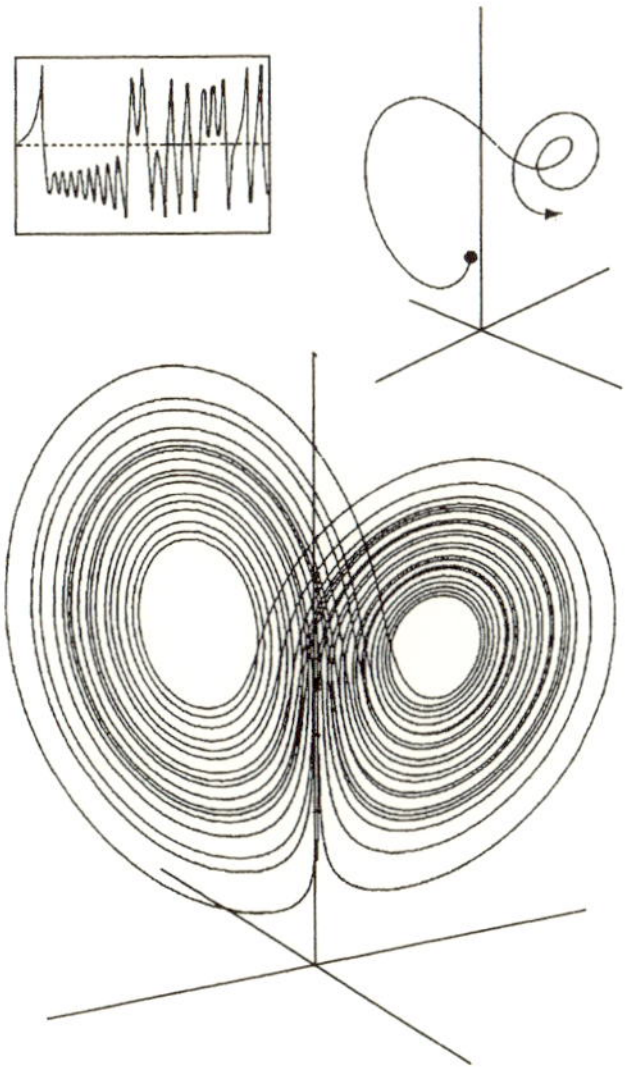

図2　ローレンツのアトラクタ
［Gleick (1987) による］
3変数の微分方程式の解を3次元空間に示したもの．このような解の軌跡はアトラクタと呼ばれており，初期値を変えても現れる．

ことであると述べ、将来の気候が原理的に予測できるかどうかという質問に対する議論を参加者にうながしたことがある。彼は非線形数学を導入して、大気・海洋に見られる変動の数理モデルを解析しており、気象や気候の変動がカオス的であるのか、気候の将来予測が可能であるのかに強い関心を示していた。

最近では、カオス理論は物理学、生物学から電気工学にいたるまで、さまざまな分野で発展してきている。カオス理論の発端は、一九六〇年代に気象学の分野で発見された。カオスの最初の発見者は、気象学者のE・ローレンツである。彼は、大気の運動を記述する流体の運動方程式を簡略化し、今日ローレンツ系と呼ばれている非線形の連立微分方程式を導いた。この方程式の解を図に表したローレンツは、蝶の羽のような形（図2）をした軌跡を発見した。軌跡は二つの点のまわりを輪を描いてまわっており、時々一方から他方へ回転状態を変えていたのである。しかも曲線は決して重ならず、二度と同じ状態をとらないことを意味していた。その後、他の非線形システムでも同様の性質が次々と発見され、カオス理論が築かれていった。

ローレンツ系の解の軌跡は、初期値をいろいろ変えても図2のような特徴が失われることはない。これは地球や惑星の軌道が太陽の引力に引きつけられて楕円軌道を描いているのと類似していることから、図2に示された幾何学図形はローレンツのアトラクタと呼ばれるようになった。アトラクタは軌道を引き込むという意味で、最終的に引き込まれて描き出される軌道のことである。非線形系の解の軌跡がフラクタル図形のように複雑なものも発見されており、ストレンジアトラクタと呼ばれている。

自然界にある雲の形や海岸線、生物の器官など、これまで複雑だと思われていたさまざまな形がフラクタル図形であることも明らかにされている。このことは自然界にはまだ私たちが知らない本質的な法則が潜んでいることを意味しているように思われる。

話をもとに戻そう。非線形のやっかいな問題に、ローレンツによって発見されたバタフライ効果と呼ばれているものがある。非線形系では、初期値のほんのわずかな違いが、時間とともにだんだんと増幅され、しばらくするとまったく似ても似つかない状態を生じさせる。たとえば、一匹の蝶がちょっと舞っただけで、そうでない場合と状態がほんの少し変わる。その影響は深刻で、先々の地球全体の気候を大きく変えてしまう可能性さえ秘めているのである。非線形系では長期的予測は不可能なことの比喩として、こうした説明がよく使われている。どんな系にもノイズはつきものであるので、系が非線形であれば、バタフライ効果から逃れることはできないことになる。

ローレンツが解析したような単純なモデルでも、カオスが発生し、不規則な挙動をするのである。まして、地球の気候状態は大気の運動だけでなく、海洋の影響、氷床の変動、植生、大気組成などが複雑にかかわり合っている。そして、これらの気候を構成するサブシステムの変動の時間スケールが、大気は数カ月、海洋は数百年から数千年、氷床は数万年というように異なっていることも、気候変動の原因解明をむずかしくしている。このように物理的性質が異なり、しかも時間変化様式の異なる部分が複雑に絡み合って一つの気候状態を決定しているので、気候変動に関わる要素の全体を気候システムと呼んでいる。

しかし、気候システムが多数の要素からなる複雑な系であるとしても悲観的になる必要はない。多自由度の力学系では、系が複雑であるにも関わらず、その挙動には類似性があったり、共通の特性が存在しているからである。したがって、比較的扱いやすい多自由度系モデルを気候システムのメタファーとして用いることができるかもしれない。逆にカオスを生み出す非線形力学系の多くは、方程式の形が単純であるのにもかかわらず複雑さを内在しており、解の挙動がパラメータの値によって大きく変わるところにおもしろさがある。

話が横道にそれるが、ローレンツの考案したモデルは、気候変動を力学系として扱う新しい研究分野を切り開くことになった。先ほど述べたＵＣＬＡのギルは、ローレンツの研究を受け継いで、気候力学（climate dynamics）という新しい分野の開拓に大きく貢献している。

気候システムとは何か

図3は、大気・海洋・陸水・雪氷などからなる地球の気候システムの模式図である。気候システムのなかのある要素が変動すると、その影響はほかの要素へと波及していく。地球が何らかの原因で寒冷化したとしよう。これによって北極や南極の雪氷が拡大し、地球のアルベド（反射率）が大きくなる。そして、太陽からやってくる光を反射して、さらに地球の寒冷化を引き起こす。このような機構を正のフィードバックと呼ぶ。一方、地球が何らかの原因で温暖化すると、地表から蒸発する水蒸気の量が増え、雲で覆われた地域が広がるであろう。雲は太陽の光を遮るので、地球の温暖化を抑えるような働きをする。これは負のフィードバックの例である。

気候システムにはさまざまな正や負のフィードバック機構が仕組まれているために、いったん変動が生じると自励的な振動が発生するかも知れない。ローレンツが簡単なモデルで発見した右まわりと左まわりの解の軌跡は、二つの気候状態を示していると見なすこともできる。そして解は外力の影響がないのに、二つの状態の間を不規則に行ったり来たりしているのである。

実際に今日の気候システムについても、現在の気候が唯一の安定状態であるという保証はない。何らかの原因で、気候状態が平衡値からずれた時に、もう一つの安定な気候状態に陥るようなことだっ

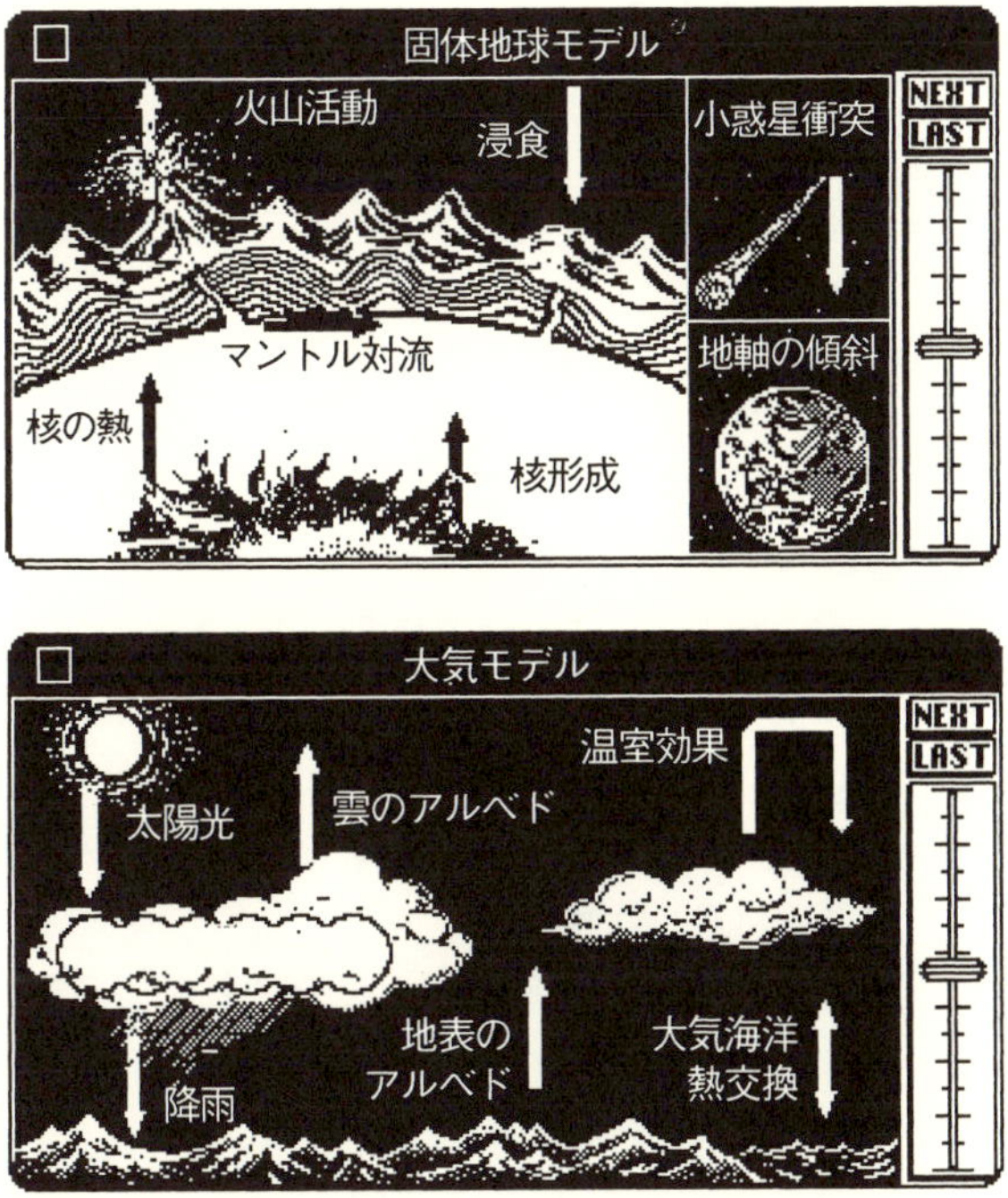

図3　気候システムの概念図［Sim Earth の使用解説書より］
気候変動の要因には，太陽放射量の変動，火山噴火，氷床や植生の変化によるアルベドの変化，大気組成の変化などがある．それらは相互に関係しているため，気候変動の原因は複雑でよくわかっていない．
　ガイア仮説に基づく「シムアース」の固体地球／大気モデルのウィンドーを示す．

てあり得るのである。これが第四紀の氷期・間氷期のサイクルであるという見方もできる。つまり、現在の気候状態は、気候システムの温暖な安定状態にあるが、寒冷な安定状態も可能であって、何らかのきっかけで寒冷な状態の方へ遷移しないともかぎらない。

将来の気候変動の予測のためには、気候システムの特性をよく理解して、その数値計算モデルを作り、シミュレーションしてみればよいであろう。実際に、大気大循環モデルという大がかりなモデルを用いて、長期予報が試みられている。このモデルは、毎日の天気予報にも使われ、世界の観測データによる検証を受けて改良を重ねられているものであるが、それでも予想は一〇〇%的中するにはほど遠い。また、将来の地球の温暖化に対しては、大気大循環モデルやエネルギー収支に基づいた気候モデルが開発され、二酸化炭素の倍増に対する地球表面の温度の上昇率が調べられている。

こうした気候変動モデルから導かれた結論の妥当性を検討するには、過去の気候変動をより鮮明に復元してチェックしなくてはならない。また、気候システムの形態を復元して地質時代の気候を数値モデルを用いてシミュレーションするには、過去の気候を詳しく検討し、モデルの構築のための指針を導かなくてはならない。このように、気候変動の研究では、地球の環境問題がクローズアップされるなかで、問題解決型の研究に有効とされるシステム論的アプローチ（地球システム科学）が推進されるようになっている。

気候変動が物理的必然性をもって理解されるようになり、将来の地球温暖化が的確に予測されたり、地球史を通じての気候変動の原因が解明されるまでは、かなり時間を要すると思われる。こうした状況では、過去の変動の延長上に未来を予測することも重要なアプローチである。つまり、「過去は未来を語る鍵」なのであり、気候システムを構成する一つ一つのサブシステムの状態を時間軸上に表現することが要求される。しかもそれらの復元は、できるだけ時間分解能を高くすることが必要である。

さて、気候システムを構成する二つのサブシステムの間に注目すると、多くの場合、相互に影響を与え合っている場合と、どちらかが一方的に原因を生み出している場合があることに気がつく。極氷床や山岳の雪氷の量は、大気の温度変化の結果として変化するが、それらの量の変化が地球のアルベドを変化させ、ひいては大気の温度を変える。これは両者が相互に影響を及ぼし合っている例である。大気の温度変化は、ほかにも大気中の炭酸ガス濃度の変化や植生の変化によっても引き起こされるので、このような場合には気候変動の原因を特定することは困難である。

しかし、大規模火山噴火イベントのように、一方的に気候変動の原因であるとみなされる場合には、両者の因果関係を解析しやすい。このように一方的に気候変動の原因を生み出しているサブシステムを、気候変動の外力であるとして、フォーシング（forcing）と呼ぶことがある。そのような例としては、太陽光度の変動、地球軌道要素や地軸の傾きの変動による日射量の変動（ミランコビッチサイクル）が挙げられる。もし過去の気候変動が、これらのフォーシングに対する大気・海洋・雪氷・生物圏の応答であるならば、両者を時間軸上で比較することで、将来予測へ向けてたいへん見通しがよくなるだろう。

■6——ミランコビッチサイクル

木星や土星などの太陽系天体の引力の影響によって、地球の軌道要素や地軸の傾きは、数万年周期で変化している。軌道の形や地軸の傾き角が変化すると、地球が受けとる日射エネルギーの地理的分布が変化するので、ひいては気候変動の原因となる可能性がある。こうした変動は、最初に定量的検討を行った、一八七九年にセルビアで生まれた地球物理学者M・ミランコビッチにちなんで、ミランコビッチサイクルと呼ばれている。ミランコビッチサイクルと気候変動の関係は、一世紀以上にわたって地球科学における重要な研究テーマであった。

かつて地球上に大規模に氷床が発達した時代があった。第四紀に発達した氷河時代の痕跡は、モレーンや迷子石のような氷河が置き去りにした堆積物や巨石、U字谷などの地形に残っている。一八三〇年代にL・アガシーは、これらの地学的意味を正確に認識し、氷河時代の存在をつよく提唱した。それ以後、氷河時代の原因をめぐって長年月にわたる論争があった。

一九世紀から二〇世紀初頭にかけては、氷河時代の原因は、自然科学における最も重要な研究課題であると見なされていた。M・ミランコビッチは、氷河時代の原因を論じた天文学説に興味を示し、氷河時代の謎の解明に一生を注いだのだった。彼は、木星や土星の軌道運動が地球の公転軌道や地軸の傾きを変化させ、ひいては地球が受けとる日射量が変動することによって、周期的に氷期が訪れるという説を数学的に定量化した。当初、彼の説は実際に地球で起こった氷期と間氷期の繰り返しを説明するものとして、地質学者や地理学者から支持された。しかし、一九五〇年代になって放射性炭素を用いた地球年代学が進歩した結果、不連続ながら年代目盛りの入れられた古気候のデータはミランコビッチの理論を反証するように見えたため、彼の説は忘れ去られてしまった。

一九七〇年代に入ると、深海底堆積物の分析技術の向上や年代決定精度の向上によって、第四紀の気候変動の復元が進んだ。そして、深海底堆積物の酸素同位体比の変動曲線に、ミランコビッチが求めた日射量の変動周期に対応する周期性が発見された。これがきっかけとなって、ミランコビッチサイクルに関する研究が再燃することになった。

ミランコビッチサイクルとは

日射エネルギーの長期的変動を引き起こす地球回転や地球軌道要素の変動として、軌道離心率と地軸の傾き角の変動、および歳差運動がある。

現在の地球では、自転軸は公転軌道面に対して約二三・四度傾いている。これが四季の変化を生み出す原因である。また、地球は太陽のまわりを楕円軌道を描いて公転運動している。現在の軌道離心率は〇・〇一六七であり、楕円といってもほとんど円に近い。しかし、軌道が楕円であるために、地球と太陽の距離は一定ではなく、北半球が夏のときに地球と太陽の間の距離が最大になっている。

このような地球の自転や公転運動の幾何学的形状は、太陽系天体の引力効果でゆっくり変化している。こうした変化の計算は天体力学で摂動論という方法で行われるため、その変化の仕方は多数の周期的変動の重ね合わせとして表現される。一九一〇年代から一九三〇年代のコンピュータのない時代に、ミランコビッチは膨大な天体力学計算を行って、日射量の変動を引き起こす軌道要素の時間変化を定量的に求め、いくつかの周期性を発見したのであった。これらの日射量変動の周期性をまとめてミランコビッチサイクルと呼んでいる。

のちにベルギーの天文学者A・ベルジェによって精密に計算された数値を以下に示す。図1は、地球の受ける日射エネルギーを変化させる軌道要素の、過去八〇万年間の計算結果とそのスペクトルである。

地球の軌道離心率は〇・〇〇〇五から〇・〇五四三の間で変化しており、約一〇万年と四〇万年の周期性が卓越している。しかし、離心率の変動にともなう日射エネルギーの変動量は、地球が受ける日射のエネルギーの〇・二%に過ぎないと見積もられている。

現在地軸の傾き角は約二三・四度であるが、詳しく調べると、二二度から二四・五度の範囲で変化

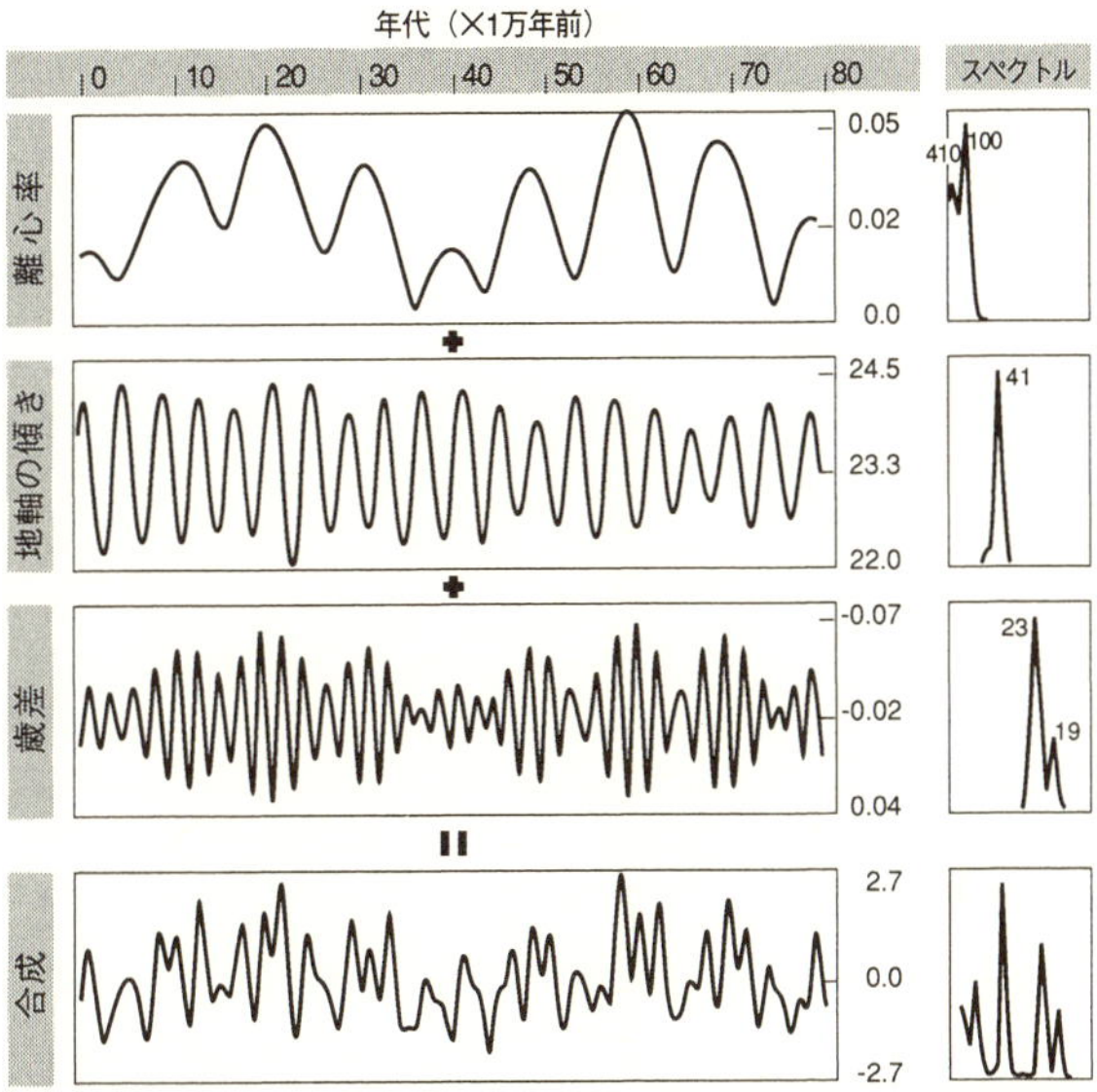

図１　天体力学計算によって求められた過去80万年の軌道要素の変動［Imbrie *et al*. (1984) による］
離心率の変化にともなう日射の変動には10万年周期と40万年周期が卓越している．地軸の傾き角の変動には4.1万年の変動がある．日射に影響する歳差の因子には2.3万年と1.9万年周期の変動がある．

しており、四万一〇〇〇年周期が卓越している。地軸の傾きが大きくなると、高緯度地域では冬期の太陽高度が大きくなる一方、冬期には長期にわたって日が昇らなくなって、季節変化が大きくなる。この効果は、高・低緯度間の配分を変えるだけで、地球に入射する日射の総量は変えない。

地球の受ける日射のエネルギーは、地軸の歳差運動の影響も受ける。歳差運動は、夏期と冬期における地球と太陽の距離を変化させるからである（図２）。

地軸の運動には約二万六〇〇〇年周期の歳差運動がある。地球は自転しているため、遠心力によって赤道

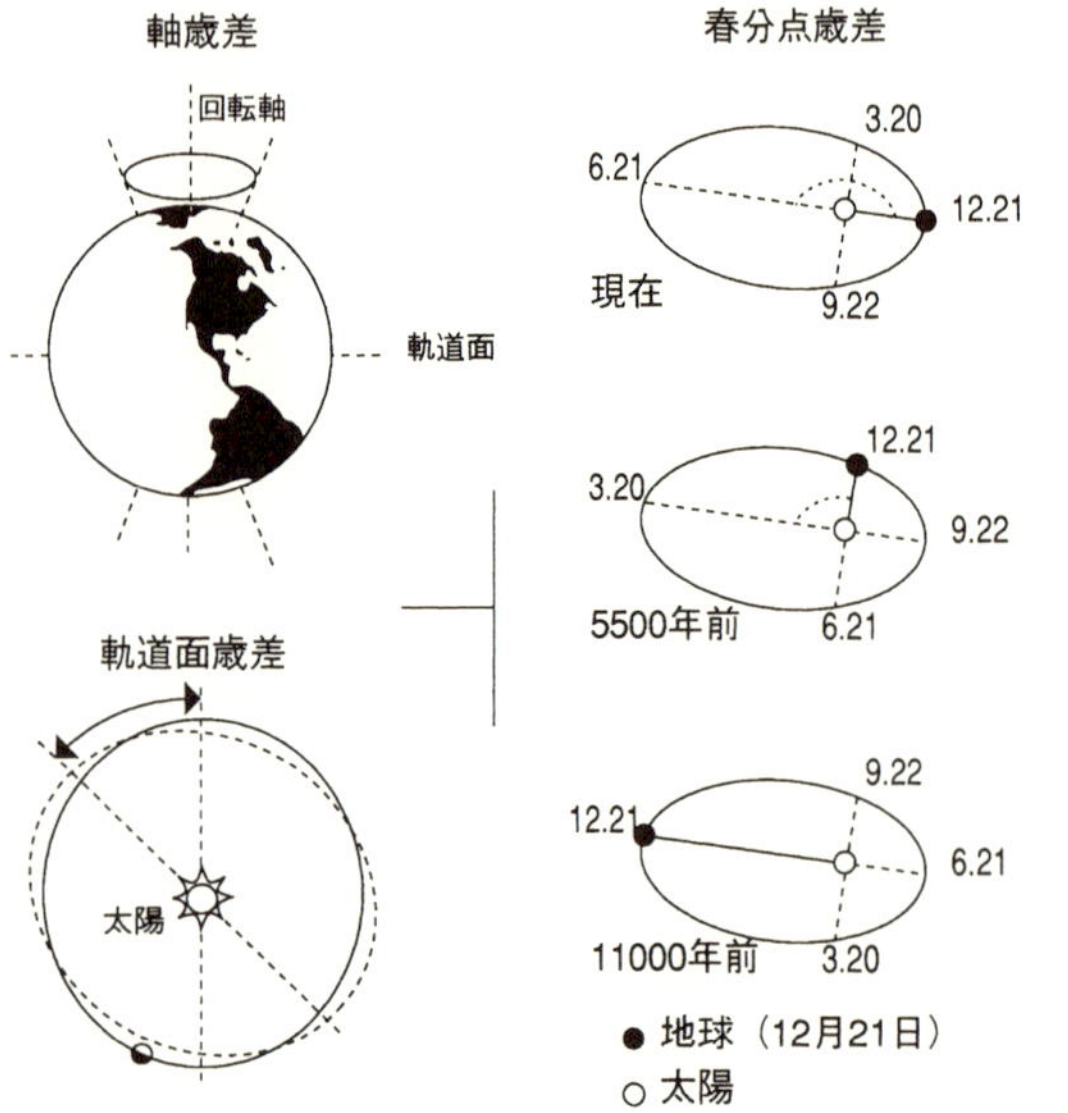

図２　歳差運動にともなう日射の変動のメカニズム
[Pisias and Imbrie (1986/1987) による]
地軸の傾き角の変動は，高緯度地域の夏期の日射量を大きく変化させる．軌道面の歳差運動によって近日点と遠日点の時期が変化する．現在は北半球の冬期に近日点が訪れており，寒冷化を抑制する作用があるが，南半球では夏期に近日点がめぐってくるため，夏期と冬期の気候変化は大きくなる．

方向が極方向に対して約三〇〇分の一ほど膨らんでいる。この膨らみに対して太陽や月の引力が作用するために歳差運動が生じる。これは宇宙空間に対する地軸の方向の変化であり、コマのみそすり運動と同様の現象といってよい。地軸の歳差運動は地上で観測すると、北極点の方向の変化として観察される。その変化量は年に五〇秒角であるが、約一万年後には地軸の方向は、現在の北極星の位置からこと座のベガのあたりへ移動する。

さらに、太陽や月の引力によって、楕円形をした地球軌道の長軸の方向も変化している。これは軌道面歳差と呼ばれている。地軸の歳差運動と軌道面歳差運動の結果として、春分点の方向が二万二〇〇〇年周期で変化している。このような変動に離心率の変動が重なって、実際に日射量変化にきいてくる歳差の因子（春分点と近日点のなす角のサイン（正弦）に離心率をかけたもの）の変動周期には、二万三〇〇〇年と一万九〇〇〇年の成分がある。

このように軌道の形や地軸の傾きの変化が、地球の受けとる日射エネルギーの時間変化や地理的分布の変化を引き起こす。このエネルギー総量の変化は、地球全体や長期間にわたって平均するとわずかであるが、地球の大陸と海洋の分布に地域性があるので、ミランコビッチサイクルがもたらす影響の地域差は大きくなる。D・A・ショートらの見積もりによると、歳差運動の影響は北半球の大陸内部で大きく、四万一〇〇〇年周期の地軸の傾き角の変動は高緯度で大きい。

また、高緯度地域における夏期の日射量に注目すると、地軸の傾き角の変動にともなう増減量が意外と大きいことも指摘されている。これは、ミランコビッチが考えたように、高緯度地域における夏期の低温が極氷床の消耗を抑え、氷期がおとずれるという説を支持している。

■——ミランコビッチサイクルの復活

章初めに述べたとおり、一九五〇年代には放射性炭素による年代測定法が現れ、そのデータ値とミランコビッチの理論値との不一致などから、ミランコビッチサイクルは忘れ去られてしまっていた。

一九六〇年代になると、深海掘削コアの気候学的解析が進む一方で、堆積物に記録された磁化を測定する技術も進歩した。放射性炭素やカリウム・アルゴン法による年代測定精度の向上と、地球磁場の逆転を利用した古地磁気層序による年代決定法は、堆積物の年代決定の精度に格段の向上をもたらした。一方、酸素同位体比を用いると古海水温の推定が可能であることが、H・ユーリー（シカゴ大学）によって理論的に示された。そして、実際に深海底堆積物中の微化石の測定データから、酸素同位体比が海水温の指標だけでなく、極氷床の総量を反映していることが明らかにされた。

こうした技術革新によって、一九七〇年までに、過去七〇万年間に氷期と間氷期のサイクルが七回あったこと、すなわち、その周期が一〇万年であることが明らかにされた。これはミランコビッチが得た離心率の一〇万年のサイクルと一致していたが、第四紀の気候変動とミランコビッチサイクルの関連性はすぐに受け入れられたわけではなかった。

J・D・ヘイズ（コロンビア大学）らは、これまでに蓄積された深海掘削コアを用いて、ミランコビッチの理論を検証しようと考えた。ミランコビッチの理論によると、先に述べたとおり、地球の軌道要素や地軸の傾きが変化することによって生じる日射の変動の周期としては、地軸の歳差運動による日射の変動の二万三〇〇〇年、地軸の傾き角の増減の四万一〇〇〇年、そして軌道離心率変化の一〇万年がある。もし日射の変動にしたがって気候変動が起きているとすれば、これらの周期性が認められるはずである。彼らは、それまでに行われていたように、日射量の時間変動と過去の気候変動の

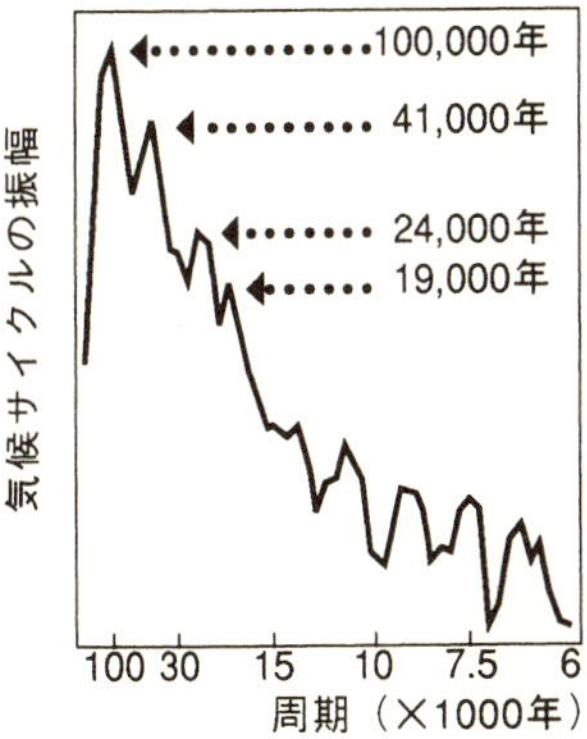

図３　深海底堆積物の酸素同位体比変動曲線のスペクトル
[Haysらのデータを用いて，インブリー・インブリー（1982）が求めた]
ヘイズらは酸素同位体比の変動曲線をスペクトル解析することによって，ミランコビッチの理論から予言された周期の変動を発見した．

データを時間軸上で対比するだけでなく、変動を周波数軸上でも比較しようと考えた。

一九七〇年代の米国では、古気候解明のためのＣＬＩＭＡＰ計画という研究計画が進行していた。これは研究分野や研究所の壁を打ち破って、データ、試料やアイデアを交換し合い、相互に協力して古気候を復元しようという画期的計画である。それまでに得られた深海掘削コアを最大限に利用して古気候を復元するためには、一つの研究室や研究所に閉じ込もって研究を行うような段階ではもはやなかった。多くの大学が協力したこの計画の一つの目的に、標準年輪曲線に匹敵するような典型的な気候変動曲線を確立することも含まれていた。この計画のおかげで、ヘイズらは彼らの目的に最も適した、堆積速度が速く、しかも乱されていない長い深海掘削コアを入手することができた。そして、浮遊性有孔虫の酸素同位体比や、表面海水温度に敏感な放散虫群集の個体数変動を用いて復元された気候変動曲線のスペクトル解析を行った。

図３は、彼らが用いたデータのスペクトルである。この図に

は、約一〇万年の周期の変動に対応する強い信号が、変動曲線に明瞭に現れていることを示している。そして、期待された周期に近い四万一〇〇〇年と二万四〇〇〇年のところにも、確かに周期が存在する。さらに一万九〇〇〇年の周期的信号が含まれていることも示唆される。この結果は、一九七六年の『サイエンス』に掲載された。この論文が契機となり、ミランコビッチの天文学的理論の復活につながっていったのである。また、ミランコビッチの理論を復活させるのに、深海底堆積物の掘削コアが重要な役割を果たしたので、ミランコビッチ理論は海底から復活したともいわれている。

ヘイズらの研究によって、ミランコビッチ理論はさまざまな研究分野へ多大な波及効果を及ぼしていった。天文学者はミランコビッチ理論の精密化を開始したし、気象学者や気候学者は、天文学的な原因による日射の変動が、どのように気候変動を引き起こすかを研究し始めた。雪氷学者は、気候システムに対する氷床の役割を調べると同時に、極地や山岳氷河に記録された過去の気候を調べるようになった。また、地質学者は、海底堆積物、陸上の湖成堆積物や鍾乳石などに記録された気候の復元を始めたのである。

このような研究が世界中で一斉に始められた。まさにミランコビッチサイクルのルネッサンス時代である。そして毎年発表される論文も莫大な数に増えたため、ミランコビッチのビッグバン（大爆発）などともいわれている。こうして、今日では大陸氷床の消長だけでなく、極氷床にとり込まれた気泡中の二酸化炭素濃度、海洋の深層水循環の変動の指標とされる海底堆積物の炭素同位体比の変動などからも、ミランコビッチサイクルに対応する周期性が発見されている。

ベルギーの天文学者A・ベルジェは、ヘイズらの発見を知ると、さっそく天体力学計算の再検討を行い、その結果を一九七六年のうちに発表した。そして歳差運動によって生じる周期は、すでに述べたように、二万三〇〇〇年と一万九〇〇〇年に分裂していることが理論的に導かれた。これらのピークは、ヘイズらの結果にも現れており、ミランコビッチ理論の正しさを支持したのである。その後、理論から期待された五万四〇〇〇年や四〇万年の周期も、堆積物に記録されていることが発見された。ベルジェは日射の季節変化についても計算精度をあげ、高緯度地域では夏期の日射の変動が一〇%に達することも明らかにした。さらにJ・インブリーらによって、理論から導かれる変動と、深海底堆積物中の酸素同位体比の変動に記録された極氷床の変動を周期ごとに比較した結果、氷床の消長が地軸の傾きと歳差運動に忠実に従っていることも示されている。このように天文学説を支持する新しい発見が、理論の精密化によっても導かれた。

■――一〇万年周期の謎

しかしながら、ヘイズらが一九七六年の論文ですでに指摘したように、地質学的データから求められたスペクトルと理論から導かれたスペクトルの重大な不一致が、残された課題となった。天文学理論では、歳差運動と地軸の傾きの変化によってもたらされる日射の変動は大きく、離心率による変動は小さいことを示していた。しかし、実際の気候変動には、離心率によるものと思われる一〇万年周

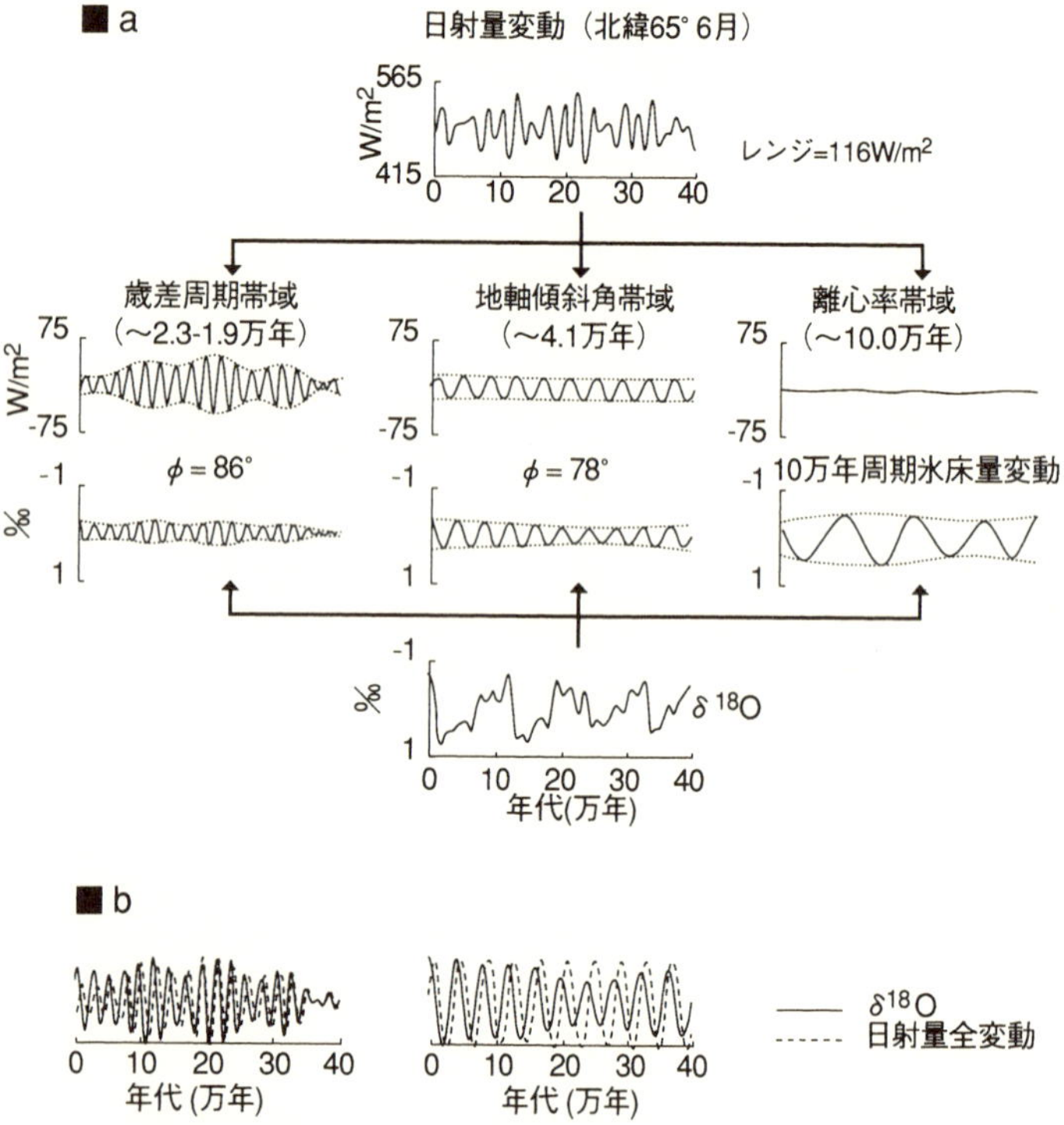

図4　10万年周期の謎［Imbrie *et al.* (1993) による］

(a) ミランコビッチ理論と深海底堆積物の酸素同位体比の変動曲線の各周期帯での比較．地軸の傾きや歳差運動による変動は理論と観測とがよく一致しているが，10万年の周期の変動は理論から予想される値に比べはるかに大きい．

(b) 歳差周期帯域，地軸傾斜角帯域においてδ^{18}O変動曲線と日射量変動曲線を重ねたもの．歳差と地軸傾斜角のそれぞれの周期帯で位相を比べてみると，いずれも酵素同位体比の極少（実線の山）は北半球高緯度の夏の日射の極大（破線の山）より少し遅れる．

期が卓越していたのである（図4）。その解釈には二つの立場がある。一つは、一〇万年周期は軌道離心率の変動によって生み出されているが、気候システムの応答特性に一〇万年周期の変動を増幅する別の機構が存在する、というものである。もう一つの立場は、気候システムの非線形性によって、日射量の変動の主要な原因である歳差運動と地軸の傾きの変動が、一〇万年周期の気候変動を生み出しているとするものである。

これまでに一〇万年周期の変動の振幅を説明しようと試みたモデルが多数ある。そのなかで、気候の変動を支配するさまざまなフィードバック機構を微分方程式の形で表したモデルは、理論古気候学と呼ぶにふさわしい新しいアプローチである。

このようなモデル化の第一歩として、一九七六年に固体地球物理学者のJ・ワートマンが、氷床変動のモデリングを行っていた。ワートマンは、天文学的な日射のわずかな変動が氷床の消長に与える影響を解析しており、氷床の荷重によるマントルの流動も考慮していたのである。また、J・インブリーとJ・Z・インブリーも、氷床の成長と消耗の時間スケールの違いを考慮した簡単な数学的モデルを調べていた。

その後、M・ギル（UCLA）とその仲間は、コンピュータで気候システムを簡単な微分方程式で表すモデルを作り、このモデルが天文学的な日射変動にどのように応答するのかを調べてみようと考えた。

ギルらは、氷床の荷重による固体地球の変動や氷床の成長によるアルベドの変化などの、フィードバック機構で表される気候システムの主要なエッセンスのみをぬき出して、微分方程式にしたのである。これは、インブリーらやワートマンのモデルからみれば、かなり複雑な形の式になっていたが、方程式の数学的性質を調べるには充分解析的に扱えるものであった。

彼らは、パラメータを徐々に変化させながら解の様子を調べていった。すると、パラメータがある臨界値を越えると、それまで平衡状態にあった系が突然振動し始めたのである。これは非線形力学ではホップ分岐と呼ばれている現象であった。すなわち、気候システムには非線形性による自励的振動が内在していたのである。その周期は約一万年であった。このような振動はまったく別の気候モデルでも知られており、たとえばB・ソールツマン（エール大学）らのモデルでも、一〇万年周期の振動が発生することが示されている。

ギルらは、このような自励的振動をする気候モデルに、天文学的な日射の変動を外力として作用させてみた。すると、気候システムの持っていた固有の周期と外力の周期が共鳴して、顕著な一〇万年の周期性が現れた。その他にも、外力の振動数（周期の逆数）の整数倍や簡単なたし算や引き算をしたところにも周期が現れている。

新たな課題

先に述べたように、ベルジェの天文学的理論によって、地球の軌道要素や地軸の傾きの変動が計算され、気候力学モデルにその結果を用いると、過去の氷期・間氷期の歴史を再現することができるようになった。しかしながら、これでミランコビッチサイクルのすべてが解明されたわけではなかった。

第四紀後期に顕著な一〇万年周期の氷期・間氷期の繰り返しは、一〇〇万年より古い時代には弱かったらしいことがわかってきた。このような証拠は、世界各地の深海掘削コアの解析から得られている。どうも一〇万年の繰り返しは、地球上に大きな氷床が発達した時期に限られているらしい。このことは、氷期・間氷期のサイクルに氷床が重要な役割を果たしているとする気候モデルと一致している。

それでは、なぜ第四紀の後半に氷床が発達したのだろうか。安成哲三（筑波大学地球科学系）は、ヒマラヤの急激な隆起がその原因であると提唱している。世界の屋根といわれるように、ヒマラヤ山脈とチベット高原は、標高五〇〇〇メートルの高地として中国奥地まで広がっている。中緯度を西から東へ流れるジェット気流は、ヒマラヤ山脈に衝突し、大きく蛇行しているし、冬の高緯度の寒気が南下するのを妨げている。ヒマラヤ山脈とインド洋の熱収支のコントラストが、大規模なインドモンスーンの原因になっているのである。このようなことから、もしヒマラヤ山脈がもっと低かったら、地球大気の熱的、力学的環境は今とはまったく異なると予想されるのである。実際、ショートらの計算によると、ミランコビッチサイクルの影響を最も受けやすい地域はアジア大陸内部であり、ここでの大陸氷床の発達が、第四紀の氷河時代のきっかけになった可能性がある。このことは、大気、海洋、雪氷圏だけではなく、固体地球も重要な気候システムの一因であることを示唆している。

このように、ミランコビッチサイクルの気候への影響は、山脈の存在、大陸や海洋の分布、海洋循環の様子などによって異なっている。恐竜の栄えた中生代は、今よりずっと温暖であった。それより前には、大陸は集まってゴンドワナ大陸を作っていた。このような時代にもミランコビッチサイクルが気候に多大な影響を与えていたのかを知るには、それが堆積物に刻まれているかを調べなくてはならない。また、どのようなメカニズムでミランコビッチサイクルが堆積物の縞に記録されたのかを明らかにする必要がある。

■地質時代のミランコビッチサイクル

地質時代をさかのぼった第三紀以前にも、ミランコビッチサイクルによる気候の変動はあったのだろうか。地球の軌道要素や地軸の傾き角の周期的変動は、木星や土星などの惑星の引力の周期的変動と地軸の歳差運動の周期の関数で表される。したがって、天文学的原因による日射の変動は、地球の歴史を通じて、月や木星、土星などが存在する限り存在していたことはまちがいない。

しかしながら、ミランコビッチやベルジェの計算した周期は、過去から未来永劫にわたって一定であるという保証はない。一つは、潮汐摩擦によって地球の自転が遅くなり、月が地球から遠ざかっていることによる（第9章参照）。これは地軸の歳差運動の周期を変化させる重要な要因である。もう一つは、惑星の軌道の安定性である。もし太陽系の惑星の運動がカオス的であり、長年の重力的相互作用で木星や土星の軌道運動が大きく変化したとしたら、地球の軌道の離心率も大きく変化しただろう。惑星の軌道の安定性は、目下天体力学の重要な研究課題であり、今後の研究の発展が期待される。今のところ、天文学的な原因による日射の時間変化曲線を、過去五〇〇万年より古い時代までさかのぼって計算するだけの精度がない。

一方、月の軌道進化は、大江昌嗣（国立天文台）らによって、太古代までさかのぼる計算が行われている。第9章で述べるように、熊澤峰夫、伊藤孝士（国立天文台）は、この結果を用いてミランコビッチの周期を計算し、卓越周期が地球史を通じてどのように変化してきたかを計算している。それによると、今日の四万一〇〇〇年、二万三〇〇〇年、一万九〇〇〇年の周期に対応する周期性は、過去にはもっと短かったと推定されている。

それでは、このような周期の変動が堆積物に残されているのだろうか。これについては、検討すべき材料が多数存在している。堆積物の組成や粒度に認められる繰り返し（堆積リズム）が、天文学的な原因によって生じる気候変動を反映しているのであれば、年代目盛りとして有効である。このような考えは、一八九四年の米国の著名な地質学者G・K・ギルバート以来たびたび提唱された。しかし、堆積サイクルがゆっくりした海水準の変動を反映したものであることは、多くの地質学者が認めたものの、天文学説は長い間論争中であり、このような見解に真剣に耳を傾ける者は少なかったのである。

このような状況のなかで、一九六四年、A・フィッシャー（プリンストン大学）は、ミランコビッチの天文学説を反映した堆積リズムの明確なモデルを提案した。当時、オーストラリアの三畳紀のロファ石灰岩の堆積リズムを克明に記載していたフィッシャーには、目の前に広がっている堆積物の縞を刻んだのは、ミランコビッチサイクルによる海水面の変動以外には想像できなかった。

海洋底堆積物の変動周期から天文学説を示唆する証拠が得られたとするヘイズらの論文が提出されてからは、古い時代の堆積サイクルがにわかに注目されるようになった。そして、フィッシャーの提案したモデルは、多くの地質学者によって改良され、より洗練されたものとなっており、世界各地でミランコビッチサイクルを記録しているとされる堆積岩が発見されている。これらの堆積物の縞がどのようにして形成されたのかを克明に調べる必要があろう。また、堆積物に刻まれた縞の意味を明らかにするには、堆積物の年代決定精度を向上させて、縞の周期がミランコビッチ周期と一致しているかを調べなくてはならない。

もし、これら堆積物の縞にミランコビッチサイクルが記録されていて、それらの周期が精度よく決定されれば、ギルバートが提案したように、地球の歴史を刻むタイムマークとしてたいへん貴重なものである。熊澤・伊藤は数値計算から導かれたミランコビッチサイクルなどの周期性と、堆積物に記録された縞の周期性を時系列に変換して比較することで、堆積物の縞に時間目盛りを入れる方法を確立した。このことについては、第9章で詳しく述べることにする。

天文学的原因による気候変動の研究は、さまざまなモデルを用いて行われている一方、海洋底堆積物にどのようにして記録されるかは、今のところはっきりわかっていない。今日の地球のように極域に大規模な氷床が存在する場合には、氷床の拡大や縮小によって、海水面が上昇したり低下したりするので、ミランコビッチサイクルの記録は堆積物や地形に記録されやすい。

しかし、中生代のように気候が温暖な時期には、話は簡単ではない。これまでの研究によると、中生代の温暖な時期には、海洋生物の生産性、酸化還元状態、陸源性物質の供給量などによって、縞が記録されていることがわかってきた。しかし、なぜこのような変動が記録されるかはよくわかっていない。最近、山中康裕（東京大学気候システム研究センター）らによって、海洋循環のモデル計算が始められている。こうした研究の積み重ねによって、堆積物にミランコビッチの縞が刻まれるメカニズムが明らかにされるに違いない。

これまで、天文学、気象学、海洋学、雪氷学、地質学には、それぞれ独立した研究テーマがあって、お互いに協力する必要はあまりなかった。しかし、ミランコビッチサイクルの研究では、分野の異なる研究者が相互に密接に交流しなければ、研究が進まないような状況が早くから作られてきた。ミランコビッチサイクルは、地球科学や宇宙科学の研究スタイルの革新を手土産にして、海洋底から復活したといってもよいであろう。

■7 大気・海洋・氷床系の変動

ミランコビッチサイクルでは、地球軌道要素（離心率）の変動、地軸の傾斜角の変動、および歳差運動による日射量の地理的・時間的変化が、直接極域の気候に影響を与え、氷床の消長が起こるとされていた。しかし、最近になって、グリーンランドにおける氷床掘削コアや深海底堆積物の高時間分解能解析が可能になり、最終氷期のなかにも数百年から数千年という短い時間スケールの寒暖のサイクルが含まれていることが明らかになってきた。また氷期には、両極地方の氷床が拡大しただけでなく、赤道に近い地域の山岳氷河もほぼ同じ時期に拡大していたことが示されている。これらのデータは、ミランコビッチが考えたように、日射量の長期的変動が直接極域の氷床に作用して氷期と間氷期を繰り返しているのではないことを意味している。

それでは、何が氷期と間氷期の遷移を引き起こすのだろうか。その有力候補として注目されているのが、海洋の深層水循環の変動である。海洋循環が強まったり弱まったりすれば、比較的短い期間で広域的に気候状態を変化させることができるだろう。実際、最終氷期の最盛期には、北大西洋深層水の流れが弱かったことが、深海掘削コアの解析から明らかにされつつある。さらに最近になって、北大西洋深層水の形成に大陸氷床の変動が深く関与していることが明らかにされた。これらの発見は、氷期と間氷期のサイクルに大気・海洋・氷床系という気候システムの主要構成要素が重要な役割を果たしていることを示唆している。

以下では、グリーンランド氷床掘削プロジェクトや、北大西洋で行われた深海掘削計画の最近の成果に基づいて、高時間分解能で氷期・間氷期サイクルを探る醍醐味を語ろう。

■極氷床は語る

グリーンランドや南極の氷床は、過去の気候を探る絶好の試料である。これらの氷床の中央部は低温で乾燥しており、降り積もった雪は、融解や消耗を受けることなく凍結保存されていて、過去数十万年の環境変動の復元を可能にしている。

氷床氷から読みとれる情報には、次のようなものがある。厚い氷床氷には雪の上に降り積もった塵によって、樹木年輪のように縞が形成されている。一枚一枚の縞の厚さは、毎年降り積もる降雪量の変動そのものである。酸素や水素の同位体組成の変動は、私たちに気温の変動を教えてくれる。それらの変動には、季節変化まで読みとれる。氷に含まれる不純物からは、火山活動、宇宙塵、風成堆積物の変動がわかる。またベリリウム一〇の変動曲線から、太陽活動の変動や超新星爆発イベントを読みとることができる。さらに氷中に含まれる気泡は昔の大気の化石であり、二酸化炭素やメタンの変動が記録されている。

しかし、最近になって氷床深層掘削コアの解析などから、過去数万年の環境変動に関する重要な発見が次々ともたらされるようになったのは、なんといっても加速器を用いた放射性炭素年代の測定精度が著しく向上したことによる。

極域の氷床掘削は一九五〇年代に始まる。今日までに採集されたコア試料で、長さが一〇〇メートル以上におよぶ掘削は一〇〇件にも達する。このように極域氷床の掘削研究が盛んなのは、氷床氷が

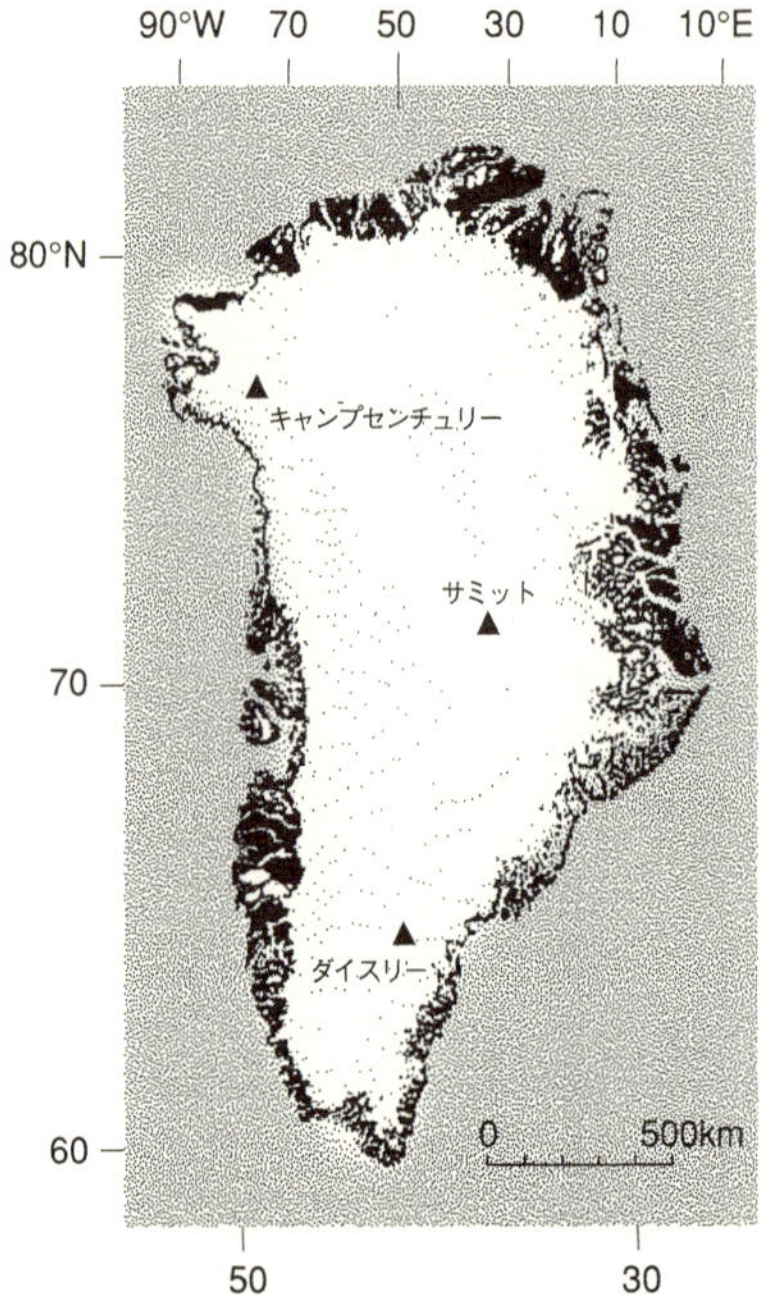

図 1　グリーンランドにおける氷床深層掘削の行われた地点

[Johnsen *et al.* (1992) に基づく]

1990 年代になってグリーンランド中央部のサミットから良質の深層コアが採集されており，現在解析が進められている．

持っている過去の環境情報が多様で、かつ時間分解能がすぐれていることによるといってもよいであろう。しかし、基盤にまで達するような深層コアの掘削は、ごく最近まで意外と少なく、グリーンランドでは、一九六〇年代のキャンプセンチュリーと七〇年代末のダイスリーで行われただけである。一九九〇年代になって欧米のグループが、それぞれグリーンランドの中央部のサミットという地点で相次いで二本の深層コアを採集し、氷期の実態に新たな事実を提供している。図1にグリーンランドの氷床深層掘削の行われた地点を示した。

■火山噴火が気候を変える？

大規模火山噴火が起こると、地球が寒冷化するのではないかという説がある。氷床掘削コアは、この説を検証するための格好の材料を提供している。

火山が噴火すると、大量の火山灰や火山ガスが大気中に放出される。これらは大気中にエアロゾルとして滞在し、日射をさえぎり、そして地球の寒冷化を引き起こすのではないか。こうした火山噴火が気候変化の原因となることに注意をうながしたのは、B・フランクリンである。一七八三年にヨーロッパに滞在していた彼は、火山噴火によって放出された空気中のエアロゾルが、地表に到達する日射量を弱め、翌年の冬が厳冬になったと主張した。実際に、その年の六月に始まったアイスランドのラキ（ラカキガル）における火山活動は活発であり、大量の火山性物質を大気中に放出していたので

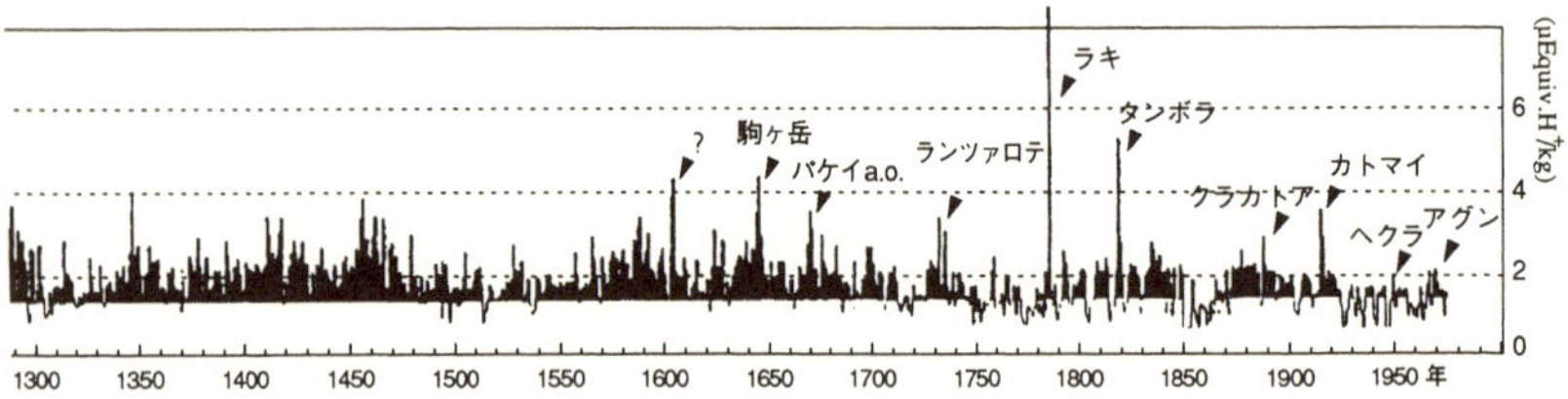

あった。その後のヨーロッパを襲った異常気象はかなり深刻で、フランス革命へと波及していった。また、日本でも一七八三年には浅間山が大爆発し、天明の大飢饉に見舞われている。

火山活動には比較的小規模なものから、一〇〇〜一〇〇〇年に一度の大規模なものまであって、噴火の規模によって気候への影響の仕方が異なる。火山の噴火は突発的出来事であるので、日常の大気・海洋状態を維持している気候システムに対しては、外力（フォーシング）と見なすことができる。その影響を定量化し、過去の気候変動に果たした役割を評価するには、火山がいつどこで噴火したのかを知り、それぞれの噴火で噴出した火山灰量や火山ガス量を見積もる必要がある。

こうした考えから、英国の気象学者H・ラムは、噴火の規模を表すパラメータとして、火山灰指数を考えた。火山から巻き上げられた火山灰が日射を遮るのであるから、その噴出量で噴火の規模を表現しようというのである。ラムは、西暦一五〇〇年以後に起こった火山噴火の記録を調べ、火山噴火指数と気温の低下によい相関があることを指摘している。しかし、火山噴火の気候への

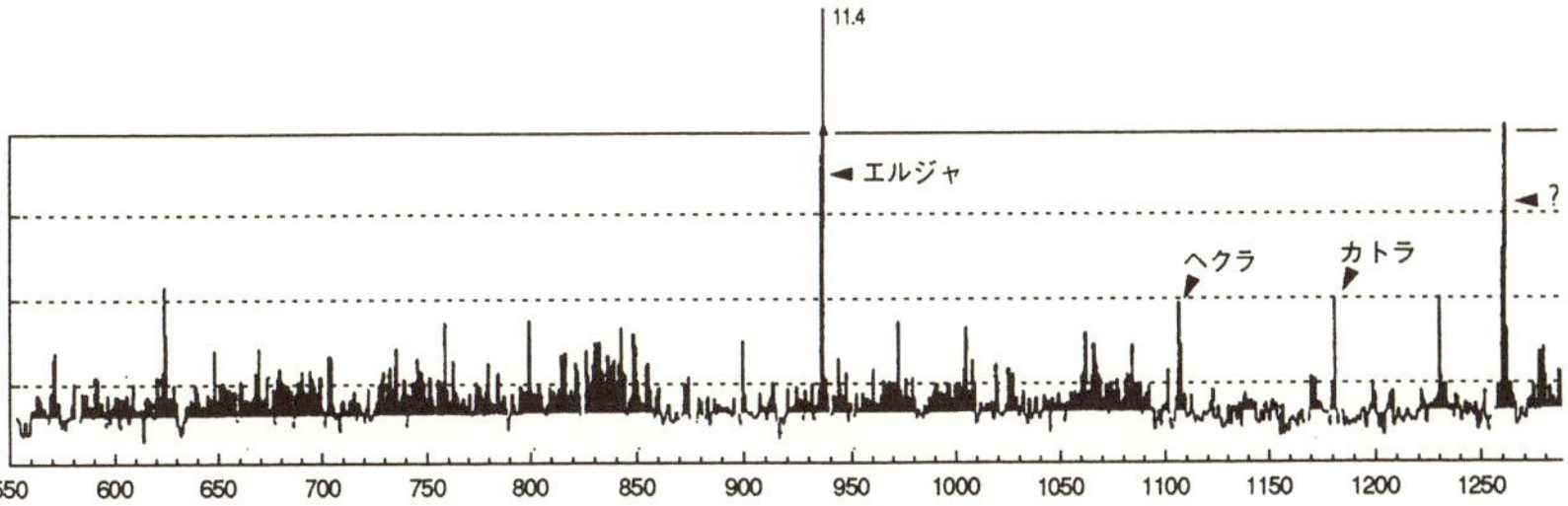

図2　グリーンランド氷床コアに記録された酸性物質降下イベント
[Hammer *et al*. (1980) による]
いくつかのピークは歴史時代の火山噴火と対応しているが，どの火山の噴火なのか不明のものも多い．

影響は噴出量だけでなく、爆発のエネルギーにも依存している。大規模な爆発ほど噴煙柱は大規模で成層圏に達するようになり、大気への影響も大きくなるからである。こうした考えから、噴出量と爆発エネルギーの両方に基づいた火山爆発指数を用いた方がよいという見解も提案されている。

ところで、大気中に存在するエアロゾルは、砂やほこりが巻き上げられたものばかりではない。成層圏に存在するエアロゾルの粒子は、亜硫酸や硫酸からなるものが多い。これらは硫黄酸化物や硫化水素が大気中で複雑な反応を介して生成されたもので、大気中での滞留時間は、珪酸塩粒子に比べてはるかに長い。

一九八〇年の北米セントヘレンズ火山の噴火と、一九八二年のメキシコのエルチチョン火山の噴火は、硫黄酸化物の気候への影響を明瞭に示すことになった。セントヘレンズ火山の噴火は大量の火山灰を放出したが、硫黄酸化物の放出は少なかった。そして、この噴火による気温低下は、ほとんど起こらなかった。一方、エルチチョン火山の噴火では、それほど大量の溶岩が流出したわけではなかったが、大量の硫黄が含まれていた。この噴火は大きな

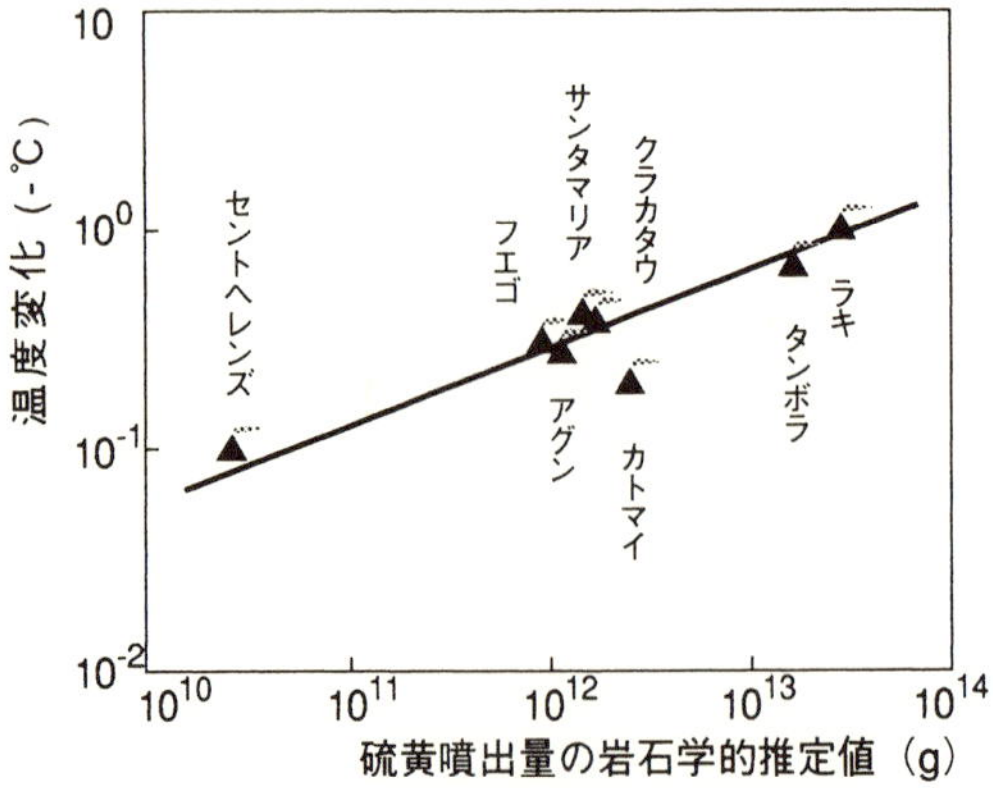

図3　火山噴火にともなう硫黄噴出量と気温低下の関係
［Palais and Sigurdsson (1989) による］
個々の火山噴火にともなう気温の低下には硫黄噴出量と相関があるが，長周期の気候変動の原因となるかはよくわかっていない．

気温の低下を引き起こした（ただし同時に大きなエルニーニョ現象があったため、気温の偏差は複雑なパタンであった）。そこで最近では、火山噴火の気候への影響評価には、噴火にともなって放出される酸性揮発性物質の量を用いた方がよいという見解も提案されている。

大規模な火山噴火によって降下した火山灰層は、深海底堆積物にはさまれているが、とくに気候に影響を与える硫黄酸化物の放出量は、グリーンランドの氷床氷中に記録されていることがわかってきた。図2はグリーンランドの氷床コアに記録された酸性物質の降下イベントを示したものである。歴史時代の火山噴火に対応する位置で、高酸性度異常が発見されている。これらの異常の大きさは噴火の規模だけでなく、火山と氷床コアの採集地点の地理的な分布にもよるので、こうしたことを考慮すると、グリーンランドから遠く離れた一八一五年のインドネシアのタンボラ火山の噴火が、かなり大規模な噴火であったことが推定される。実際この噴火があった翌年は、北半球の各地で空が霞んで日射が減少し、夏の異常低温に見舞われている。

火山噴火の気候への影響が火山灰（エアロゾル）の量ではなく、大気への硫黄酸化物の放出量で決まっているならば、噴出した溶岩量と硫黄の含有量の分析値から、その指数を推定できるだろう。このようにして推定された歴史時代に噴出した溶岩中の硫黄量と、噴火にともなう気温低下の推定値には、よい相関が認められている（図3）。

過去の気候変動の振幅（図1）に比べると、歴史時代の火山噴火が気候変化に与える影響は、それほど大きなものではなかった。また、火山性物質の大気中への滞在時間が短いので、噴火の影響も噴火後の数年の期間に限られる。しかし、ある時期に世界のあちこちで大規模な火山噴火が次々に起これば、それらの相乗効果によって地球を氷期に向かわせるようになるかも知れない。実際に、一六世紀から一九世紀にかけての寒冷期（小氷期と呼ばれている）には、その前後の期間に比べ火山噴火の頻度が高かった。しかし、小氷期には太陽活動が低下していたという見解もあり、何が気温低下を導いた原因なのか、よくわかっていない。

一方、地質時代には、大陸洪水玄武岩の活動のように、短期間に多量の溶岩を流出させるような火山活動がたびたび発生している。その気候への影響は大きく、生物の大量絶滅の原因となったとする説もあるが、詳しい実態は不明である。

■ダンスガードオシュガーイベント

北半球の極地域における過去一〇万年間の気候変動は、グリーンランドのキャンプセンチュリーとダイスリーの氷床深層掘削コアから得られている。図4は、それらの酸素同位体比の測定データの比較である。まず、この図から読みとれる主な事柄を整理しておこう。

いずれのコアも過去一万年間（完新世）は、それ以前に比べて酸素同位体比が高くなっている。これは温度に換算すると、約一〇度に達すると見積もられており、グリーンランドでは、氷期には平均気温がかなり低かったことを示唆している。また、約一万年前の最終氷期から完新世の温暖期の移行期には、急激な酸素同位体比の変動が読みとれる。ヨーロッパ大陸における気候変動の復元からも、同様な温暖化と寒冷化の繰り返しがあったことが明らかにされており、この時期の氷床の酸素同位体比の変動は、実際の気候の変動を忠実に記録しているものと解釈できる。

最終氷期のなかには、数千年周期の急激な酸素同位体比の変動が認められる。これらの変動は、過去の気候変動を記録しているものか、氷床の流動や融解によって後の時代に二次的に形成されたものか不明であり、長年議論の的になっていた。W・ダンスガード（コペンハーゲン大学地球物理学研究所）らやH・オシュガー（ベルン大学）らは、キャンプセンチュリーとダイスリーの氷床コアから得られたデータなどをもとに、氷床の酸素同位体比に認められる数千年周期の変動の検討を行った。ダンスガードらは、急激な酸素同位体比の変動に対応して、氷中の不純物存在度も変動していることを示している。また、オシュガーらは、二酸化炭素の変動にも相関があることを示している。さらに、ダンスガードとオシュガーは、約五万年前から一万年前までの最終氷期に認められる二本の氷床コアの酸素同位体比のカーブがよく対応することも示した。これらのことから、図4に示された矢印は、

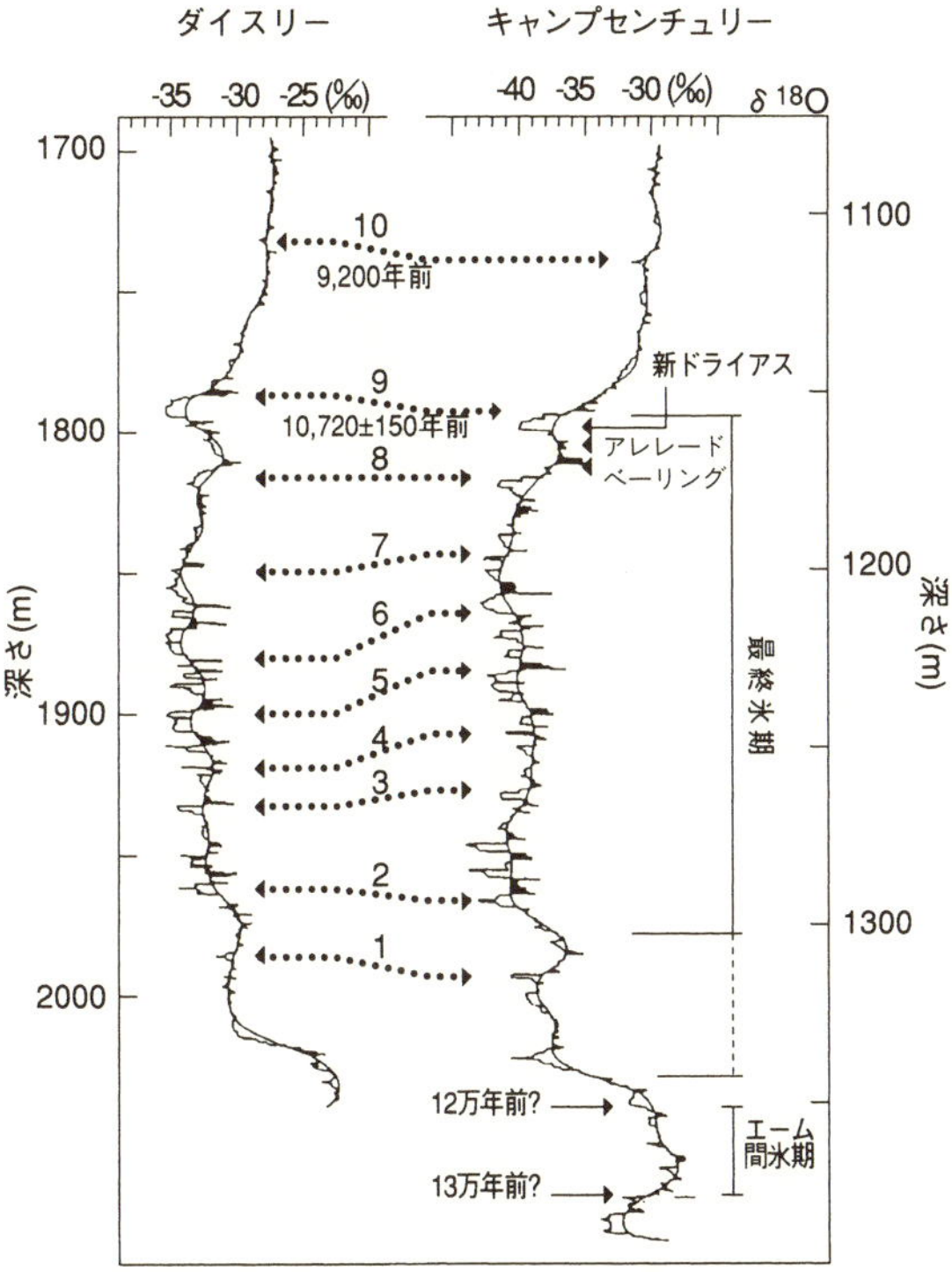

図4　キャンプセンチュリーとダイスリーで得られた氷床コアの酸素同位体比の変動曲線の対比

[Dansgaard and Oeschger (1989) に基づく]

同じイベントと思われる部分は矢印でつないである.

二本のコアの同一のイベントと思われる変動を示したものと考えられ、実際の気候変動を反映したものである可能性が高まった。そして、グリーンランド氷床コアに認められる数千年周期の急激な変動は、彼らの名前をとって、ダンスガードオシュガーイベントと呼ばれるようになった。

もしオシュガーらが示したように、このようなイベントに連動して大気中の二酸化炭素濃度も変動しているとすれば、グリーンランド氷床に記録された気候変動は、グローバルな変動であることになる。しかし、南極のボストークにおける氷床コアのデータには、ダンスガードオシュガーイベントに対応するような短周期の変動は認められていない。その理由は、これまでに行われた南極の氷床掘削地点では、積雪量が小さいため短い周期の変動が記録されにくいのか、あるいは短周期の変動は北大西洋でとくに顕著であることによる可能性がある。いずれにしても、彼らの認定したイベントの実態をより詳細に調べるために、時間分解能の高い解読ができる良質のコアの掘削の必要があった。

一九九〇年代になって、S・J・ジョンセン（コペンハーゲン大学）らは、新しく採集されたグリーンランドのコア（GRIP）の詳細な研究を行っている。その結果得られた過去一万年から四万年の酸素同位体比変動には、数千年の時間スケールで温暖期と寒冷期が交互に訪れていることが、明瞭に示されている（図5）。こうした変動は、グリーンランドの他の地点のコアの結果ともよく対応しており、氷期といっても、そのなかに比較的温暖な時期（インタースタディアルと呼ばれる）が多数含まれていることは疑いのない事実になった。しかも、寒冷期と温暖期における酸素同位体比のピーク値は、それぞれほぼ同じ値を示しており、気候システムには二つの安定な状態があって、間欠的に

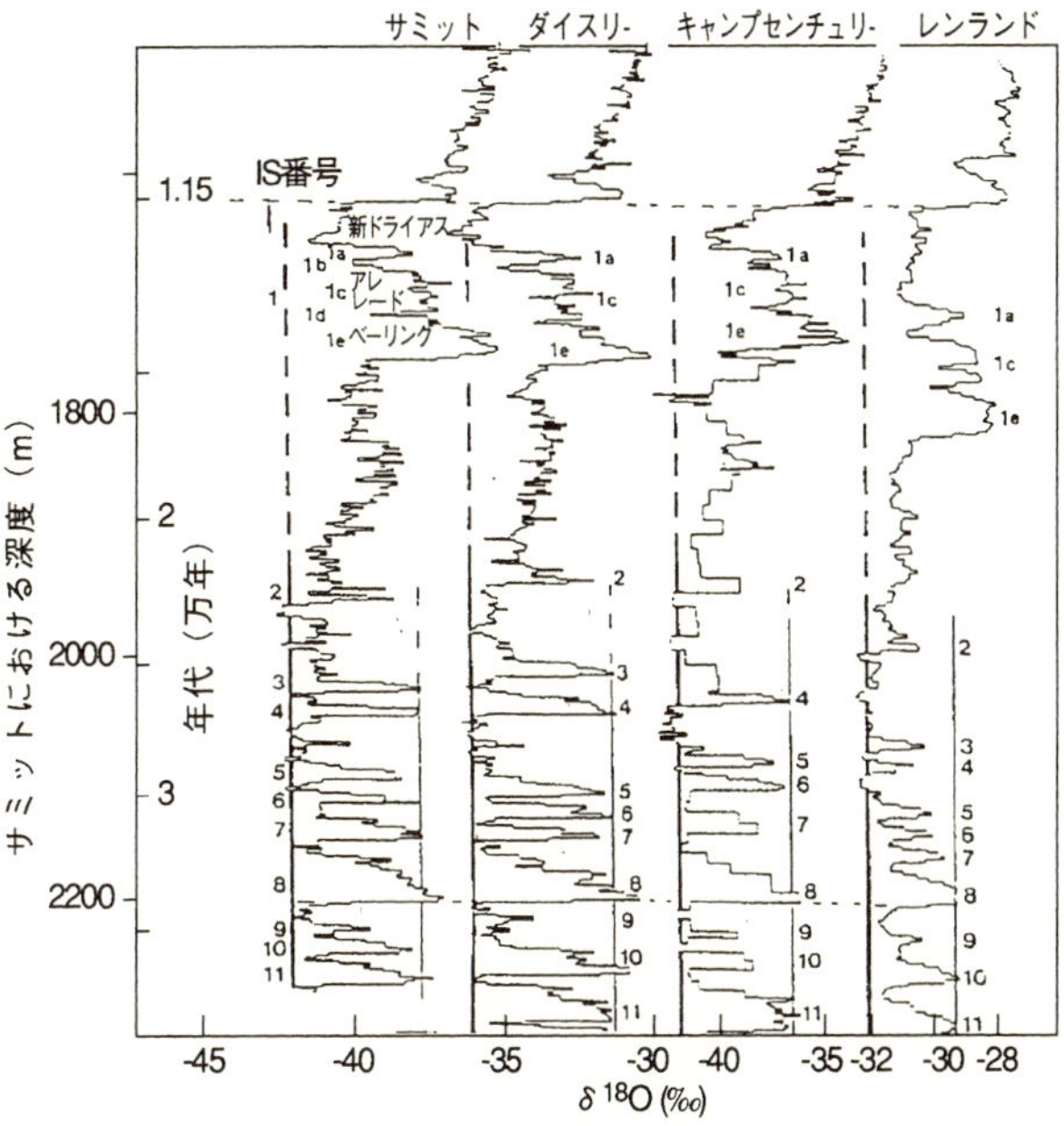

図5　欧州合同グリーンランド氷床掘削プロジェクト(GRIP)で得られたサミットにおける氷床コアの酸素同位体比の変動曲線と，キャンプセンチュリー，ダイスリー，レンランドにおけるデータとの比較
[Johnsen *et al*. (1992) による]
最終氷期のなかにある短い時間スケールの温暖期（インタースタディアル IS）は番号がつけられて対比させている．

一方の状態から他方の状態へと遷移するように見えることは、気候システムの動的特性の反映として、たいへん興味深い。

さらに、GRIP計画で得られた氷床コアからは、約一二万年前のエーム間氷期にさかのぼっても、同様な数千年周期の温暖期と寒冷期の繰り返しが発見された（図6）。これは過去一万年間の安定した温暖期とは著しく対照的である。なぜ前回の間氷期では急激な温暖化と寒冷化が繰り返し、最近一万年間にはそうした変動がないのだろうか。これは第四紀の気候変動の新たな難問となっている。

■新ドライアス期の謎

氷期に起こった短周期の変動のなかで注目されているのが、最終氷期（ヴュルム-ウイスコンシン氷期）から現在に至る温暖化のなかで起こった、急激な寒冷化イベントである。この寒冷期は、新ドライアス期（約一万三〇〇〇年から一万一五〇〇年前）と呼

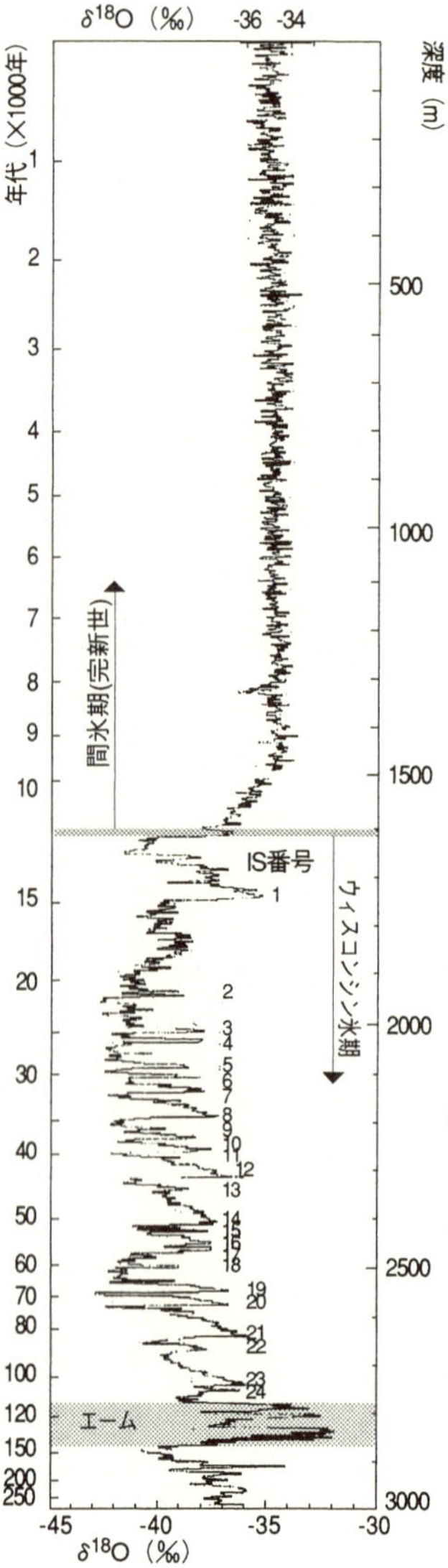

図６　GRIP 計画で得られた氷床コアの酸素同位体比変動
［Dansgaard *et al*.（1993）による］
過去１万年間はそれ以前に比べ気候変動がそれほど著しくなかった．氷期のなかにある短い温暖期（インタースタディアル）は，最新のものから番号がつけられている．

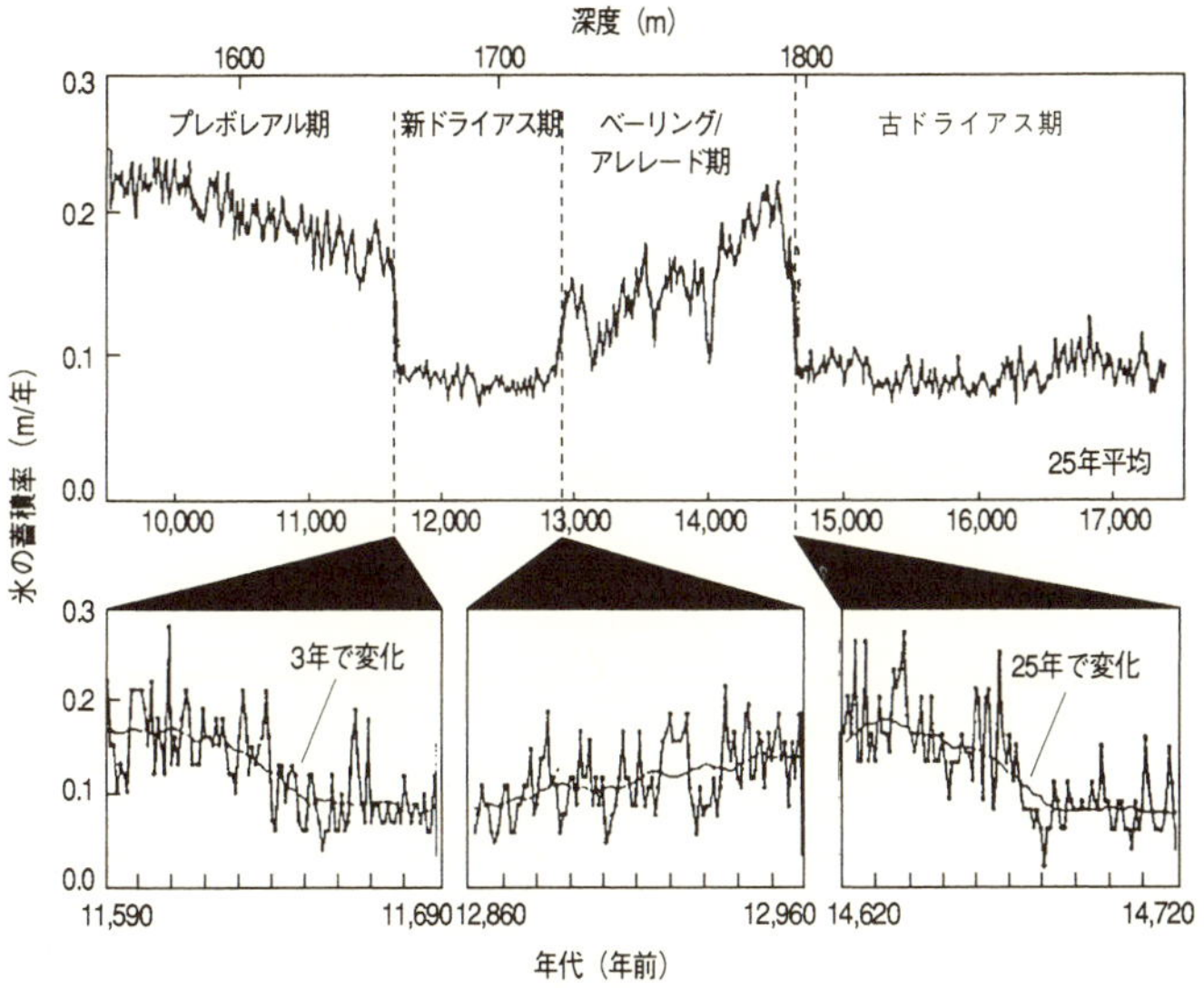

図7　GISP2計画で得られた氷床コアに記録された新ドライアス期周辺における降水量の変動［Alley *et al.* (1993) による］
寒冷な時期には温暖な時期に比べ降水量が小さかった．また，温暖期と寒冷期の境界は数年から数十年に過ぎない．

ばれている（図5、6）。新ドライアス期はダンスガードオシュガーイベントの最新の事例であり、数千年という時間スケールの気候変動の原因と気候システムの応答を解明する手がかりを与えている。

最近になって、ダンスガードらによってダイスリーで得られた氷床コアの酸素同位体比の詳細な検討が行われ、新ドライアス期末には、わずか五〇年という期間で気温が七度も上昇したことが明らかにされている。新ドライアス期周辺における急激な気候変動の実態が、グリーンランドのサミットで得られた新たな氷床コアの解析でも注目された。

米国グリーンランド氷床掘削プロ

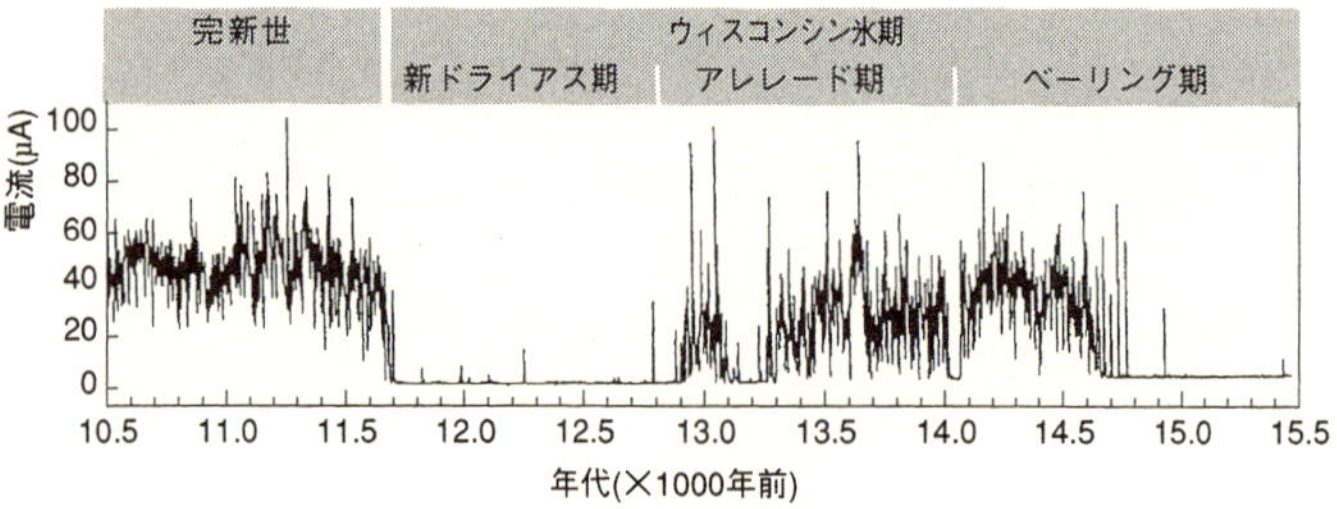

図8　GISP2計画で得られた氷床コアの電気伝導度変化
［Taylor *et al.* (1993) による］
試料に一定電圧をかけ，電流を測定した．新ドライアス期のものは硫酸イオンや硝酸イオンに乏しいため電気伝導度が低い．

ジェクト（GISP2）で得られたサミットの氷床コアでは、過去一万五〇〇〇年までさかのぼって、一年ごとの氷の蓄積の歴史を調べることが可能であった。R・B・アレイ（ペンシルバニア州立大学）らは、この氷床コアに刻まれた一年ごとの縞に着目して、新ドライアス期を含む約一万年前の気候の急激な変化にともなう氷の蓄積率の変化を求めた（図7）。気候が寒冷化した古ドライアス期や新ドライアス期では蓄積率が低いのに対し、温暖なアレレード期やベーリング期には蓄積率が高くなっている。降雪量の急激な増加がこの地域の上空の飽和蒸気圧の増加によるものとすれば、降雪量の変化を引き起こした気温の上昇は七度に達すると見積もられている。これはダンスガードらの推定値とよく一致している。

　新ドライアス期の寒冷化にともなう降雪量の低下は、最終氷期の最盛期における特徴と一致しており、新ドライアス期には短期間ながら氷期へと逆もどりしたことを明瞭に示している。さらに、温暖期と寒冷期の入れ替わりが、わずか三年で起こっている場合があることはたいへん驚きである。

　米国の研究者グループによって採集されたサミットのコア（GI

SP2）中の不純物濃度の変動が、試料の電気伝導度の測定によって求められた。図8は、新ドライアス期周辺における結果を示したものである。試料の電気伝導度は硫酸イオンや硝酸イオンの存在度を反映しており、温暖期ほど伝導性が高いことが知られている。寒冷期には、乾燥して陸源のアルカリ（Ca^{2+}, Mg^{2+}）に富んだ塵が供給されるため、酸が中和され電気伝導度が低下するからである。得られた結果によると、寒冷な新ドライアス期に対応して著しく電気伝導度が低くなっており、温暖期と寒冷期には気温や降水量だけでなく、陸源の塵を運ぶ役割を担う風系も大きく変化したことを物語っている。

これらの研究によって、数千年周期の気候変動にともなって、気温、降水量、風系などの気候システムの状態を特徴づける物理量が、そろって大きく変化したことが明らかになった。しかも、氷期、間氷期のそれぞれのなかにも寒冷期と温暖期という二つの安定状態があり、気候システムが一方の安定状態から他方の安定状態へと移り変わるのに、ほとんど時間を必要としないのである。これは気候変動の原因論にこれまでにない強い制約条件を与えることになった。それでは、急激な気候の変化を引き起こす原因は何なのであろうか。

■注目される海洋深層水循環

新ドライアス期前後に代表される急激な気候変動は、北大西洋とその周辺大陸に顕著に現れており、

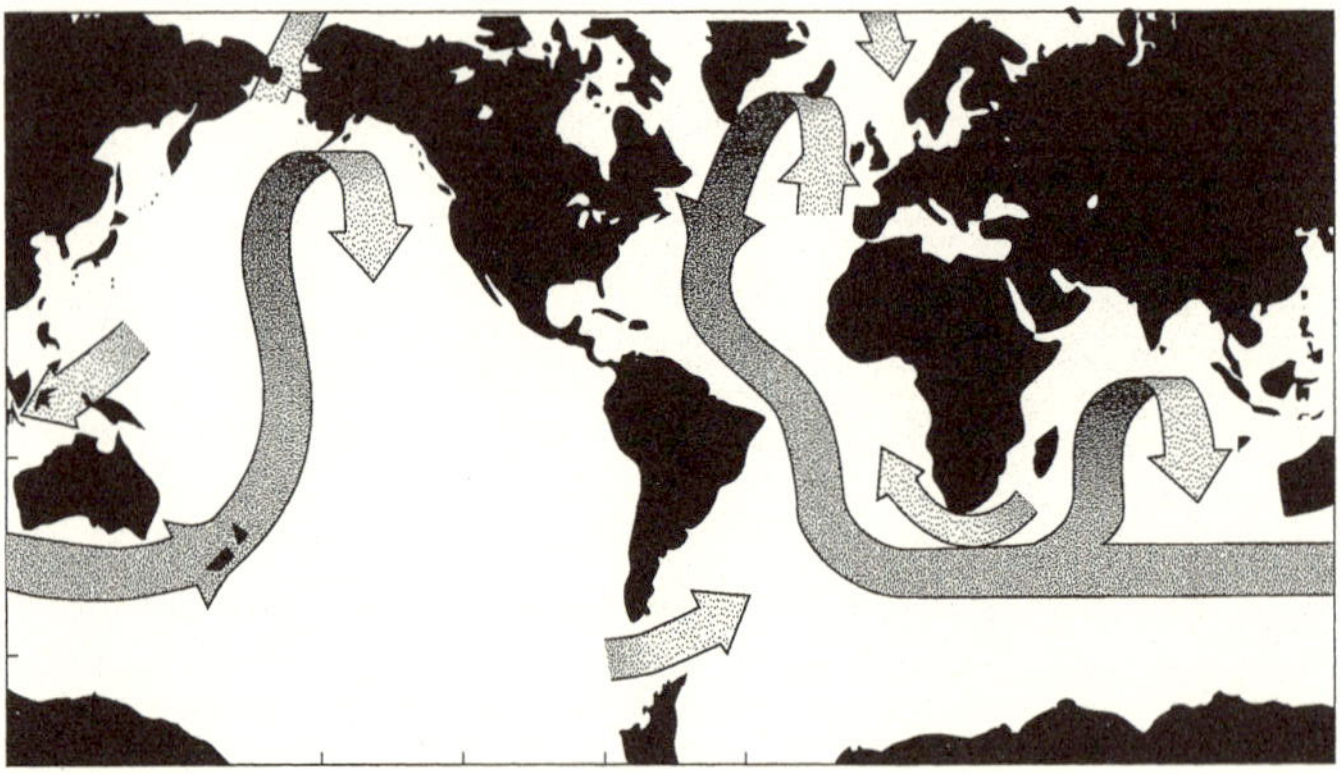

図９　海洋深層水循環の模式図
[Broecker and Denton (1989) に基づく]
北大西洋深層水には，ラブラドル海峡から潜り込むものとグリーンランド東海岸沖やスカンジナビア半島沖で潜り込むものがあるという見解もある．

北大西洋の熱的状態の急激な変化が関与している可能性がたびたび指摘されている。そして、それを変化させる要因として、北大西洋深層水（ＮＡＤＷ）の変動が注目されるようになった。

現在の海水は表層水、中層水、深層水に大きく分けられている。表層水は、黒潮や親潮のように海洋の表層を流れている海水で、地球が受ける赤道付近のエネルギー過剰を両極地域へ運搬する機構を担っている。

北大西洋を北上する海水は温暖なため、高緯度に達するまでに大量の水蒸気を大気へ供給している。このため海水は徐々に冷却し、塩分濃度も高くなる。そして、比重が大きくなった海水は北大西洋で深く潜り込み、大西洋を下り、インド洋から太平洋の底へと通じている（図９）。その反流として、太平洋からインド洋を通り、アフリカ大陸の南端をめぐって、大西洋を南から北へと向かう表層の流れがある。

このため南大西洋では、極から赤道へ向かった熱輸送が卓越している。

こうした海水の移動速度はたいへんゆっくりしているので、世界の海をめぐってもとの地点へ戻るには約二〇〇〇年の時間が必要とされる。この海水の流れは熱と塩分を輸送するので、熱塩循環とか海洋のベルトコンベアと呼ばれている。ところで、北太平洋では塩分濃度が低いため、冷却した海水は深海まで到達できず、中層水を形成している。太平洋と大西洋の塩分濃度の違いは、蒸発量、降水量、河川からの流入量などの相違によって生じていると考えられている。

塩分振動子説の登場

最終氷期の最盛期には、このような深層水循環が停滞していたらしい。氷期における海洋循環様式の復元は、深海底堆積物中の底生有孔虫の炭素同位体比から推定されている。酸素を十分に含んだ海水では、海水中に含まれる有機物の分解が促進されるために、安定炭素同位体比が高くなる傾向がある。現在北大西洋から海中深く潜り込む北大西洋深層水は酸素に富んでいるが、その起源は赤道域の海水であるため、栄養分に乏しく塩分濃度が高くなっている。一方、南極付近から沈み込む深層水(AABW)は栄養分に富んでいる。氷期における大西洋深層水の炭素同位体比の分布の復元図(図10)によると、氷期には北大西洋深層水は極前線以北に留まっており、南半球に起源を持つ安定炭素同位体比の高い中層水が北半球にまで達していたと考えられている。

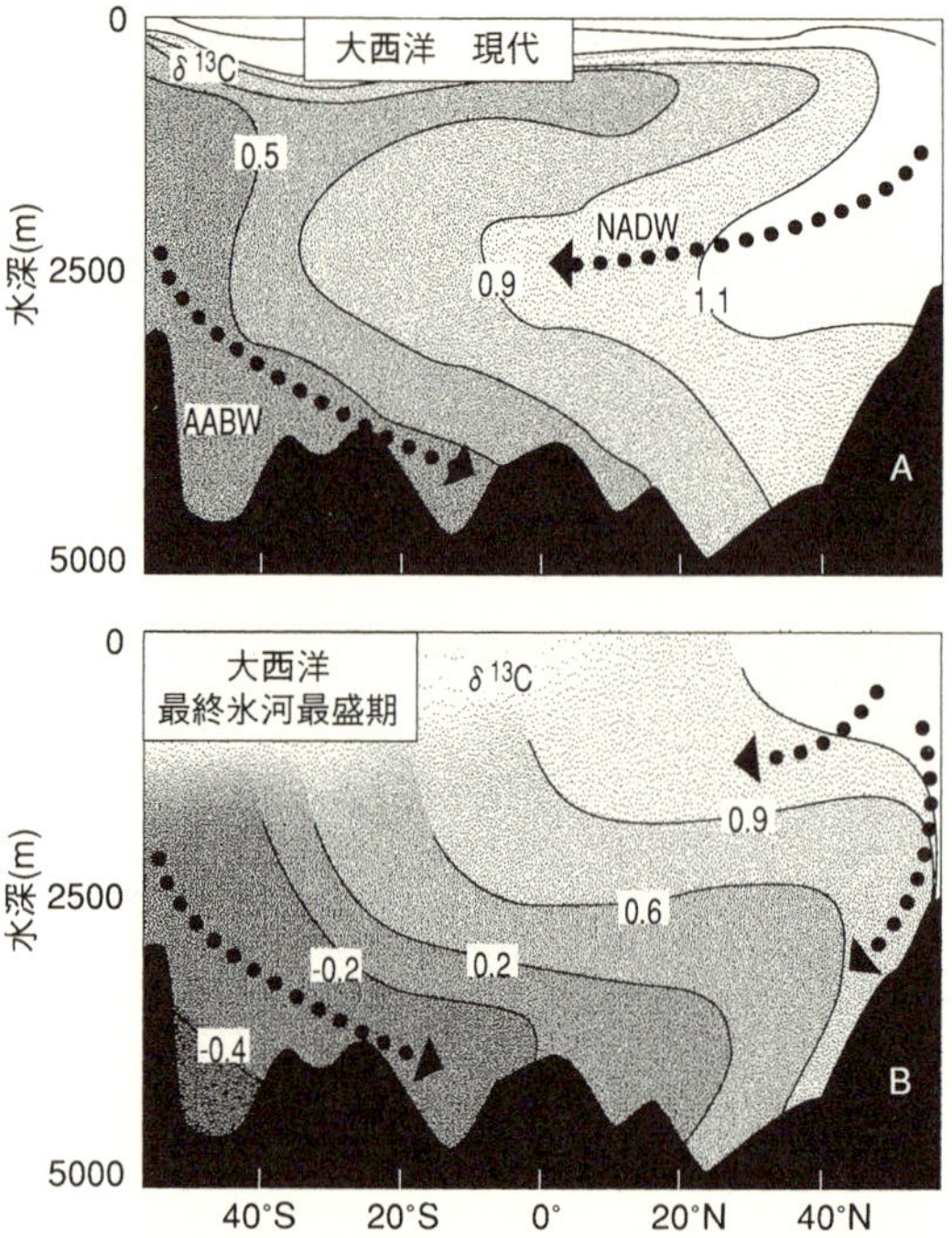

図10　現在と最終氷期最盛期における大西洋深層水循環(NADW)の流路の相違

A：現在の大西洋における炭素同位体比の分布，B：最終氷期最盛期における炭素同位体比の分布．AABWは南極深層水の略．炭素同位体比は栄養塩類と負の相関がある．氷期には北大西洋深層水は低緯度にまで達していなかった．
[Duplessy and Maier-Reimer (1993) による]

E・A・ボイル(マサチューセッツ工科大学)らは、理由はよくわからないが、海水中のカドミウムの濃度が栄養分の存在度と相関が高いことを発見し、これをトレーサーとして氷期の深層水循環の様子の復元を試みている。彼らが大西洋の深海堆積物コアから底生有孔虫をとり出して、そのカドミウムの存在度を分析した結果、現生のもの

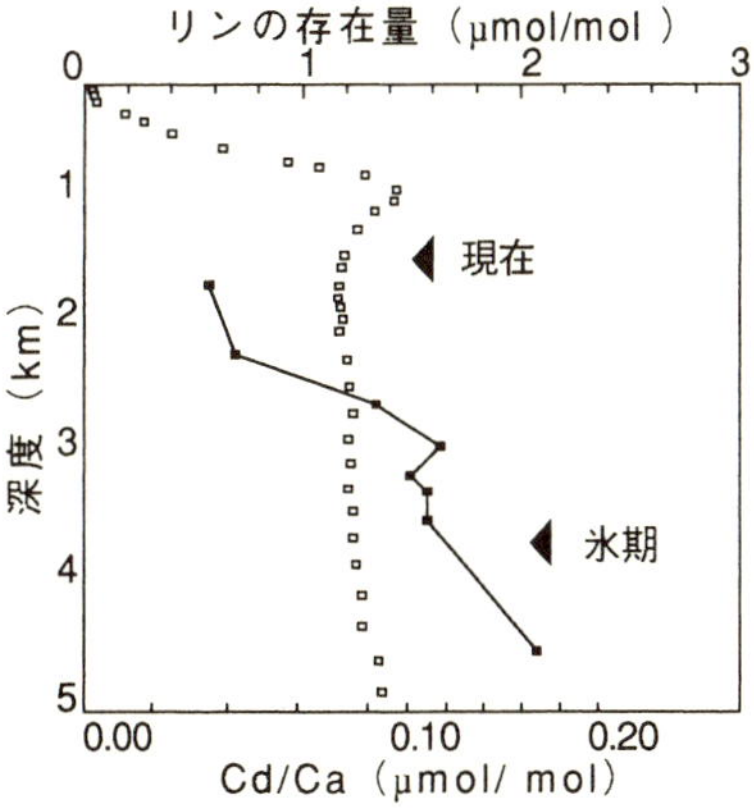

図11　Cd/Ca 比で見た現在と最終氷期最盛期の海洋水組成の相違
［Boyle and Keigwin (1987) による］
氷期には深層水の Cd 濃度が高く，栄養塩類（リンなど）に富んでいたことを示唆している．

に比べかなり濃度が高いことを見いだした（図11）。図11をみると、当時の深層海水にはカドミウムが多く含まれており、濃度勾配がきつかったことが読みとれる。現在の濃度分布と比較すると、表層水と深層水の混合が不活発であり、深層水循環様式が現在とは異なっていたらしい。

現在と氷期における海洋循環の相違は、太平洋やインド洋から採集された深海底掘削コア中の底生有孔虫の炭素同位体組成からも指摘されており、深層水だけでなく、中層水の循環様式も異なっていた可能性が論じられている。

こうしたことから、ダンスガードオシュガーイベントに対応するような急激な温暖化と寒冷化のサイクルは、深層水循環がたびたび停止したり、作動したりしたからだとする説が、W・S・ブロッカー（ラモントドハティ地質学研究所）らによって提案された。深層水循環が停止すると、大西洋を北上する暖かい海水が北大西洋の高緯度地域まで到達しなくなり、寒冷な気候が出現することになる。

北大西洋深層水の潜り込みは、水蒸気の蒸発による高い塩分濃度と低温によって、表層海水の比重が大きくなることが駆動力である。したがって、もし何らかの原因で比重の大きな海水が北大西洋に生成されなくなれば、深層水循環は停止することになる。すなわち、北大西洋の表面海水の比重と周囲の海水の比重の差によって、深層水循環が作用したり停止すると考えられる。このような海洋循環の変動は、海洋の塩分濃度の不均質性に支配されるので、塩分振動子と呼ばれている。

この考え方によると、寒冷化した新ドライアス期には、北大西洋から潜り込む深層水循環が停滞していたはずである。このシナリオを検証するには、深海底堆積物を用いて新ドライアス期における深層水循環の変動を調べればよい。そのためには、できるだけ堆積速度の大きい地点で採集されたコアの解析を行う必要がある。ボイルらは、北緯三三度の北大西洋バミューダライズで採集されたコアの底生有孔虫の炭素安定同位体比とCd/Ca比の測定を行って、新ドライアス期にも深層水循環が停滞していたことを論じている。

もし、新ドライアス期に深層水循環が停止したのであれば、そのメカニズムとしてはどのようなものが考えられるだろうか。塩分振動子説によれば、北大西洋の高塩分濃度が深層水循環を駆動しているので、そこに氷床の融水が流入したために塩分濃度が低下したことが原因であるという可能性が注目されるようになった。

氷床の融水の流入事件

氷期を通じて拡大と縮小を繰り返した北米大陸とユーラシア大陸の氷床は、今から二万二〇〇〇年から一万四〇〇〇年前にかけて極大になり、厚さも三〇〇〇メートル以上に達した。北米大陸における氷床の南縁は、五大湖をすっぽり覆う位置にまで拡大した。

北米大陸に発達したローレンタイド氷床は、一万四〇〇〇年前頃から縮小に転じ、六〇〇〇年前頃までにはほとんど消滅してしまった。ローレンタイド氷床が拡大していた時期には、氷床の融水はミシシッピ川を下ってメキシコ湾に注いでいた。氷床が後退すると、融水は一時的に五大湖からセントローレンス川を下り、北大西洋へと注ぐようになった。こうした融水経路の転換によって、北大西洋の表面海水の塩分濃度が低下し、北大西洋深層水の潜り込みが停滞した可能性が指摘された。そこで、ブロッカーらは、メキシコ湾で採集されたコア中の浮遊性有孔虫試料の酸素同位体比の分析を行った。彼らは、その変動様式から融水の流入経路の転換した時期を推定し、新ドライアス期の年代とほぼ一致していることを見いだして、この仮説を支持した。

ところが同じ研究所に所属しているR・W・フェアバンクスは、この仮説を検証する材料として、カリブ海のバルバドス島のサンゴ礁段丘に眼をつけた。もし、大陸氷床の融水が間欠的に、しかも大量に海洋に流れ込んだとすれば、こうしたイベントが段丘としてサンゴ礁に記録されているはずである。彼は、深度一三〇メートルに達するボーリングを行って、急激に海水面の上昇した時期が二回あ

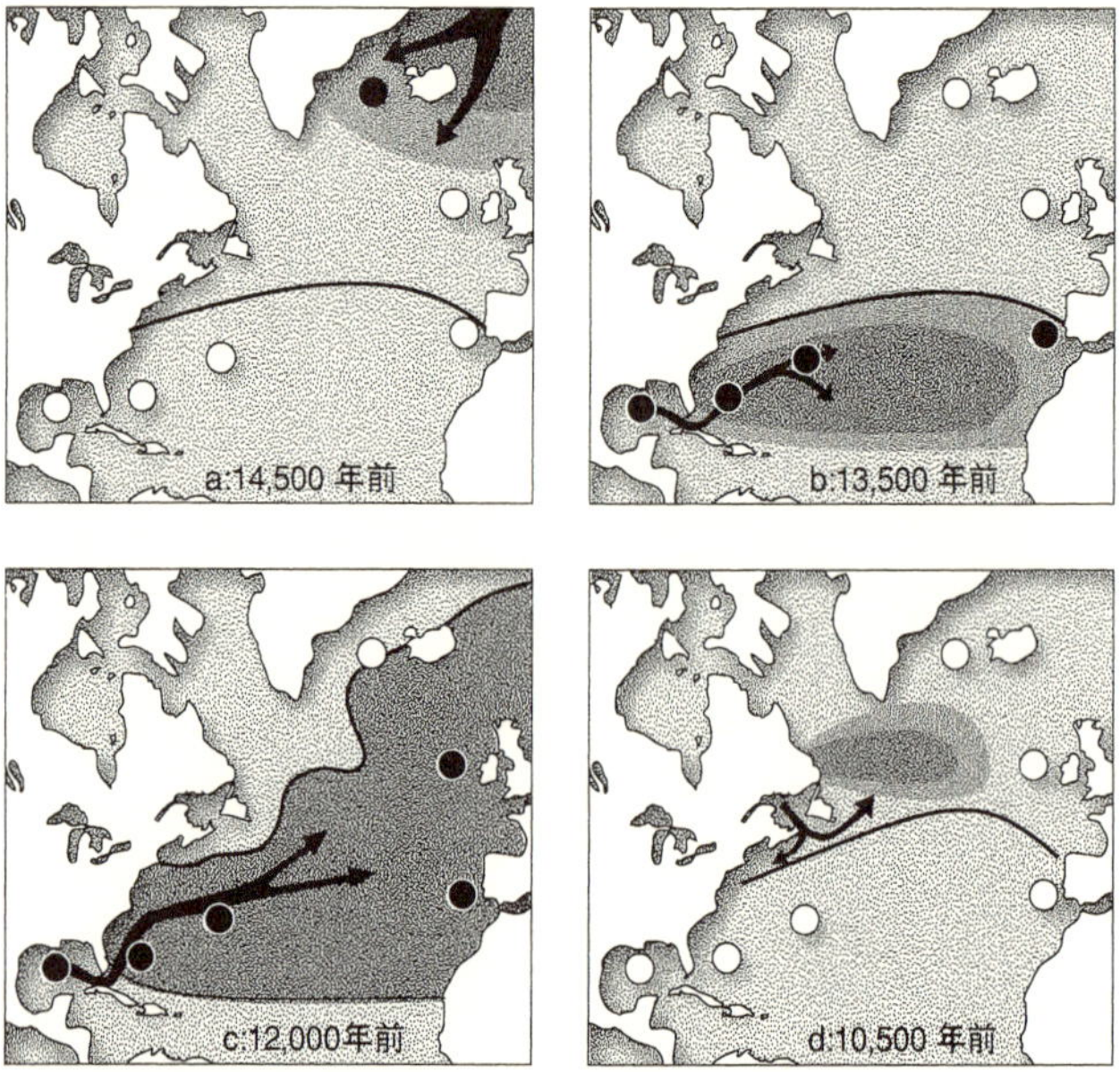

図 12　深海底堆積物中の浮遊性有孔虫の酸素同位体比から推定された氷床融水の流入経路［Keigwin *et al*. (1991) による］

実線は各時期の極前線の推定位置を示す．●は深海掘削コアの有孔虫化石に氷床融水流入の影響が認められる地点，○は氷床融水流入の影響の認められない地点．

りそれらは約一万二〇〇〇年前と九五〇〇年前であることを示した。この結果は、融水の流入が多かった時期は、新ドライアス期の前と後の温暖期であったことを示唆している。そうであるとすると、新ドライアス期には融水の流入はそれほど多くはなかったことになり、氷床の融水の流入が北大西洋深層水を止め、新ドライアス期の寒冷化を導いたとする見解には都合が悪い。フェアバンクスらは逆に、深層水循環の活発化が温暖な気候を出現させ、ひいては氷床の融水を促進した可能性を指摘している。

　氷床の融水の急激な流入事件、海洋循環の停止や再開の時期と急激な気温の変動の因果関係を解明するには、これらの発生した年代を精密に見積もって相互の時間関係を明らかにする必要がある。ボイルらは、北大西洋の深海底コアに記録されたCd/Ca比の変動から、海洋循環が急激に弱まった時期を見積もった。そして浮遊性有孔虫の酸素同位体比曲線が急激に減少している場合には、大陸氷床からの融水の流入があったと考えて、それぞれの時期における融水の流入経路を推定している（図12）。この考えに基づくと、最終氷期から完新世の温暖期への移行過程で、大陸氷床の急激な融解時期は四回あったことになるが、融水の流入経路も時代ごとに異なっている。図12（d）の新ドライアス期の融水の流入経路は、ブロッカーらの主張に基づいているが、フェアバンクスらが指摘したように、新ドライアス期にはセントローレンス川からの融水があったとしても、量的には少なかった可能性もある。

グリーンランドの氷床に刻まれた気候変動、海洋深層水循環の変動、および大陸氷床の融水の流れ出しの相互関係を明らかにすることで、氷期のメカニズムをだいぶ絞り込めるようになった。しかし、塩分振動子のオン、オフによって地球全体の気候状態が大きく変化するかどうかは、今後、大気・海洋結合モデルによる数値シミュレーションを行って確かめる必要があろう。氷床コア中の気泡の炭酸ガス濃度は、気温の変動と同期して増減していることが示されているので、塩分振動子の変動によって、大気中の炭酸ガス濃度を大きく変化させている可能性もある。だとすれば、海洋循環と海洋生物の生産性も、密接にリンクしていることになるだろう。

こうした可能性を一つ一つ確かめるには、ボイルらが進めているように、堆積速度の速い海洋底で堆積物を掘削して、Cd/Ca比や安定炭素同位体比を測定したり、海水温の指標とされる有孔虫群集の解析を行って、モデルを検証するデータを手に入れる必要があるだろう。氷期・間氷期サイクルにともなう地球システムの変動を、時間精度、空間精度をあげて行う研究は、現在地球科学における最もホットな研究テーマの一つである。

■ハインリッヒの発見

海洋深層水循環の変動の研究が進む一方で、H・ハインリッヒ（ドイツ水路部研究所）は、地球軌道要素の変動に対する地球システムの応答を、深海底堆積物の解析から調べていた。彼は北大西洋のコア中にはさまれている陸源性堆積物に注目し、氷期に起こった急激な温暖化と寒冷化のサイクルに新たな突破口を切り開いた。気候変動と氷床変動を結びつけるきっかけとなったハインリッヒの発見は、一九八八年に発表された。

深海底の堆積物は主に泥や生物遺骸からなり、陸から供給された粗い粒子が含まれることはまれである。陸源物質が深海底に運ばれる要因には、陸域で大規模な土石流が発生したときに、はるか深海底に運ばれる場合と、氷期に大陸を広く覆っていた氷床が大規模に流れ出し、大きな「いかだ」となって大西洋を流れ下った際に、氷床中にとり込まれた陸源性の礫や砂が、氷の融解によって海底に沈んだ場合が考えられる。ハインリッヒは、氷床が大規模に崩壊して大西洋へ流れ出した時期を調べるため、土石流による供給のないと考えられるドライツァック海山周辺で採集されたコアの解析を行った。そして大規模な氷山によって運ばれたと考えられる陸源物質の層が、過去一二万年間に一〇回堆積したことを発見したのだった。その周期は約一万一〇〇〇年であり、彼は二万三〇〇〇年周期の地軸の歳差運動にともなう変動との対応関係を論じている。

この研究が発端になって、大規模氷山の流出事件（ハインリッヒイベントと呼ばれるようになった）がどのようなものであったのか、そしてそれが気候変動にどのような役割を果たしたのかをより詳細に調べるために、ハインリッヒはG・ボンド（ラモントドハティ地質学研究所）らとともに、北大西洋で採集された多数のコアを調べた。そのうち深海掘削計画（DSDP）［注1］の六〇九地点で採集されたコアには、六つのイベントが同定された。そのうちのH1、H2、H4、H5と名づけられたイベントには、陸源性の石灰岩やドロマイトの岩片が含まれており、氷山がラブラドル海の奥から流出してきたと推定された（図13）。このことは、ハインリッヒイベントが記録されているコアの地理的分布や陸源物質の厚さからも支持されている。

一方、寒冷な環境で生息する浮遊性有孔虫の個体数変動や、その酸素同位体比変動の測定によって、

［注1］深海掘削計画……Deep Sea Drilling Project（DSDP）。米国では一九六〇年代から国策として深海底の掘削を積極的に行い、海洋底の地球物理学、地質学の調査を進めてきた。その精神は海洋底掘削計画（Ocean Drilling Project，ODP）に受け継がれている。これまでに採集されたコアは九〇〇地点に達する。

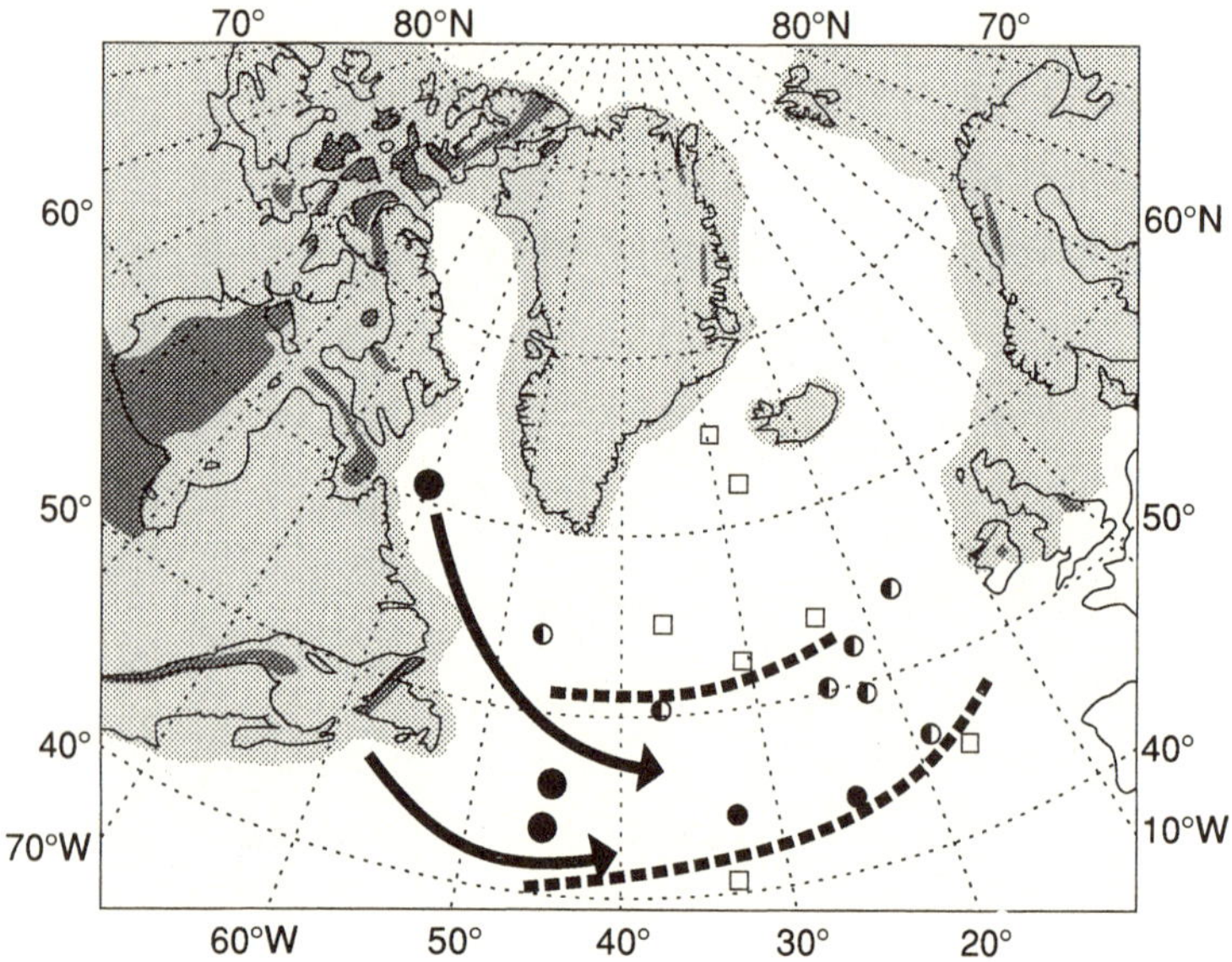

図 13　ハインリッヒイベントの発見された深海底堆積物の採集地点
［Bond *et al*. (1992) による］
黒丸は H1〜H6 のすべてのイベントに対応する陸源物質が発見された地点．半月印はハインリッヒイベントに対応する陸源物質が含まれない場合がある地点．白抜き四角印地点では陸源物質が含まれていない．灰色の部分は，最終氷期の最盛期に氷床で覆われた地域．濃い灰色部分は，陸源物質の露出している地域．太い破線は，ハインリッヒイベントの認められる北限と南限を示す．

ハインリッヒイベントの発生に先だって、地球が寒冷化していたことが明らかになった。この発見は、最終氷期のなかに見られる急激な寒暖の繰り返しに、大陸氷床が絡んでいることを明らかにした点で画期的であった。しかし、なぜ大陸氷床が約一万年ごとに間欠的に大西洋へ流れ出したのかは未解決のまま残された。

その後、DSDP‐六〇九地点で採集されたコアの有孔虫の変動が、ダンスガードらが報告したグリーンランドのサミットの氷床コアから復元された酸素同位体比の変動とよく対応していることが明らかにされた（図14）。その変動の仕方を詳しく見ると、過去九万年の気候変動には、約一万年ごとに急激な温暖化とそれに続くゆっくりした寒冷化のサイクルがあり、急激な温暖化に先だってハインリッヒイベントが発生している。その変動のパターンはまるで鋸の歯のような形をしている。そして、それぞれの鋸歯状の変動のなかに、ダンスガードとオシュガーがグリーンランドのサミットの氷床コアから読みとった約二〇〇〇年ごとの急激な温暖化と寒冷化の繰り返しが発生している。この発見は、グリーンランドの中央部における気温変動が北大西洋の表面水温と連動していること、そしてハインリッヒイベントも密接に関係していることを如実に示すことになった。

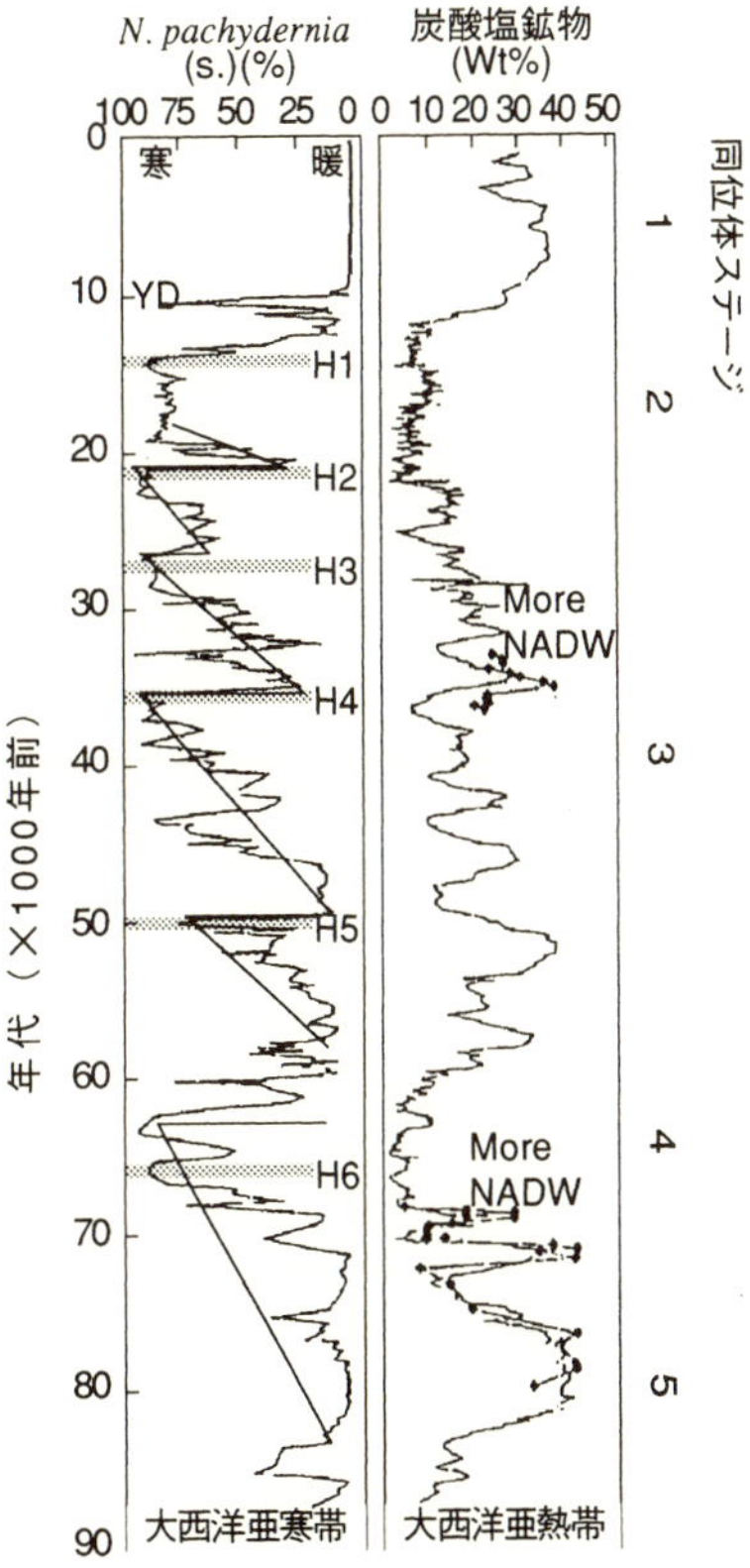

図14　浮遊性有孔虫 *N. pachydernia* の個体数頻度の変動とハインリッヒイベントの関係［Lehman（1993）による］
ハインリッヒイベントは，急激な温暖化のトリガーになっている．

ハインリッヒイベントの発生後に急激に温暖化することは、大陸氷床の減少がアルベドの変化をまねいたのではないかという見解や、大陸氷床からの流水が減少して海洋循環が活発になったというモデルがあるが、詳しい研究は今後の課題である。

■氷期・間氷期サイクルの解読に学ぶ

最近の第四紀の気候変動の研究は、時間分解能・空間分解能の高い試料解読が重要な発見に到達する可能性を秘めていること、および地球のリズムやイベントの研究が複雑にかかわり合った地球システムの姿を浮き彫りにしつつあることの両方を鮮明にしており、学ぶべきことが多い。

塩分振動子説の登場やハインリッヒの発見は、海洋循環が大気・海洋・氷床系の変動の中心的役割を担っていることを鮮明にし、試料採集やその解析へ新たな方向性を与えたといってもよいだろう。そして、時間分解能の高い試料解読は、新しい発見を次々ともたらし、理論や数値シミュレーションに新たな課題を提起している。このことは試料解読とモデリングが密接に連携してリズムの解読を進めることが、いかに大切であるかをよく示している。

また、すでに概観したように、過去の気候変動には、大気や海洋の循環様式だけでなく、氷床の消長や大気中の二酸化炭素濃度、エアロゾルの変動までかかわっており、何が原因で何が結果であるのかを明確にすることは、時間分解能の高い試料が得られるようになった今日でも困難な課題である。

いろいろな要素が同期して変動しているように見えることは、気候システムが多数のフィードバックループを備えた複雑に相互作用するシステムであることの反映でもあるだろう。こうした系の挙動をどのように理解したらよいのだろうか。気候変動の研究は、未解決の課題を多数提示しただけでなく、今後の地球科学の発展にどのようにとり組んだらいいのかといった、地球科学研究の本質にせまるような大問題を投げかけている。

ところで、これらの発見によってミランコビッチサイクルが気候変動の一因であることが否定されたわけではない。ミランコビッチサイクルによる日射量の変動の、氷期・間氷期サイクルの到来を支配するペースメーカーとしての地位はゆるぎないものである。

IV 宇宙のリズムと地球システムの相互作用

The Rhythmical Interactions between the Universe and the Earth System

8 太陽活動のリズム

地球の表層環境は、太陽からやってくるエネルギーによって維持されているので、太陽光度が変動すれば地球システムは直接その影響を被ることになる。最近の観測によると、太陽黒点変動にともなって、一%未満ではあるが光度変化があることがわかってきた。この程度の変化だと、それが直接気候変動を引き起こす原因にはならないようだが、第5章でもふれたように、長期的な時間スケールでは、太陽活動と気候変動には関係があるらしい。こうした背景から、太陽のリズムとその歴史を明らかにすることが太陽物理学の重要課題としてとり上げられている。また、太陽と似た恒星の長期的な光度変化にも関心が向けられている。

太陽活動が生み出すリズムのなかで、最も有名なものが黒点変動である。ここでは太陽黒点変動を中心に太陽活動の時間変化を解説し、過去にさかのぼって太陽活動を調べる試みについて述べることにしよう。

■太陽黒点周期の発見

太陽に黒点と呼ばれる黒いシミのようなものがあることは、古代ギリシアや中国でも知られていたらしい。大きな黒点は日没前の真っ赤な夕日に浮き出る黒いシミとして肉眼でも観察できる。しかし、黒点数に認められる一一年周期の変動の発見には、望遠鏡によるガリレオの観察から二〇〇年以上の歳月を必要とした。一九世紀の前半にドイツのアマチュア天文家H・シュワーベが二〇年間にわたり太陽を観測し、一一年周期の黒点変動を発見したのである。彼は一八五七年にこの功績で王立天文学会からゴールドメダルを授与されている。

太陽黒点は大小の黒いシミが群れになって現れることが多く、一つずつ数を数えることが困難なことが多い。そこで、チューリッヒ天文台のR・ウォルフは、できるだけ客観的に黒点変動を記述するための指標として、今日ウォルフ黒点相対数と呼ばれているパラメータを用いることにした。これは、黒点数、群の数、天候や観測条件による補正を考慮して求められており、一八五〇年代から今日まで使われている。

望遠鏡が発明された一六一〇年以降の黒点相対数の変化には、約一一年周期の黒点数の増減が顕著に現れており（図1）、太陽黒点サイクルとかシュワーベサイクルと呼ばれている。詳しく見ると、太陽黒点の変動はサイクルごとに異なっており、サイクルとサイクルの間隔も短い場合は七年、長い場合は一六年であって、厳密に周期的な現象ではないことがわかっている。また、一七一〇年以前には太陽黒点数が少なかった。

太陽黒点は何か

太陽黒点は周囲より暗いため黒く見えている。プランクの放射の法則によると、入射する光を完全に吸収する物体の明るさや色は、その物質の表面温度によってきまっている。この法則と太陽や恒星からやってくる光のスペクトルを用いると、天体の表面温度を見積もることができる。太陽黒点にこの法則をあてはめると、黒点の温度は約四〇〇〇度であり、周囲より二〇〇〇度も低温である。

太陽黒点の出現の仕方には、もう一つ重要な規則性がある。黒点が赤道と平行な緯度線上にペアになって現れることである。これらは太陽の自転とともに光球面を横切って移動していくので、一つの黒点群が先行し、もう一つの黒点群が後を追いかけていくように見える。後で述べるようにペアになった黒点は、一方から他方へループ状に磁力線でつながっており、太陽磁場が太陽表面を破って現れている場所でもある。

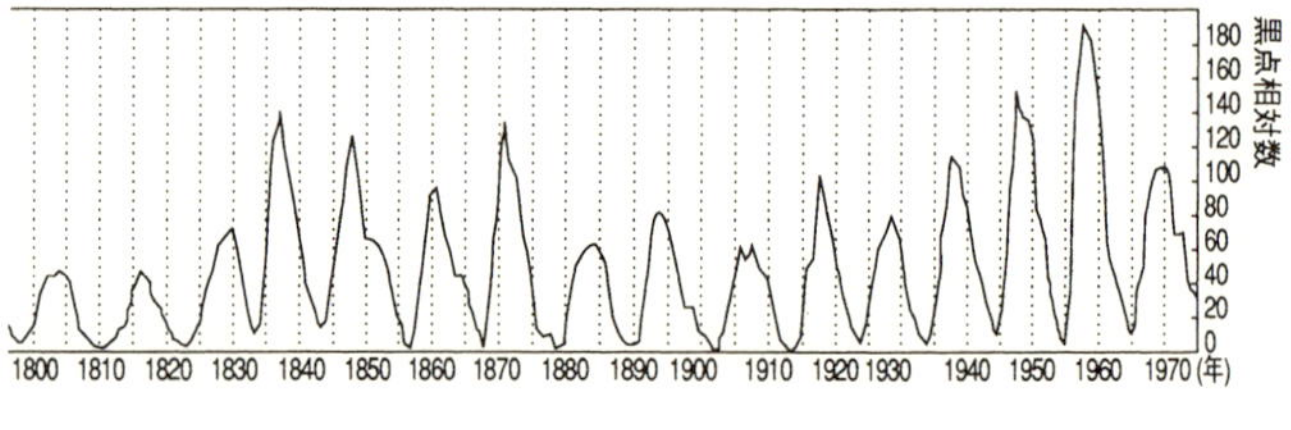

一九〇八年のG・ヘールの観測では、北半球の黒点は先行する黒点が負（S極）で、後続の黒点が正（N極）の極性であった。奇妙なことに南半球はその逆の極性を示し、先行する黒点が正の極性を持っていた。

その後の観測は、次々に現れる黒点がどれもこれも同じ傾向を持っていることを示していた。そして、新しい太陽黒点サイクルが始まるごとに、極性が逆転するのだった。これはたいへんな驚きとともに、一九二四年ヘール自身によって発表された。この発見は太陽磁場の逆転のサイクルが太陽黒点サイクルの二倍の二二年であることを意味していた。この規則性はヘールの極性法則と呼ばれている。

■太陽黒点はなぜできる

ヘールによる太陽磁場の発見は、太陽物理学者に新たな謎をつきつけた。なぜ太陽に磁場があるのであろうか。どうして約一一年周期で極性が反転するのか。太陽黒点はどうしてできるのか。太陽黒点と磁場の逆転はどのような機構で結びついているのか。

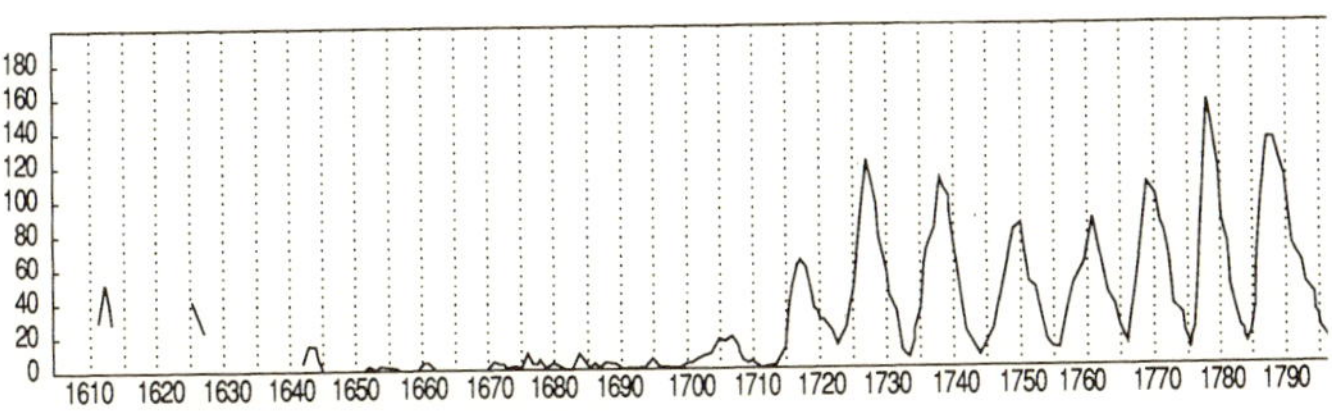

図1 太陽黒点変動［桜井（1985）に基づく］
黒点数変動曲線はサイクルごとに異なっており，その周期も7年から16年の間で変化している．平均的には約11年周期．1645年から1715年までの期間は黒点がほとんど現れなかった．

これまで太陽黒点とその変動に関する理論はたくさん提出されているが、現在までのところ、黒点や磁場の逆転の観測事実を完全に満足するような理論はない。そのなかで一九六〇年にH・W・バーブコックらによって提出されたモデルは、私たちが太陽黒点現象を理解するのに役に立つものである。バーブコックはヘールの後を継いだウィルソン山天文台の太陽物理学者である。

太陽は水素とヘリウムからなるガス状の天体であり、約二七日周期で自転している。しかし、地球のように剛体的な回転ではなく、赤道付近の方が高緯度に比べ自転速度が幾分はやくなっている。このような回転は差動回転と呼ばれており、一八六〇年代に発見されている。バーブコックのモデル（図2）では、この太陽の差動回転が黒点の生成に重要な役割を果たしている。太陽にも地球と同様に、棒磁石が作り出す磁場（双極子磁場）と同様な形態をした磁場があるとしよう。太陽大気は電気伝導度が高いので、磁力線は差動回転による太陽大気の運動に引きずられて延ばされ、経度方向にぐるぐる巻きにされる。太陽の表面では対流運動も活発であり、巻きつけられた磁力線は対流によってロープのようにねじられる。やがて、このロープ状の磁力線が何らかの原因で太陽の表面を破って顔を覗かせているところが黒点となって現れる。

この説では、磁場の極性が異なる黒点群がペアになって現れること、北極側と南極側で極性が逆であること、サイクルが進むにつれて黒点が現れる緯度が高緯度から赤道に向かって変化することなど、黒点の出現の仕方に関する重要な性質が説明できる。したがって、黒点の生成に太陽の差動回転が深くかかわっていることはまちがいない。

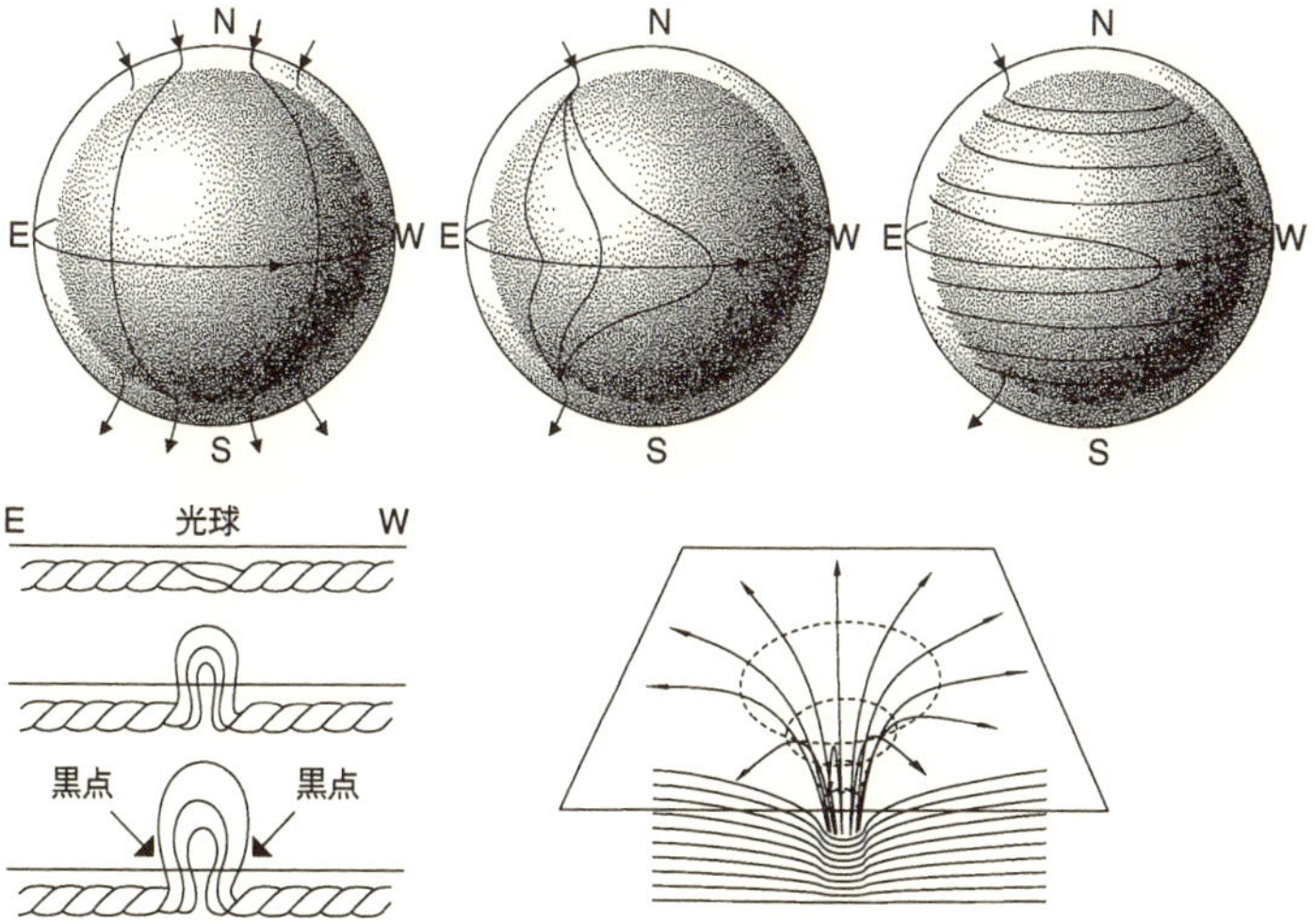

図2　太陽磁場逆転のモデル［桜井（1985）に基づく］
双極子磁場が太陽の差動回転によって緯度に平行に巻きつけられる．太陽の表面付近では激しい対流が起こっているので，巻きつけられた磁力線は対流運動によってロープのようにねじられる．ロープ状の磁力線が太陽表面に顔を覗かせた部分が太陽黒点になると考えられる．

双極子磁場が差動回転によって赤道方向に巻きついて新たな磁場成分（トロイダル磁場と呼ばれている）ができるという考えは、一九三〇年代から五〇年代にかけて、地球磁場の成因の研究者の間では盛んに論じられていたことである。太陽磁場を永久に維持するには、赤道方向に巻きついた磁場が双極子磁場を生み出す機構がなくてはならない。その説明として、太陽内部の対流運動にともなう流体運動が原因であるとするダイナモ理論［注1］がある。地球磁場変動の研究と同様に、太陽ダイナモの研究でも、まず太陽内部の対流運動を与えて磁場を維持するメカニズムが調べられている。しかし、磁場と電流の存在によって生じるローレンツ力が、太陽内部の運動状態を変化させることを考慮すると、ダイナモモデルは非線形系になり、周期的に磁場の極性が反転する解が得られている。こうした研究を受けて、太陽黒点変動の時系列も非線形システムの出力であると見なされ、時系列解析が行われている。

■──オーロラは語る

気候変動と太陽活動の関係を調べるには、長期間にわたる太陽活動の歴史を明らかにする必要がある。太陽黒点変動は重要な指標であるが、望遠鏡の発明以前の出現の記録はきわめて断片的である。そこで注目されたのがオーロラの出現記録である。

オーロラは、地球外から入射してくる多数の電子や陽子と超高層大気分子が衝突することによって発生する。衝突によって大気分子や原子のエネルギーが励起され、発光するのである。

太陽は巨大な磁気圏をまとっており、その大きさは地球はおろか木星や土星まですっぽり覆う広がりを持っている。地球は固有磁場に覆われており、さらに大きな太陽磁気圏にもとり巻かれている。地球のまわりの磁気圏は、固有磁場と太陽風との相互作用によって、図3に示すような形態をとっている。

地球の磁気圏は軸対称ではなく、太陽に面した方向は太陽風によって押しつぶされ、反対側は風下の方向へなびいた形をしている。太陽風によって運ばれてくる荷電粒子の多くは、地球磁場に遮られてしまう。しかし、極地方では磁力線が惑星間磁気圏と連結して開いており、その隙間をぬって宇宙からの荷電粒子が地球大気に到達し、オーロラの発光の原因を作るのである。したがって、オーロラの出現頻度の変化は、太陽活動と密接な関係にある。

オーロラは極光とも呼ばれるように、極地方の人々にはなじみ深い現象である。太陽活動が活発な時には日本でも観測されることがある。もっともこれは夜空が暗かった明治以前のことであるが。オーロラという名称は、ローマ神話に出てくる夜の星を追い払う夜明けの女神にちなんでいる。中世ヨーロッパでは、オーロラは宗教的な思想を反映して、彗星と並んで忌みきらわれた。中国や日本の古文書では、赤気、白気、天狗などの語が使われている記事に、オーロラの出現を想像させるものが知られている。日本や中国のような比較的低緯度で見えるオーロラは、赤い色をする傾向がある。東洋の人々はオーロラを見て、天狗が逆立ちした姿を想像したのかも知れない。

近代科学にオーロラが登場するようになったのは、一七一〇年代以降である。当時の人々はその出現頻度に興味をもち、詳しい観測記録を残したり、歴史的な記録を探し出したりしていった。こうし

［注1］ダイナモ理論……ダイナモ（発電機）と類似した機構で天体の磁場の発生や時間変動を説明する電磁流体力学的理論。磁場の存在下で電気伝導度のよい流体が流れると電流が流れる。その電流が新たな磁場を生み、別の流体運動による起電力で別の電流が流れる。こうした磁場と流体運動の相互作用の結果として、最初の磁場が維持される。流体運動の原因として、天体内部の熱対流や自転速度の非一様性（差動回転）が考えられている。

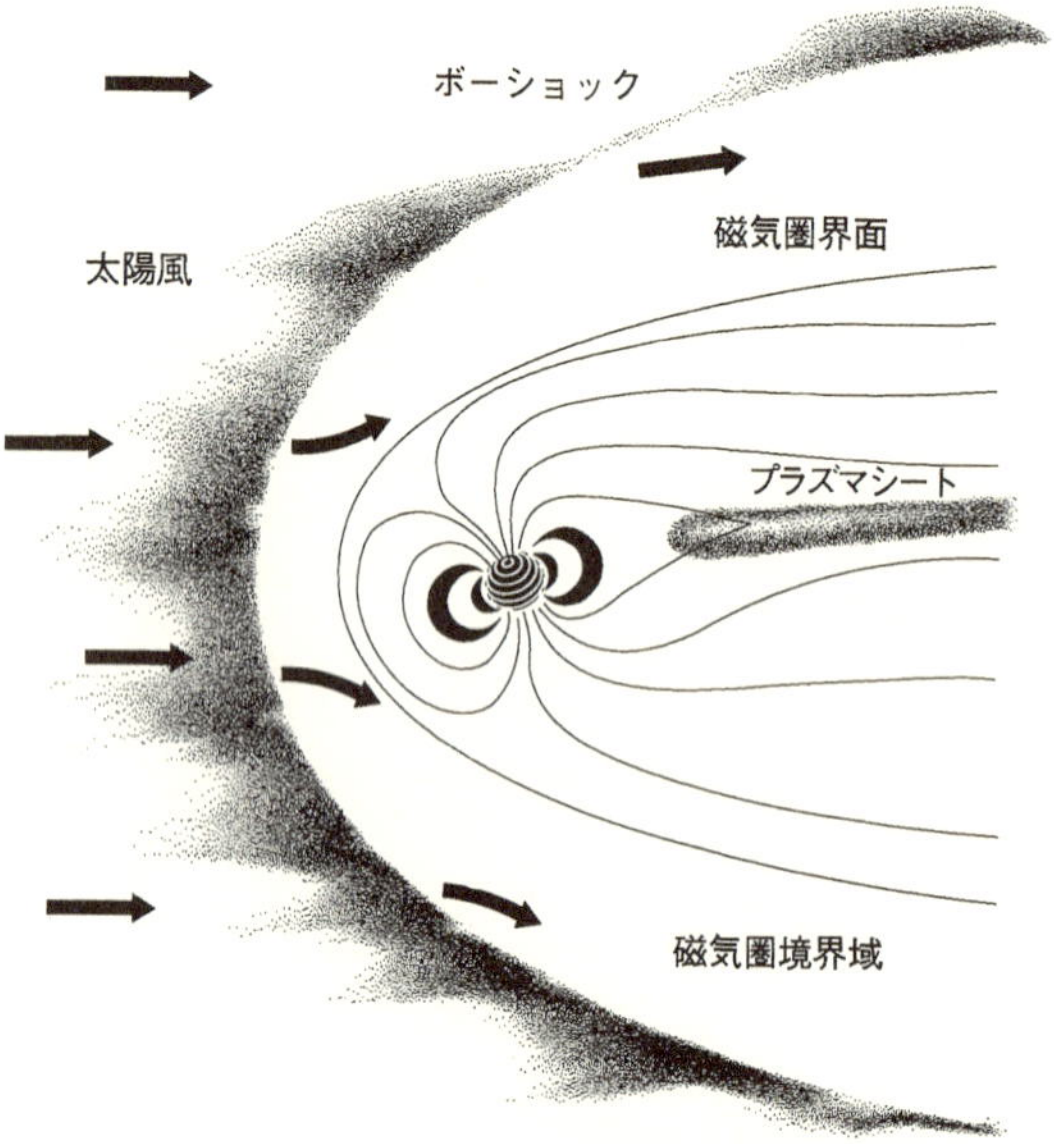

図３　地球磁気圏の形態［桜井（1990）による］

た出現記録の蓄積によって一九世紀末までには、オーロラの出現頻度は、太陽黒点変動と相関があることが知られるようになった。その後、オーロラ現象が解明されるまでに、ビルケラント、アールベン、チャップマンといった数々の地球物理学者の一〇〇年以上にわたる研究の積み重ねが必要であった。

英国王立グリニッジ天文台のＷ・マウンダーは、太陽黒点やオーロラの出現を記録した古い文献を調べ、西暦一六四五年から一七一五年までの期間には、太陽に黒点がほとんど出現しなかったことを見いだした。つまり、一一年周期よりもっと長い周期の黒点変動の存在を発見したのである。そして、一八九四年に『王立天文学会誌』に論文を発表している。

しかし、彼の主張は当時の人々には受け入れられず、長い間忘れ去られてしまった。オーロラが何であるかを知らなかった時代の人々が、それを観察した時にどのように記録するだろうか。オーロラの記録であるとされている資料のなかには、別の現象を記録したものもあるかもしれない。そのような時代の記録は系統的な観測ではないので、統計的に意味がないかもしれない。このような批判のために、マウンダーの結論は受け入れられなかったのであろう。

■マウンダー極小期の発見

一九七〇年代になってようやくマウンダーの発見を復活させたのが、米国の太陽物理学者J・エディである。彼は太陽活動の経年変化を解明すべく、多くの観測家の残した黒点記録やオーロラ記録はもとより、中国の古文書にいたるまでさまざまな文献を集めた。そして、それらをもとに太陽活動との関連を追究したのだった(図4)。しかし、マウンダーの主張を確かめるには、もっと人々を納得させるのに充分に客観的な証拠が必要であった。エディは、樹木年輪の放射性炭素一四の変動を測定することで、太陽活動の歴史を復元できることに気がついた。

地球には宇宙のあらゆる方向から宇宙線、荷電粒子やX線が降り注いでいる。地球に降り注ぐ宇宙線の量は、太陽活動の影響を強く受けている。黒点の多く出現する活動期には太陽磁気圏は拡大し、地球に衝突する宇宙線の数は減少している。逆に太陽活動が弱まると、太陽磁気圏が収縮し、宇宙か

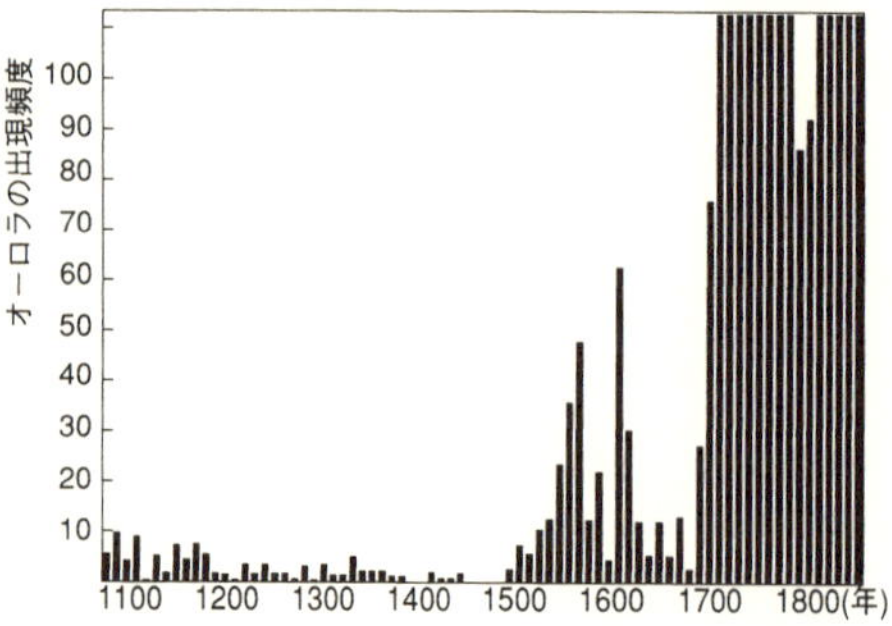

図4 オーロラの出現記録の頻度分布
[Eddy (1976) による]
ヨーロッパでの観測記録による．10年ごとの回数を棒グラフに示したもの．1645年から1715年にかけてはオーロラの出現頻度が低かった．

らやってくる高エネルギー宇宙線が地球大気に衝突する割合が増加する結果、大気中の窒素分子に中性子が反応し、放射性炭素一四の生成量が増加するのである。

放射性炭素一四の半減期は五七三〇年で、大気中にとどまって安定な窒素一四に壊変する。その一部は壊変する前に光合成によって植物にとり込まれる。

炭素一四が考古学や第四紀学試料の年代測定に使用できることを示したのは、W・リビー（シカゴ大学）であった。年代測定には、大気中の炭素一四の生成率が一定であることを仮定していることに注意しなくてはならない。しかしその後の研究から、厳密には炭素一四の生成率は歴史時代を通じて一定ではないことが明らかになっていった。そして、一九七〇年代までに、生成率の変動は太陽活動の変化や気候変動と相関があることが指摘された。

ここでエディが登場する。エディは樹齢の大きい樹木の炭素一四値を年輪ごとに測定していけば、現在から過去へさかのぼって太陽活動がわかるのではないかと考えた。そして、アメリカ東部に生育するブリスルコーンやメタセコイヤを用いて、過去八〇〇〇年にわ

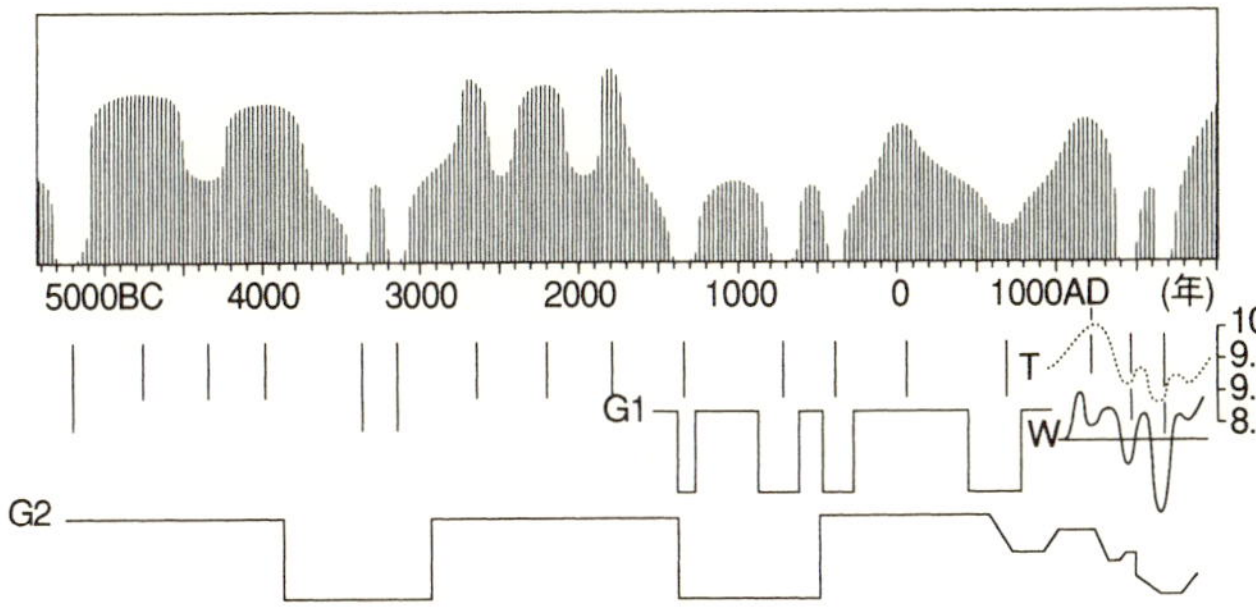

図５　樹木年輪に記録された太陽活動の歴史と気候変動の対応関係
［Eddy に基づき桜井（1990）による］
黒の縦縞で示した期間は太陽活動が活発であった．Ｔはイギリスでの温度変化，Ｗはパリ，ロンドンでの冬季の寒冷度指数．G1 はヨーロッパアルプスでの氷河の前進と後退のようす．G2 は全世界についての氷河の前進後退指数．

たる炭素一四の生成率の変動を求めた（図５）。その結果には、マウンダーの主張した太陽無黒点時代が明瞭に描き出されていたのである。

　このようにエディは樹木の炭素一四の解析からマウンダーの主張が正しいことを発見し、一九七六年に『サイエンス』に発表している。その論文のタイトルは、「マウンダー極小期―ルイ一四世の統治した時代は太陽活動が異常な時代であったようだ」である。エディはこの論文で、一六四五年から一七一五年の太陽無黒点時代を、発見者にちなんでマウンダー極小期と名づけた。ルイ一四世の統治した時代は小氷期と呼ばれ、最終氷期以後の地球で気候が最も寒冷化した時代であり、イギリスではペストが猛威をふるった暗い時代であった。

　サブタイトルにルイ一四世が登場する理由は、彼の愛称に由来している。彼は当時の人々から太陽王と呼ばれており、地上に太陽王が現れたので太陽がすねて暗くなってしまったのだという皮肉が込められているのである。

さらに、一四五〇年から一五五〇年にも太陽活動が低下したと考えられる時期が発見され、これにはシュペーラー極小期と名づけられた。一一〇〇年から一三〇〇年にかけては、逆に太陽活動が活発化したことを示しており、中世極大期と呼ばれている。これらの発見は、歴史時代の気候変動とよく対応しており、一〇〇年の時間スケールで見ると、太陽活動と気候変動の関連性が浮かび上がってきた。

エディが示唆しているように、過去の太陽活動と気候変動、さらに文明の盛衰や人々の暮らしとの関連は、今後解明していくべき数々の問題を提起している。

樹木年輪や極氷床は語る

最近になって、M・スタイバーとT・F・ブラジウナスは、炭素一四の変動曲線を精密化して、過去一万年間における太陽黒点減少期を明らかにしている（図6）。その変動曲線には、マウンダー極小期やシュペーラー極小期に対応するような変動が多数存在している。

もう一つの放射性核種であるベリリウム一〇は、宇宙線が大気中の酸素分子と衝突することによって生成し、その半減期は、一五〇万年である。こちらの方は、大気中のエアロゾル（塵）に吸着し、雨と一緒に地表へ運ばれる。したがって、ベリリウム一〇の測定から太陽活動を探るには、水循環の理解が不可欠である。第7章で述べたように、南極やグリーンランドの氷床では、降り積もった雪がそのまま凍結保存されており、一年ごとに変動を追いかけることができる。その分析から太陽活動の復元が進められ、炭素一四とよく似た結果が得られている。

これらのデータのスペクトル解析から、太陽黒点変動には一一年周期のほかに、約八八年、二〇〇年、二三〇〇年の周期性があることが示唆されている。

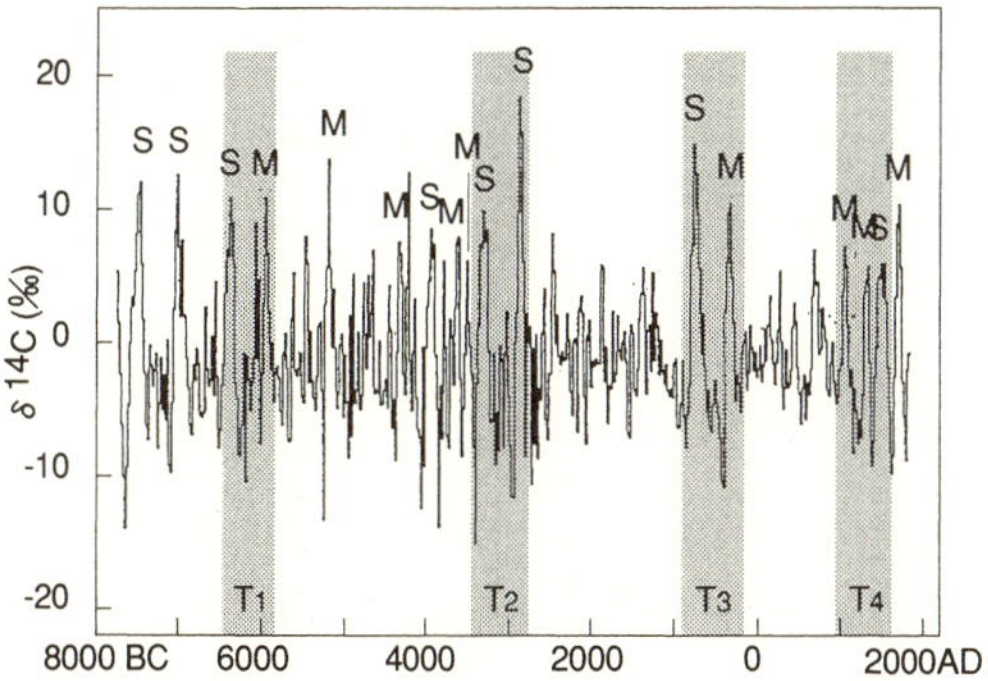

図６　樹木年輪に記録された放射性炭素同位体比の変動曲線[Stuiver and Braziunas (1989) による]
Ｓはシュペーラー極小期，Ｍはマウンダー極小期と類似の変動であることを示す．T1 から T4 はより長期にわたって変動様式が類似している部分．

さらに、樹木年輪や極氷床に記録された太陽活動の標準曲線が確立されれば、年輪合わせと同じように、年代測定が可能になるだろう。太陽黒点年代学とでも称せられそうなこのアイデアは、縞々学が誕生した一九八〇年代初期にすでに議論されている。最近になって熊谷博之（名古屋大学）は、炭素一四の分析を年輪一枚ごとに測定し、炭素一四の標準変動曲線と比較することで、樹木の生育年代を従来にない精度で推定できることを示している。

過去の太陽活動を復元する試みは、樹木年輪や極氷床を利用してすでに行われている。これらは縞々学の目指している研究そのものであるが、そのアイデアは太陽物理学者自身によって提出されてきたものである。今度は、地球史の記録媒体を研究対象としている固体地球科学の分野から、太陽活動の新たな記録を探し出し、変動する太陽像の理論研究者に新たな研究課題を提起したいものである。

■太陽活動と気候変動との関係

樹木年輪の炭素一四の変動曲線の解析から過去一万年の太陽活動の変動が明らかにされる一方、エディが主張した太陽活動と気候変動の関連性は、いまだに多くの議論を呼んでいる。

気温や洪水などの変動からバカ貝の大量発生まで、実にさまざまな現象に、太陽黒点変動との相関が認められるという研究報告があるが、それらのほとんどのものは無意味であることが、今日ではわかっている。地球上で生起する現象の多くに、一〇年程度の周期的変動成分が存在しているために、ある有限の期間の記録を比較すると太陽黒点変動とよく対応することがあるからだろう。実際には太陽黒点の変動による太陽放射エネルギーのゆらぎは一%にも満たないので、これが気候変動に直接影響を与えるとは考えにくい。

しかし、一〇〇年ぐらいのサイクルで太陽活動が低下したり活発化した場合には、地球システムはゆっくり変動して気候の温暖化や寒冷化が起こったかもしれない。先に述べたように、エディは小氷期には太陽活動が低下し、中世の温暖期には逆に活発化しているとして、気候との関係を示唆している。

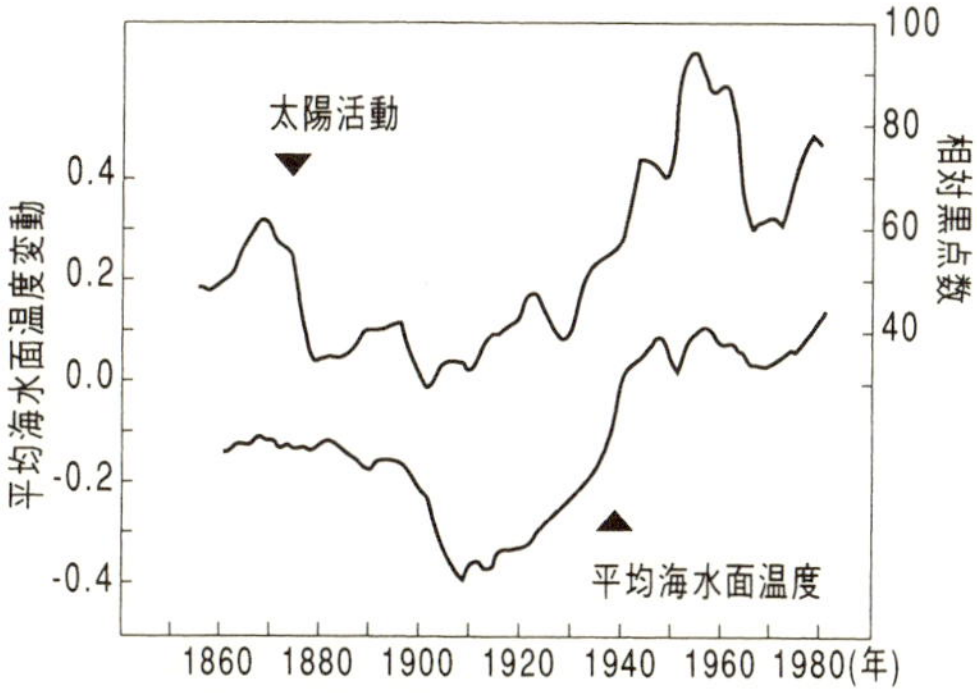

図7　太陽黒点変動と気温変動 [Reid (1987) による]
太陽黒点変動と平均海水面温度のデータの 11 年の移動平均をとったもの．

太陽黒点の長期変動や樹木年輪の炭素一四の変動曲線には、約八八年周期の変動が認められている。この変動は最初に提唱した研究者にちなんで、グライスバーグ周期と呼ばれている。最近になって、地球表面温度の変動がグライスバーグ周期と相関があるという報告が発表され、両者の因果関係の解明がクローズアップされるようになった（図7）。

また、太陽活動には二〇〇年の周期性の存在も示唆されている。マウンダー極小期やシュペーラー極小期は、二〇〇年の周期性が反映されている可能性もある。太陽の大きさ自体がこの周期で振動しているという報告もある。これらの変動には光度変化がともなわれているのだろうか。だとすれば、太陽の変動が地球の気候へ影響を与えることになる。これらの疑問に答えるには、過去の太陽活動と気候変動の両方を、約一〇年の時間分解能で復元しなくてはならない。スタイバーらが確立した過去一万年間における炭素一四の変動曲線は、地球システムに対する外力（フォーシング）としての太陽のリズムを明確にした点において画期的なものである。

古地磁気学や年輪気候学の研究によると、地球磁場の変動や気候変動に二三〇〇年周期の変動があるといわれている。樹木年輪の炭素一四の変動のスペクトル解析でも、約二三〇〇年の周期性が認められている。このような長い周期帯でも、太陽、地球磁場および気候は、お互いに影響を与えあっているのだろうか。こうした疑問に答えるには、太陽活動の歴史をもっともっと過去へ向かってさかのぼる必要があるだろう。

地質時代の太陽

四六億年前に星間雲の収縮によって誕生した太陽は、その後主系列星の一員として、内部の核融合反応によって輝き続けている。太陽の進化の標準モデルと呼ばれる、天文学者の間で広く受け入れられているモデルによると、誕生した頃の太陽は現在の明るさの七〇%ぐらいしかなかったらしい。もし今より三〇%も太陽が暗かったとしたら、地球全体が寒冷化して雪氷で覆われていただろうと考えられる。ところが、グリーンランドのイスアという地域には、三八億年前の海底で堆積した岩石が見つかっており、海の水が凍ってしまうようなことはなかったことを物語っている。

この矛盾は暗い太陽パラドックスとして、一九七〇年代から天文学者や気候学者の頭を悩ませている。地球が誕生した頃には、大気中に二酸化炭素やメタンなどの気体がたくさんあって、それらの温室効果によって地球の凍結が免れたのではないかというシナリオが提案されている。暗い太陽パラドックスの謎解きも、今後の研究を待たなくてはならない。

地質時代の太陽の記録は、月や隕石などの岩石にも記録されているといったら驚かれるかもしれない。太陽からは光だけでなく、太陽風と一緒に高エネルギー粒子もやってくる。磁場の弱い月面の土壌や宇宙空間を漂っている隕石は、太陽風にさらされているわけである。太陽からやってくる高エネルギー粒子が固体物質と衝突すると、結晶格子が乱されたり、原子核に損傷を与えて新しい核種が生成されたりするが、これら月物質や隕石の試料の分析から、初期地球は太陽からの強い紫外線や太陽風にさらされていたことが示唆されている。

ところが最近になって、地上の岩石に含まれる放射性元素から生じる放射線をあまり受けていない岩石に、太陽活動や歴史時代の超新星爆発が記録されているという研究報告が、イタリアの研究グループによって提出された。このような試料の電子スピン共鳴（electron spin resonance, 頭文字をとってＥＳＲとも呼ばれる）の信号に、太陽活動や超新星爆発に起因するピークが残されているというのだ。

天然の結晶中にはほとんど例外なく、割れ目、格子欠陥、不純物などが含まれている。格子欠陥は、岩石中の放射性元素の崩壊によって生じるアルファ線や宇宙線の照射などによって徐々に蓄積されていく。その岩石の置かれた環境における放射線量がわかれば、格子欠陥の数から年代を決定することもできる。電子スピン共鳴は、固体物質の格子欠陥が発生する信号のことであり、この信号を用いた年代決定法はＥＳＲ年代学と呼ばれている。

ＥＳＲ信号を用いて太陽活動や歴史時代の超新星爆発が読みとれるとすれば、たいへん画期的なことである。イタリアのグループの研究報告が本当であるかを追試する必要があろう。もし彼らの主張が正しければ、ＥＳＲ天文学も誕生することになる。

ところで、一九八〇年にＧ・ウィリアムスは、先カンブリア時代の縞状堆積物の厚さの変化に一一年周期があることを見いだした（第9章参照）。そして、その縞が太陽黒点変動を記録していることを論じている。今日では彼はこの考え方を引っ込めてしまったが、当時の太陽物理学に波紋を引き起こしたことは事実である。六億年前にさかのぼっても現在と同様な黒点変動があったとすれば、一一年周期の太陽の変動は非常に安定であったことを示唆しているからである。ウィリアムスの提起した問題は、その後雪氷学者や年輪年代学者の手にゆだねられ、過去一万年については具体的な変動像が明らかにされつつある。さらに古い時代にさかのぼって太陽活動の記録を探る試みは、地質学者に課された課題であろう。

9 月の起源と潮汐のリズム

自然界に見られる縞模様には、すでに述べた樹木年輪のように、環境の周期的変化が順次記録されて作られたものが多い。月の引力によって引き起こされる地球の周期的変形が、潮汐である。この章では、潮汐リズムが作り出す縞模様の解読について述べることにしよう。

潮の満干を生み出す月は、満ち欠けによって毎晩姿を変えていく、夜空に浮かぶ美しい天体だ。その存在は私たちの祖先の心をとらえ、数々の神話やおとぎ話を生み出してきた。また、まれに起こる日食や月食は、古代の人々を驚かし、信仰や自然観にはかりしれない影響を与えてきたらしい。

月はどんな天体なのだろうか。月はどこからやってきたのだろうか。こういった疑問は数々の天文学者や思想家の頭を悩ませてきた。こうした天文学の大きな謎に、潮の満干のリズムを記録した堆積物や化石の縞の解析から、一石を投じようとする研究が注目されるようになってきた。これは縞々学研究における重要な挑戦課題といってもよいだろう。堆積物や化石の縞が潮汐を記録しているかどうかを判定するには、潮汐リズムの特徴をよく知っておく必要がある。また、そうしたリズムを読む意義を考えてみよう。

月は地球から遠ざかっている

地球や惑星の運動、地球のまわりの月の運動はまるで精密機械のようである。日常生活においては、一日の長さや月の満ち欠け、さらに太陽や月の引力によって生じる潮の満干は規則的である。

ところが、長い年月の間には、これらの天体が刻む時間は一定ではない。このことを最初に示唆したのは、一七世紀末に現在ハレー彗星と呼ばれている彗星の回帰を発見したE・ハレーである。

もし、月や地球の運動が機械的であって、ケプラーの法則に従っているのであれば、過去や未来の日食は、ある決まった日時に決まった地域で観察されるはずである。ところが、過去の日食や月食についての古文書記録を調べると、時代とともに食い違いが大きくなっていたのだ。

いま、一日に一〇秒遅れる時計を持っていると考えてみよう。毎日時計を補正しないでおくと、正確な時間との食い違いはどんどん大きくなり、一週間では一分にもなる。さらにそのままにしておくと、時間のずれはどんどん大きくなっていく。同様に、日食や月食の記録を解析することによって、月の軌道運動のスピードが一〇〇年の間に約一〇秒も速まっていることが推定された。すなわち、一日一日のリズムを刻む地球回転も、一定の割合で時を刻む時計からみればわずかながら狂っていたのである。

しかし、その原因が何であるのか、長い間不明のままであった。ハレーの発見から約一〇〇年の歳月を経て、フランスの天文学者C・デラーニによって潮汐摩擦が原因であることが明らかにされた。潮の満干は海水の流動をともなうので、その摩擦によって地球の自転運動にブレーキがかかり、その反動で月は年に数センチメートルずつ地球から遠ざかっているのである。月が地球から遠ざかることは、月の公転速度が遅くなることを意味している。

■月起源への手がかり

一九世紀後半になると、英国のG・ダーウィンが、潮汐摩擦による月の軌道要素の進化と地球自転速度の永年減速の方程式を現在から過去へさかのぼっていくことによって、地球が誕生したころに月がどこにいたのかを決定できるのではないかと気がついた。これは、月の起源論に科学的にせまる研究の第一歩であった。彼は、『種の起源』を著したチャールズ・ダーウィンの息子である。

ダーウィンは、こうした計算を行って、今から約五億年前に地球の一日の長さは約五時間であり、月は地球からわずか一万キロメートルのところを公転していたという結論を導いた。さらに時代をさかのぼれば、地球と月の距離は近づき、自転速度もより速くなると予想される。そこで彼は、月は高速度で回転していた地球から、遠心力の力で引きちぎられたのではないかという月の起源論を提案した。これが地球と月の「親子説」とか「分裂説」と呼ばれているものの発端である。

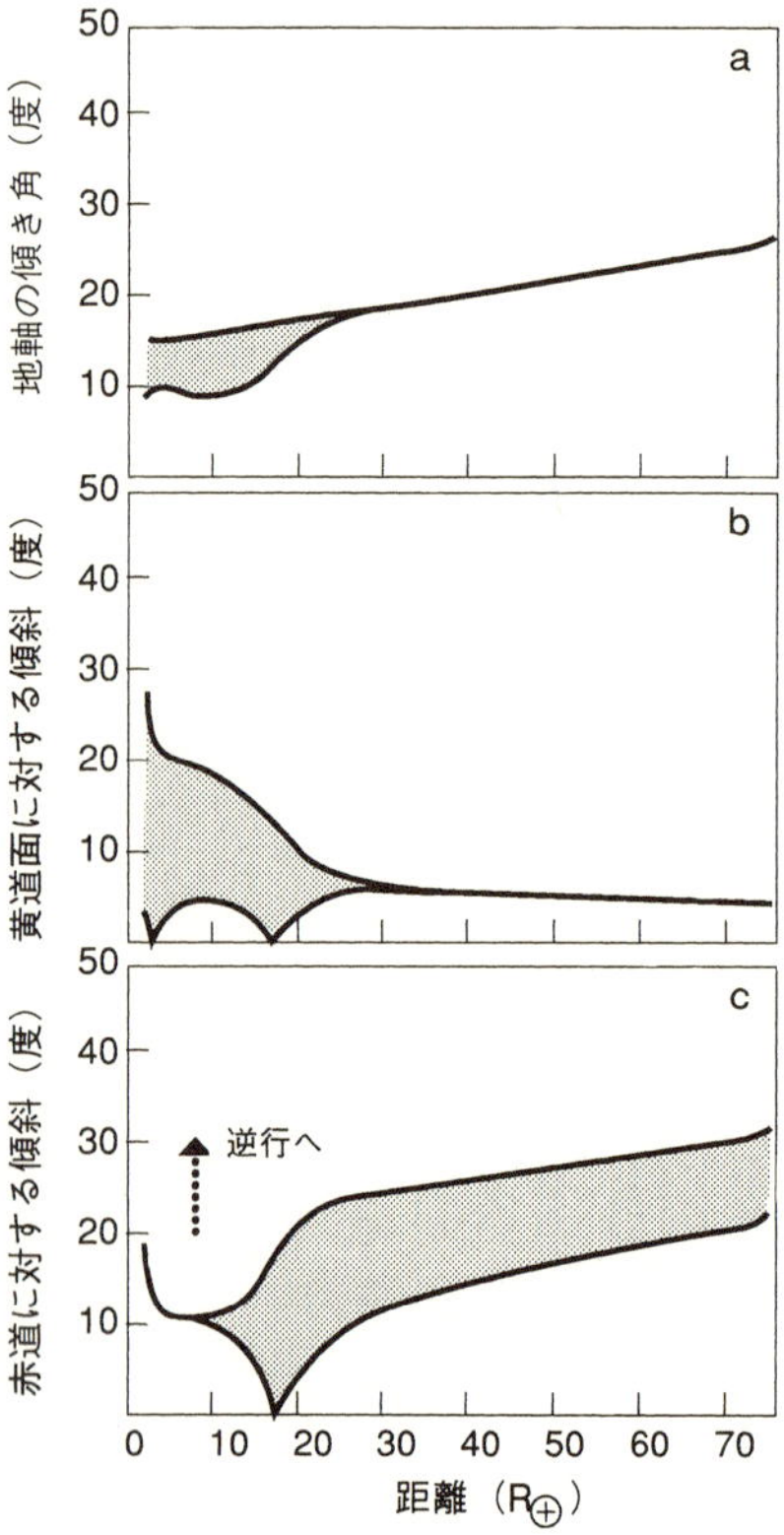

図1　地球・月間の距離と月軌道面と地球の赤道のなす角度の変化[Goldreich (1966) による]
（a）地軸の傾き角（黄道面に対する地球の赤道面のなす角）．（b）黄道面に対する月軌道面のなす角．
（c）地球の赤道面と月の軌道面のなす角．地球と月が接近するとこの角度が増大しており，さらに計算を続けると月の軌道面と赤道面は90度を越えるようになり，逆行運動になると考えられる．
これらの角度はそれぞれの図に示された2本の曲線の間を短い周期で変化している．

一九五〇年代になると計算機の進歩によって、天体力学に数値計算法が導入された。これを月の軌道進化の研究に導入し、最も系統的に行った天文学者の一人に米国のP・ゴールドライクがいる。彼は軌道傾斜角がどのように変化してきたかも逆算した。ゴールドライクは、月と地球の距離の関数として、月の軌道傾斜角と地球の赤道面のなす角度を計算している（図1）。月の軌道進化の速さは潮汐摩擦の大きさによって決まっている。したがって、潮汐摩擦による地球と月の距離の変化を求めるには、潮汐摩擦の大きさがわからなくてはならない。しかしながら、一九六〇年代には、潮汐エネルギーの散逸のメカニズムがよくわかっていなかった。そこで、彼は横軸に時間をとるかわりに、地球・月間の距離をとって、軌道傾斜角の変化を表したのだった。こうすることによって、月と地球の接近がいつ起こったのかがわからなくても、その時の月の軌道の形は推定できるわけである。

彼の導いた結果は、月が地球に接近していた頃には、月の軌道面と地球の赤道面のなす角度は大きくなり、さらに計算を続けると軌道運動が逆行することを示唆していた。これは、地球の自転による遠心力で月が地球から飛び出したとするダーウィンの「親子説」に矛盾するため、かわって月がたまたま地球の重力圏にやってきて捕獲されたとする「他人説」が都合がよいと考えられるようになった。また、地球と月がおなじ原始太陽系星雲から集積したという「兄弟説」も提案されたりした。しかし、これらも納得のゆく月起源論を提示したわけではなかった。

■潮汐摩擦のエネルギー散逸率

バネのように、外力が作用したりとり除かれたりするとすみやかに変形する理想的な物質のことを完全弾性体という。一般の物質では、変形によって結晶構造が乱れ、変形のエネルギーが熱エネルギーにかわってしまう。このような完全弾性体からわずかにずれた物質は、粘性のある流体と弾性体の両方の性質を兼ね備えているので、粘弾性体とか非弾性体と呼ばれる。

固体地球はこのような非弾性体であり、地震波は伝播するにつれて徐々に減衰してしまう。また、海洋も潮汐によって流動しているが、海水の粘性や海底との摩擦などによって、海水の運動エネルギーが絶えず熱エネルギーとして失われている。潮汐エネルギーがどこで散逸されているのか、その大きさはどれくらいなのかという問題は、一九六〇年代に議論を巻き起こした。地球の潮汐摩擦のメカニズムを解明することは、今日でも困難な問題であることには変わりはない。

潮汐摩擦のメカニズムがわからなくても、エネルギーの散逸率が与えられれば、地質時代に月がどこにいたのかを計算することができる。また、月の平均運動（公転角速度）の変化率と月の軌道半径の変化率には、簡単な関係式が成り立つことも知られている。これらを用いると、歴史時代の日食や月食の記録から、歴史時代の月の公転速度の変化率を見積もることで、過去の月までの距離を推定することが可能になる。

こうした方針のもとにK・ランベック（オーストラリア国立大学）は、これまでの歴史記録や最近の観測データを再検討し、月の軌道の変化速度の推定値を改訂した。求められた変化速度は微小量であったが、こうした変化が何十億年と積算されると、一日の長さが今より一〇時間以上も狂ってくることはすぐに計算できた。そうした計算によると、月が地球に最接近した時期は、今から約九億年前になってしまう。月の形成は約四五億年前の地球形成期の出来事であると一般に考えられていたので、導かれた結論は大きな困難に突き当たってしまった。

このような矛盾は、最近の月の軌道進化速度が異常に速いこと、つまり潮汐摩擦によるエネルギー散逸が異常に大きいことを示唆している。それが意味することは、海洋が七つの海に分かれているような現在の海洋と大陸の分布は過去に比べ複雑で、エネルギー散逸量が大きくなっているということである。つまり、地質時代には、現在より大陸や海洋の分布が比較的単純で、潮汐摩擦が小さかったことを示唆している。

ところで、英国のR・K・ランカーンは、月が地球に接近したときには地上で重大な異変が起こると期待されるので、地層や岩石にその痕跡があるのではないかと提案した。もし存在していれば、逆にそれらから過去の月の軌道を見積もれる。そこで、一九六〇年代から七〇年代初期に多くの地質学者に呼びかけ、精力的にそのような証拠を探したが、発見には至らなかった。

化石は語る

貝殻の模様は一つ一つ独特で、なかにはたいへん美しいものもある。この貝殻をよく見ると輪郭と平行にたくさんの縞模様がついており、それがそれぞれの貝の生い立ちを記録していることはよく知られている。樹木の場合には、一年を通じての季節変化を反映して年輪が形成されることはすでに見たとおりだが、貝殻の縞はどうしてできるのだろうか。

化石サンゴや化石二枚貝の縞が一年当たりの日数を記録しているのではないかと考えたのは、J・

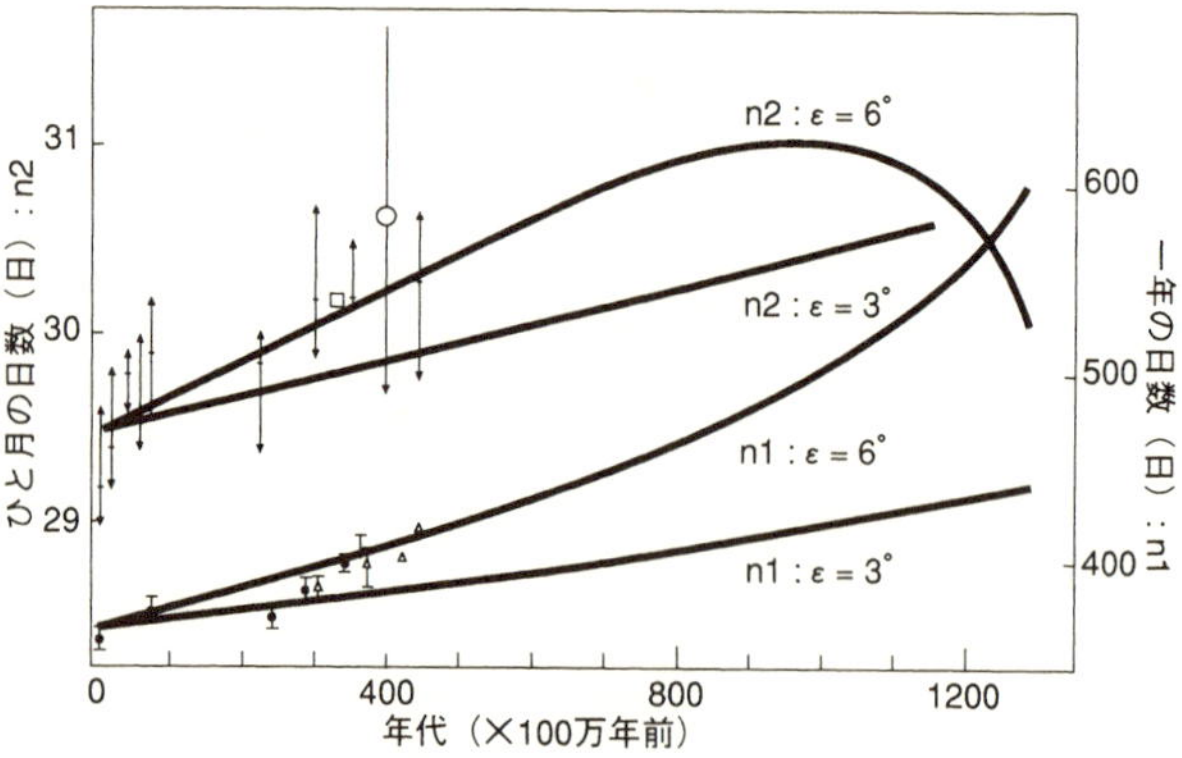

図2　サンゴや化石二枚貝の縞から推定された1年の日数，ひと月の日数［Lambeck（1989）による］
εはエネルギー散逸の大きさを表すパラメータであり，大きいほど1年の日数やひと月の日数の変化量は大きい．

W・ウェルズという古生物学者であった。一九六三年に彼は、「サンゴの成長と地球年代学」と題する論文を『ネイチャー』に発表している。この論文が契機となって、一九六〇年代には化石化したサンゴや二枚貝の解析が行われた（図2）。

こうした解析の多くは、米国でアポロ計画が推進されていた頃に、米国航空宇宙局（NASA）の研究費の助成によって活発に行われたが、縞の解釈に根拠の乏しいものも含まれているので注意を要する。その原因の一つは、当時は過去の一年の日数やひと月の日数の推定のみに研究が向けられ、サンゴや二枚貝の縞がどのようにできるかは、あまりかえりみられなかったからであろう。

こうしたなかで、大野照文（京都大学理学部）は、ドイツのボン大学に在籍中に、実際に現生の二枚貝を飼育して、貝殻に刻まれた縞がどうしてできるのかを調べる研究に着手した。そして満潮時には水面

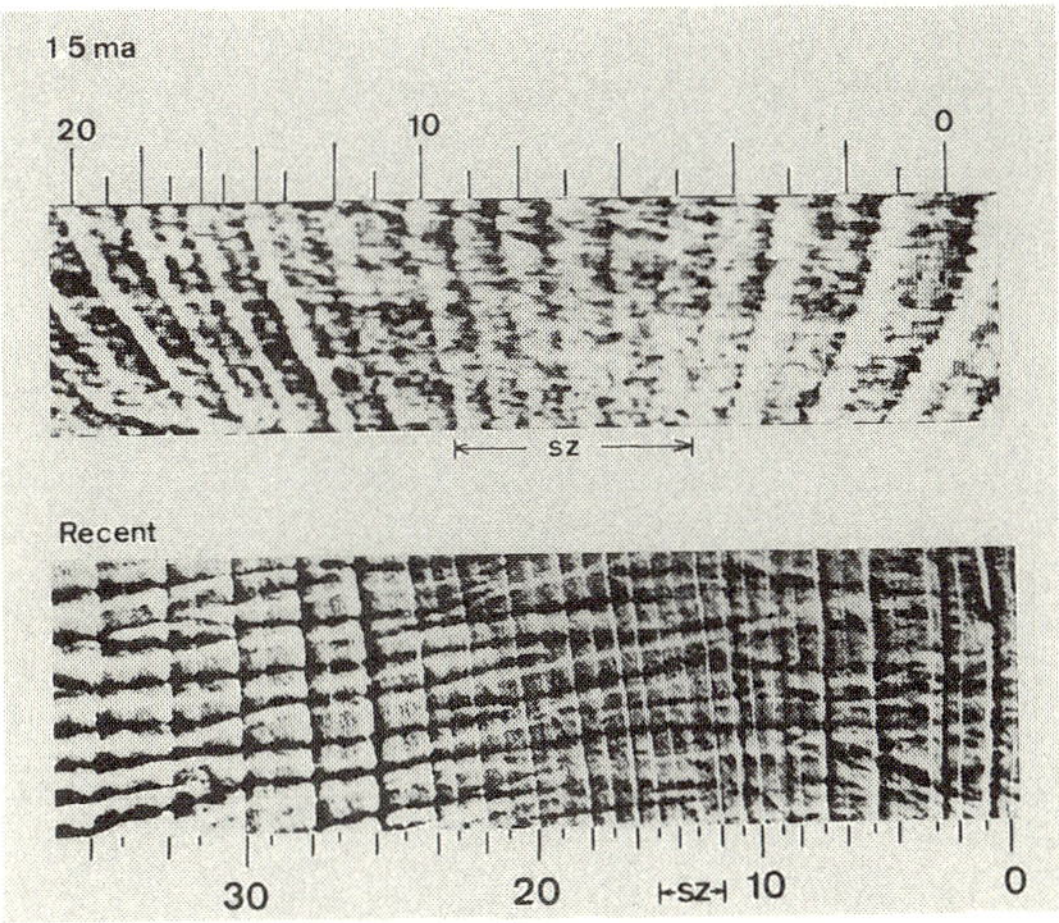

図3　二枚貝の飼育実験で明らかになった潮汐リズムを記録した貝殻の縞［大野照文提供］
下図は現生の二枚貝の成長リズム，上図は約1500万年前の岐阜県瑞浪層群から採集された貝化石の成長リズム．

に没し、干潮時には干上がるような環境下（潮間帯）で生息する貝の飼育実験から、貝の縞模様が潮汐によってできることを明らかにした（図3）。これらの貝は、水面下におかれた時にのみ餌を食べて成長するのであり、貝殻の縞もまさしく成長の記録であったのだ。

潮汐には一日二回、満潮と干潮がある。満潮時や干潮時の水位は、月や太陽との位置関係や地球上での位置、さらに海岸線の形状によって異なっている。一日に二回ある満潮時や干潮時の水位が異なることは日潮不等と呼ばれており、潮汐の記録を見ると、一回ごとに縞に濃淡があるのが特徴である。また、太陽の影響によって大潮、小潮があり、一四日周期や二八日周期があることも特徴的である。このような特徴を利用すれば、化石が生息していた時代の潮汐パターンから、日潮不等や半月ないしひと月周期の潮の満ち引きを読みとることができ、ひいては一日の長さや一年の日数が推定できるわけである。

先カンブリア時代の潮汐堆積物の発見

さらに貝殻のような生物の成長縞だけでなく、堆積岩のなかにも潮汐リズムを記録しているものがあることが明らかになってきた。この堆積岩は、オーストラリアのアデレードという都市の北にある、フリンダース山脈で見つかった。ここでは、先カンブリア時代末（約六億年前）の堆積物が地殻変動によって褶曲を受け、現在は地表に露出している。ここでは古い時代にもかかわらず、エディアカラ動物群と名づけられた最古の多細胞動物の化石が多く残されていることでも有名である。

この山脈のピチリチパスというところを流れる小河の底に、美しい縞模様を持つエラチナ層の砂岩が露出している。G・ウィリアムス（アデレード大学）は、この堆積岩のパターンに注目して、ボーリングによって試料を採集することに成功し、その縞模様の解析を行った。筆者は一九九〇年の夏にウィリアムスの案内で、実際に現地の露頭でこの堆積岩を観察することができた。

第8章で述べたように、エラチナ層の砂岩の縞模様（図4）のパターンを詳細に分析したウィリアムスは、最初、過去二〇〇年間の太陽黒点変動との類似性を指摘した。だとすると、今から六億年も前にも、一一年周期の太陽黒点変動があったことになり、大変な驚きである。この発見は太陽物理学者をはじめ、多くの天文学者や地球科学者たちに衝撃を与えた。もしそうであるとすれば、私たちに

図4　エラチナ層の砂岩にみられる縞［Williams（1989）による］
約6億年前の堆積岩の縞模様．粒子サイズが細かいほど黒っぽく見える．

身近な太陽は六億年という気の遠くなるような年月を通じて、一一年の黒点変動の周期を刻んでいることを物語っていたからである。

しかし、太陽黒点変動が地球の気候変動をもたらし、それがさらに堆積物の縞として記録されることが本当にありうるのだろうか。ウィリアムスの論文を手にした研究者は、みなこのような疑問を抱いたのだった。この説に対しては多くの議論がかわされた。結局、この説はウィリアムス自らの手によって却下されることになった。

そして一九八九年に、彼は同じ堆積物の縞模様を再検討し、潮汐リズムであると解釈し直したのである。図4の縞模様は交互に濃い縞と薄い縞が並んでいる。この縞を詳しく調べると、一〇枚から一六枚の縞ごとに厚い黒色の縞が形成されており、それらを単位とするさらに大きなスケールの縞模様の繰り返しが読みとれる。それらはさらに平均して二六・

二枚ごとに、より大きな単位を構成している。このことから、この堆積物に見られる明瞭な縞は、半月分の潮汐記録であるように思われる。このように考えると、そのなかに認められるより細かい縞の数の最大値の二倍(三二)、または、連続する二つの縞のグループ中に含まれる細かい縞の数の最大値(二九)がひと月の日数と解釈できる。彼はこうした考えを進めて、一年の日数を三〇・五×一三・一＝四〇〇日と推定した。今日では、この値は六億年前の月の軌道位置を与える重要なデータと見なされている。

このエピソードにはいくつか重要な教訓が含まれている。堆積物や化石のリズムを解読するには、それらを詳細に研究し、どのようにして縞が刻まれるのかを明らかにしなくてはならない。また、縞の形成をうながした原因が太陽活動や潮汐のリズムであるとすると、太陽活動や潮汐についての専門的な知識が要求される。両方の研究に精通することで、縞模様から意味のある情報を引き出さなければならない。このことは、ウィリアムスの初期の論文にもはっきり書かれている。

一方、化石の乏しい先カンブリア時代でも適当な堆積物が見いだされれば、地球回転や月の軌道に関する情報が得られることを示したことは重要な貢献である。つまり、ウィリアムスの研究の意義は、地球のリズム解読の可能性を高めただけでなく、リズムや縞の解読に慎重な態度が必要であることを示したことであろう。また、彼の発見のもう一つ重要な点は、研究対象を一つの分野にこだわらず、新しい視点にたって物事を考えることの大切さを示したことであり、それまでまったく交流のなかった堆積学と太陽物理学や天体力学との接点を切り開いたことであろう。

■縞状鉄鉱床

今から約二〇億年前に、世界的規模で鉄鉱床が大量に形成される環境が現れた。これらの鉄鉱床は美しい成層構造をしているため、縞状鉄鉱床と呼ばれている。英語ではbanded iron formationと呼ばれているため、略してBIFと呼ばれることもある。縞模様を構成する一枚ごとの地層の厚さは、数ミリメートルから数センチメートルである。

オーストラリアのハマースレイ地域では、このBIFが水平方向に数百キロメートルも追跡できるといわれている。地層の縞は鉄鉱物とチャートというシリカからなる地層の繰り返しであり、堆積環境が長年月にわたって規則正しく繰り返したことを示唆している。ハマースレイ地域のBIFの縞には階層構造が認められ、ミクロバンド、メソバンド、マクロバンドと呼ばれている。この地域のBIFを丹念に調査しているA・トレンダールは、ミクロバンドが季節変化、メソバンドが太陽黒点変動を反映しているのではないかと提案している。

一九八七年になって、K・J・ツァンレとJ・C・G・ウォーカーが、メソバンドの中に平均して二三・三枚のミクロバンドがはさまっていることから、月の軌道面歳差のリズムを反映しているのではないかと論じている。だとすれば、二五億年前に月は地球半径の五二倍(現在は六〇倍)の位置にいたことになる。しかし、現在の月の軌道面歳差の一八・六年の周期性(日食、月食のリズムの原因となる)に対応する大気・海洋の変動は顕著ではなく、彼らの見解を疑問視する見方も多い。

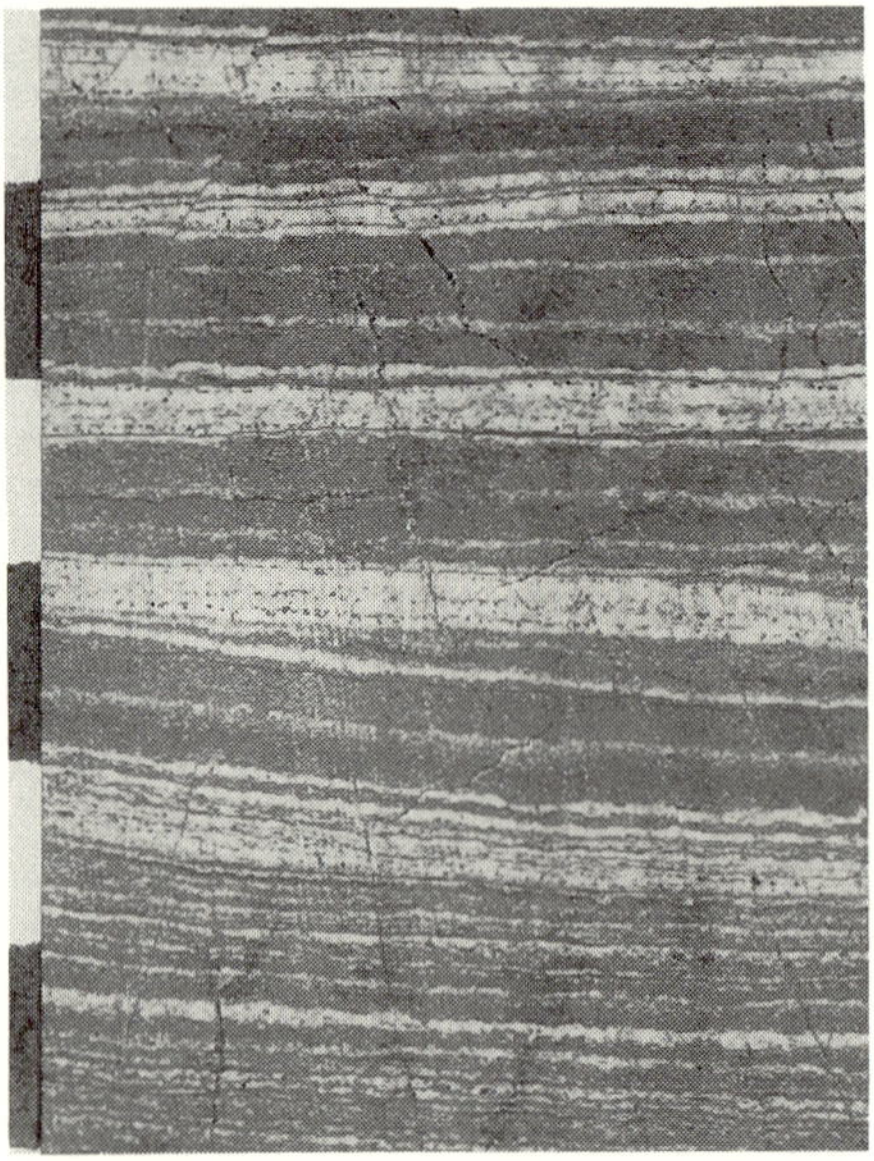

図5　オーストラリアのピルバラ地塊から採集されたBIF の縞模様
［試料は丸山茂徳提供］

一方、ＢＩＦの化学組成や鉱物組成から、その成因を明らかにしようという研究も盛んになっている。最近の希土類元素［注１］の測定データによれば、ＢＩＦには陸源物質はほとんど含まれておらず、深海底の熱水循環にともなって形成されたものであることを示唆している。実際に野外ではＢＩＦは玄武岩をともなって産出することが多いことからも、熱水循環説は支持されている。また、ＢＩＦの堆積にバクテリアが関与している可能性も示唆されているが、ＢＩＦの堆積環境や美しい縞模様の成因はまだ充分解明されているわけではなく、今後の研究が必要とされる。地球史プロジェクトによって、世界各地のＢＩＦ試料が大量に収集され始めており（図５）、現在その分析が進められている。

■ストロマトライト

縞状構造を持つ石灰岩の塊であるストロマトライトという岩石は、一九〇八年にE・カルコウスキーが記載して以来、長い間実態がわからないままであった。しかし、一九六〇年代になって、オーストラリアのシャーク湾で微生物の活動によってできた現生のストロマトライトが発見され、注目を集めるようになった。

シアノバクテリア（ラン藻、藍色細菌）[注2]のなかにはコロニーを作るものがある。これらの微生物は代謝によって粘液を分泌する。この粘液に固体微粒子などが付着して次々と成層し、化石化したものがストロマトライトである。その形態にはさまざまなものが知られている。

今日ではストロマトライトは、地球史研究における重要な位置を占めるようになっている。ストロ

[注1] 希土類元素……原子番号五七のランタンから七一番目のルテチウムまでの一五元素にスカンジウム、イットリウムを加えた一七元素の総称。レアアースエレメント（rare earth elements, REE）とも呼ばれる。これらの元素は原子構造における電子配置の特性がよく似ており、きわめて類似した性質を持っている。これらの元素の存在度から岩石の成因を調べることができる。

[注2] シアノバクテリア……光合成によって酸素を発生する原核生物。藍色をした植物（藻類）の仲間と考えられたこともあり、ラン藻（blue-green algae）ともいわれている。しかし、原核生物であり、バクテリアと共通の性格を多く持つことから、藍色細菌あるいはシアノバクテリア（cyanobacteria）と呼ばれることが多くなった。

マトライトが生物活動によって形成されたものであるとすれば、その存在は当時シアノバクテリアが地上に繁殖していたことを示唆している。実際に二五億年以上も前のストロマトライトが、オーストラリアのピルバラ地塊やアフリカのジンバブエ地塊で発見されており、生命の起源は太古代までさかのぼることが明らかにされている。

ストロマトライトの持つもう一つ重要な特徴に、縞状構造が挙げられる。これらの縞は、シアノバクテリアの生息した環境が周期的に変動して形成されたと考えられている。その縞が日輪や潮汐リズム、あるいは年輪を刻んでいるとすれば、月の起源の謎が解けるかもしれない。

そこで、地質時代のストロマトライトの堆積環境を探るために、現生のストロマトライトが注目された。現生のストロマトライトのなかでは、オーストラリアのシャーク湾に存在しているものがストロマトライト化石と類似していることからたいへん有名になっている。ここは乾燥気候のため、遠浅の浜辺一帯は海水の蒸発によって塩分濃度がきわめて高く、シアノバクテリアだけが繁殖している。ここのストロマトライトの高さは、潮汐による海水面の増減の大きさとほぼ一致している。もし、化石ストロマトライトの層厚が潮汐の干満の差の指標であれば、当時の潮汐の振幅が読みとれると期待される。

同様な現生のストロマトライトは、バミューダ島でも発見されており、ストロマトライトの縞の形成メカニズムが調べられている。それらによると、シアノバクテリアは光が当たったときに代謝活動を行うので、静かな環境におかれた場合には日輪を刻むらしい。しかし、潮の干満が激しいところでは、海水の流動にともなって固体微粒子が運ばれるため、縞に潮汐リズムが記録される可能性も示唆されている。

　これまでに、化石に残された縞から地球・月系の歴史を探る試みが行われているが、縞の枚数が短かったり、断片的なものが多く、充分に信頼のあるデータは得られていない。現生のストロマトライトの生態の解明と、明瞭な縞を持つ良質な試料の確保が今後の課題である。先カンブリア時代のストロマトライトについても、試料確保が進んでいる（図6）。

図6　カナダのグレートスレーブ地域から採集された約19億年前のストロマトライト
［試料は神奈川県立生命の星・地球博物館提供］

潮汐リズムの縞々学

月の軌道進化や潮汐リズムを調べる研究は、一八世紀までさかのぼる歴史の長い研究分野である。

しかし、それは長い間、天体力学や測地学の研究と見なされてきた。一方、化石や地層は、地質学や古生物学の研究対象であった。これまで天文学者と古生物学者や地質学者の研究対象はかけ離れており、共同で行える研究テーマはあまりなかった。こうしたなかで月の軌道進化の研究は、天文学者と地質学者の交流の道を開き、軌道をさかのぼることによって月の起源が明らかにできるのではないかという点で多くの示唆に富んでいる。

日本でこのような気運がさらに盛り上がるようになったのは、以下に示す二つの地道な研究の積み重ねがあったからである。

一つは、大江昌嗣（国立天文台）や安部正真（宇宙科学研究所）らのグループによって行われている、月の軌道進化モデルの精密化である。大江らは、月の軌道進化にかかわるさまざまな要素を調べあげ、軌道進化モデルに組み入れていった。これまでに過去の大陸・海洋の分布や海洋潮汐を考慮し、さらに太陽による潮汐の効果も考慮した、精密な月の軌道進化の数値計算を進めている。彼らは、こうして得られた計算結果を地質学や古生物学のデータと比較し、さらに願わくば、ダーウィン以来の月の起源論を検証したいと考えた。このようなモデルは、地球内部構造、過去の大陸分布、海洋潮汐、潮汐摩擦のメカニズムなどの研究成果の総合化のうえに成り立っており、今日の地球物理学、測地学、天文学の最新の到達点を結晶化したものと見なされる。しかしながら、月軌道の歴史を理論とコンピュータだけをたよりに復元することは不可能であり、こうした研究をさらに発展させるには、良質の地質学的データが必要とされる。もし、そうしたデータが与えられれば、地球物理学や天文学、古海洋学などの分野に新たな問題提起がなされるであろう。

一方、すでに述べたように、化石二枚貝の縞から潮汐リズムを読むための基礎が、大野照文によって確立された。潮間帯に生息していたと考えられる縞模様を持つ化石を調べれば、潮汐リズムを解読できるわけである。縞の形成過程が明らかにされたことにより、古生物学からのアプローチが天文学者や地球物理学者に理解される結果となった。さらに、ウィリアムスの発見した先カンブリア時代の縞状堆積物は、こういったことに関心がある人々をよりいっそう勇気づけるものであった。また、彼の残した教訓は、分野の異なる研究者が共通の研究テーマを積極的に見いだし、お互いの理解を深めながら、新たな学問を切り開くことであった。

月起源論に関しては、火星ぐらいの大きさを持つ微惑星が形成期の地球に衝突し、飛び散った放出物から月が誕生したという説が、最近になって欧米の研究者によって支持されるようになっている。地球型惑星のなかで、月のような大きな衛星を従えているのは地球だけである。月の物理的・化学的性質の多くが、従来の惑星形成論の枠組みのなかでは、納得のいく説明が与えられないことから、月の誕生には地球に固有の劇的なことが起こったに違いないというのである。自転軸が九〇度も傾いた天王星や、金属鉄と珪酸塩の比が著しく高い水星の組成も、大規模な衝突があったことを示唆している。巨大微惑星衝突による月起源論は、ジャイアントインパクト説と名づけられ、さまざまな検討が進められている。

もし、初期地球で大規模な衝突が起こって月が飛び出したとすれば、地球の自転軸も天王星のように大きく傾いた可能性が高い。ウィリアムスは、先カンブリア時代の地球では、自転軸が六〇度以上傾いていた可能性を指摘している。この説によれば、地球が受けとる日射のエネルギーは平均すると赤道より極の方が高くなり、赤道地方に氷河が発達すると期待される。

先カンブリア時代末には、低緯度に大規模な氷河が発達したとされており、地球科学における大きな謎であった。先カンブリア時代には地軸が大きく傾いていたとすれば、氷河時代の謎はとける。しかし、六億年前になって急激に地軸の傾きを大きく減少させるメカニズムが存在するのかがよくわかっていない。

太古代の潮汐リズムを記録している可能性のある試料として、縞状鉄鉱床、ストロマトライトなどがあり、すでに世界各地からこうした縞模様の美しい岩石の大量収集が行われている。それらの縞の成因や縞の周期性などに関する新たな研究から過去の潮汐を読み出し、ひいては月の起源を明らかにできるのではないかと、全地球史解読計画のリーダーである熊澤峰夫は期待している。そして、この計画で得られる大量の試料を効率的に記載したり解析するテクノロジーの開発を練っている。こうして、堆積岩や化石に記録された縞を解析することで、地球科学のさまざまな分野の研究者が協力して研究できる土壌を育もうという構想のもとに、研究体制が整いつつある。

ところで、縞状チャート、ストロマトライトや縞状鉄鉱床に記録された縞は、ミランコビッチサイクルを記録している可能性もある。熊澤と伊藤孝士は、堆積物に記録されたミランコビッチサイクルの周期からも、月の軌道要素を推定する新しいフレームワークを見いだしている（図7）。

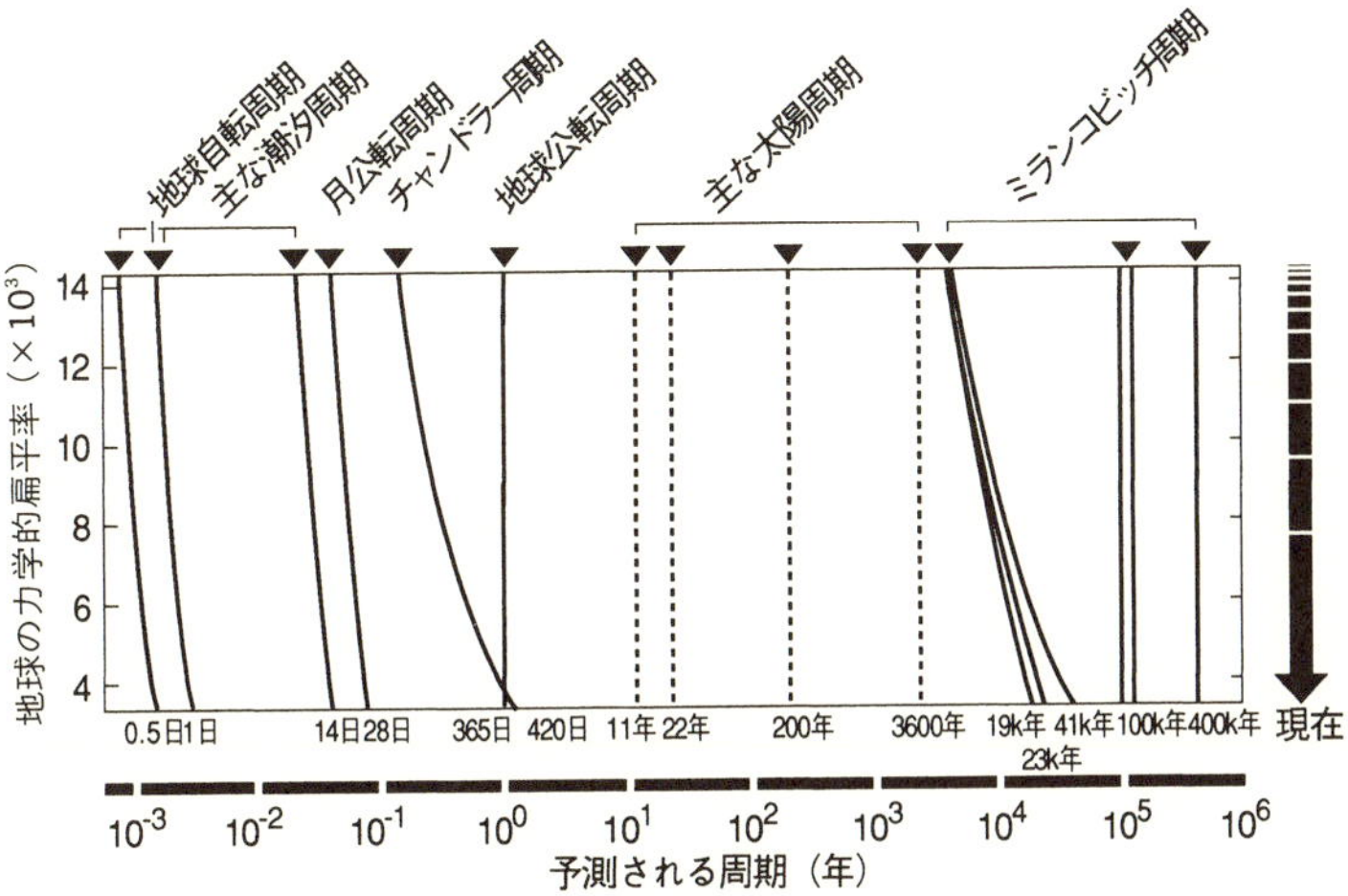

図7　地球史解読のための時計［熊沢・伊藤（1993）による］
この図では縦軸に時間をとるかわりに地球自転の遠心力によって生じる赤道方向の力学的膨らみをパラメータとして用いている．ミランコビッチサイクルを生み出す原因には月の軌道運動と木星や土星の軌道運動がある．月の軌道運動の時間変化は大江らの計算結果を用いている．木星や土星の軌道は太陽系の歴史を通じて安定であったと仮定している．この仮定の妥当性は今後の課題である．

すでに第6章で述べたように、今日のミランコビッチサイクルの卓越周期には、歳差運動による二・三万年、一・九万年、地軸の傾きの変動に伴う四・一万年、および軌道離心率の変動に伴う約一〇万年がある。これらの周期のうち、歳差運動と地軸の傾きの変動に対応する周期は、地質時代を通じて一定ではない。歳差運動や地軸の傾きの変動は、月の軌道運動の影響を受けており、月の軌道運動は潮汐摩擦が原因で時間とともに進化しているからである。そこで、熊澤と伊藤は、大江らの月の軌道進化のシミュレーションの結果を用いて、過去の月の軌道運動や地球の自転速度の変動から、ミランコビッチサイクルの周期を過去へさかのぼって推定した。しかし、潮汐摩擦によるエネルギー散逸率はよくわかっていないので、パラメータとして図7の縦軸に地球回転によって生じる地球の力学的偏平率をとっている。このように図を表すと、過去の地球の自転速度がわかれば、遠心力による赤道方向の膨らみが計算でき、その時の月の潮汐リズムの周期やミランコビッチサイクルの周期が求められる。逆に、これらのリズムの周期の比が地層から読みとることができれば、その時の地球の赤道方向の膨らみが得られ、ひいては地球の自転速度が推定できるわけである。

図7は、第1章で示した地球史リズムの周期性の時間変化を過去にさかのぼったものであり、地球史解読におけるラップタイム時計といってもよいだろう。

10 銀河のリズム

流星は宇宙空間を漂っていた小天体が地球に衝突し、大気中で燃え尽きる発光現象である。このような天体には、直径数ミクロンの塵のようなものから、数十キロメートル以上のものまである。直径数キロメートル以上のものは、火星と木星の間の軌道にたくさん発見されており、小惑星帯と呼ばれている。多くのものは大気中で燃え尽きてしまうが、大きなものは地球表面に落下する。このように地球外からやってきた固体物質は、隕石と呼ばれている。

隕石の落下は、太陽系内を周回している小天体と地球が遭遇したときに起こる。したがって、隕石の落下はランダムな現象であると考えられる。しかし、毎年八月一二日あたりに極大になるペルセウス座流星雨のように、決まった時期に決まった方向からたくさんの粒子がやってくることも知られている。この流星雨は、地球がスウィフト－タトル彗星の軌道を交差したときに起こっており、彗星から放出された塵が地球に降り注いでいるものと考えられる。

一八三三年の獅子座流星雨では、おびただしい流星が観測され、まるで上空に雪が降っているようであったという。この流星雨はテンプル－タトル彗星が原因である。

このように流星や隕石の落下には、ランダムなものと、地球と彗星軌道との遭遇による周期的なものがある。第11章で述べる恐竜を絶滅させたような大天体の衝突にも周期性があるのだろうか。

■地上の隕石孔の統計的性質

隕石孔はカナダ、ソ連、オーストラリアなどで多数見つかっている。現在では大小一〇〇個以上の隕石孔が確認されている。これまでに発見されている隕石孔の地理的分布を調べると(図1)、一見して隕石孔は、ヨーロッパと北米大陸に数多く発見されていることがわかる。なぜこれらの地域に隕石孔が多いのだろうか。

月面や他の固体惑星の表面と同様に、隕石は地球上にランダムに衝突していると考えられる。隕石の落下頻度が時間的に一定であるとすると、単位面積当たりの隕石孔の数は、地殻の年齢に比例するであろう。しかし、日本列島のような変動帯や降水量の多い地域では、形成された隕石孔は地殻の変形で失われたり、侵食によってかき消されたりしてしまう。したがって、隕石孔は南北アメリカ大陸、アジア大陸内陸部、オーストラリア大陸などの乾燥した古い大陸にたくさん残されていると期待されるが、実際の分布を見るとヨーロッパと北米大陸に集中している。これらの地域には地質学者がたく

図1　地上の隕石孔の地理的分布［Grieve (1989) による］
ヨーロッパ，北アメリカ，オーストラリアで多数発見されている．

さんおり、調査がいき届いていることにもよるのである。

これまでに発見されている隕石孔のほとんどが、古生代以後に形成された比較的若いものである。それより古い隕石孔には、約六億年前にオーストラリアに形成されたレイクアクラマン、約一九億年前に形成されたカナダのサドベリーと、アフリカのフレッドフォルドやブッシュベルトがある。六億年より古い隕石孔はいずれも直径が一〇〇キロメートル以上もあり、侵食や変形を受けても現在までその痕跡をとどめている。

図2は、古生代以後に形成された隕石孔のサイズと積算頻度の関係である。横軸は隕石孔の直径をとり、縦軸は大きいものから順番に数えた番号を示している。目盛りは縦軸、横軸とも対数目盛りになっている。月面の隕石孔ではこれらの関係に直線関係が成立している。

地球上の隕石孔では、大きさ一〇キロメートルあたりからグラフの傾きは緩やかに折れ曲がり、一〇キロメートル未満の隕石孔の数は頭うちになっていることがわかる。月面の隕石孔では、これらの関係に直線関係が成立していることから、地球では小さい隕石孔が形成されなかったのではなく、小さいものは侵食によってかき消されてしまったことが示唆される。この図に示されているサイズと積算頻度の直線関係は、直径が一桁小さくなると、隕石孔の積算個数が二桁の割合で増えていくことを示している。すなわち、小さい隕石孔の方が圧倒的に数が多いのである。

■クレーター形成の周期性

隕石孔のサイズ分布を見ると、形成される隕石孔は数の小さいものの方が圧倒的に多いことがわかっ

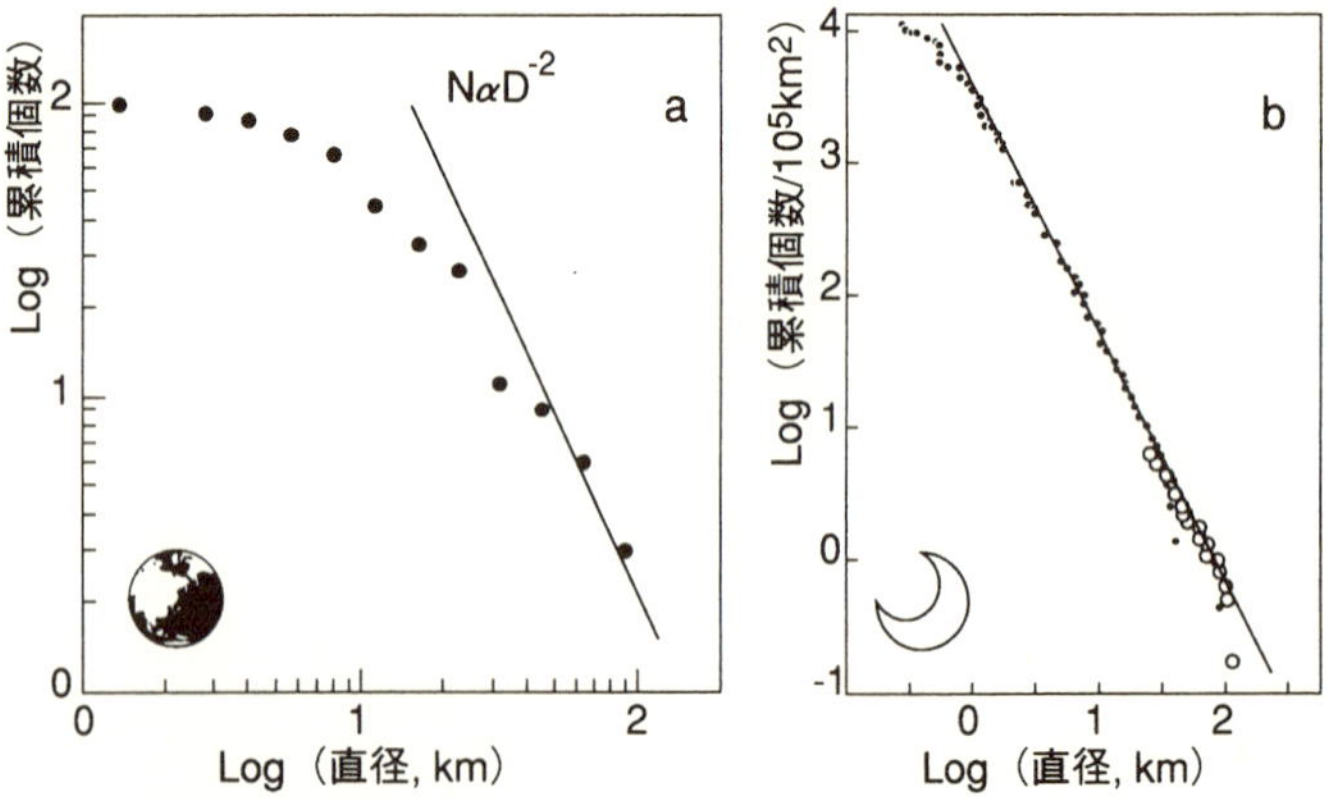

図2　隕石孔の直径と積算個数の関係
（a）地球の場合［Grieve (1989) による］，（b）月の場合［水谷 (1980) による］．月では大きなものから小さなものまで直線関係が成立している．地球では風化，侵食などによって小さい隕石孔は失われてしまっている．

た。すなわち、小さい隕石孔が形成される時間間隔は短く、大きい隕石孔が形成される時間間隔は長いことになる。

それでは、隕石の落下や地上に隕石孔を形成させるような衝突は、どれくらいの頻度で起こるのだろうか。米国地質調査所のジーン・シューメーカーとキャロライン・シューメーカー夫妻は、新月の夜が訪れるたびに、夫婦でパロマ山の天文台に足を運び、地球近傍の小惑星や彗星の探査を長年にわたって行っている。地球近傍天体や彗星は、将来地球に衝突する確率の高い天体である。そして、これらの天体の数密度や軌道計算から、落下頻度の見積もりが行われている。

また、もっと小さい天体の落下はそれによって生じる火球の頻度から、めったに起こらない大規模衝突については隕石孔の数から、落下頻度が見積もられた。シューメーカーや英国のS・V・M・クリューブとW・M・ナピエの見積もりによると、直径一〇キロメートルの隕石孔が形成される頻度は、一〇万年に一回であり、直径一〇〇キロメートルの隕石孔が形成される頻度は、数百万年ないし数千万年に一回の割合である。

長年にわたって隕石の落下頻度がランダムであると考えられていたので、天体の衝突に周期性があることをまじめに議論するものはほとんどいなかった。しかし、例外は常に存在するものである。地質学者のC・K・セイファートとL・A・シルキンは、一九七九年に発行された『地球の歴史とプレートテクトニクス』と題する教科書で、地上の隕石孔について紹介し、それらの形成年代に約三〇〇〇万年の周期性があることを指摘している。

しかし、地上の隕石孔の記録から衝突の頻度を議論するには多くの問題点がある。すでに見たように地上の隕石孔はまだ調査の進んでいない地域が残されており、未発見のものが多数存在する可能性がある。また、多くの隕石孔は、形成後にさまざまな要因でかき消されてしまっている。したがって、現在見つかっている隕石孔の形成年代の周期性については、あまり信じられていなかった。

一九八四年に古生物学者のD・P・ラウプとJ・J・セプコスキが、生物の大量絶滅の周期性の数学的解析を行ったところ、約三〇〇〇万年の周期性があるらしいことがわかった。これはセイファートたちが見つけた周期性と一致している。そこで地上の隕石孔の形成年代の周期性が検討されるようになった。

W・アルバレズとR・ミュラーは、カナダ地質調査所のR・グリーブがまとめていた隕石孔のカタログから、形成年代の不明なものや推定誤差が大きなものを除去して、隕石孔の形成年代の時間間隔を調べることにした。そして約三〇〇〇万年の周期があること、および生物の大量絶滅の発生とほぼ同時期に形成された隕石孔を指摘した論文を、一九八四年に『ネイチャー』に発表した。『ネイチャー』の同じ号には、小惑星や彗星の地球への衝突に三〇〇〇万年の周期性を生み出す天文学的メカニズムを論じた論文が合わせて掲載されており、M・R・ランピーノとR・B・ストザーズも隕石孔の形成年代に約三〇〇〇万年の周期性があると論じている。

■マゼラン星雲の回帰と衝突の周期性

一九八〇年、『サイエンス』に掲載された、恐竜絶滅が小惑星の衝突によるとするアルバレズらの論説を熟読した熊澤峰夫も、地上の隕石孔の分布と形成年代に興味を持った。当時、隣の研究室には、惑星表面の隕石孔とその形成過程に関する入門書『クレーターの科学』(東京大学出版会、一九八〇)を著した水谷仁(現在宇宙科学研究所、当時名古屋大学)がおり、隕石孔の形成に関する実験的研究が進められていた。たまたま、中国の古文書に記録された隕石落下の年代分布に周期性が存在するかを解析していたところであった。

熊澤はさっそく水谷の研究室に行き、地上の隕石孔のカタログを手にいれると、クレーターの形成年代とサイズの関係を調べてみた(図3)。この図に示された隕石孔のほとんどは古生代以後に形成されたものである。地質時代をさかのぼるほど小さい隕石孔は風化したり、侵食されたりして原型をとどめていない。この図に示された隕石孔の大きさの下限を示す右あがりの曲線は、このような状況を反映している。

ところが、約二〇億年前には、例外的に直径一〇〇キロメートル以上の隕石孔がいくつか発見されているのである。このような分布は、現代と二〇億年前に衝突頻度が高まったことを示唆しているのではないかと思われた。さらに、月面の隕石孔や月の岩石の研究から、約四〇億年前にも衝突頻度が高かったことが明らかにされている。すなわち、太陽系の固体天体の表面に天体が衝突する頻度は、

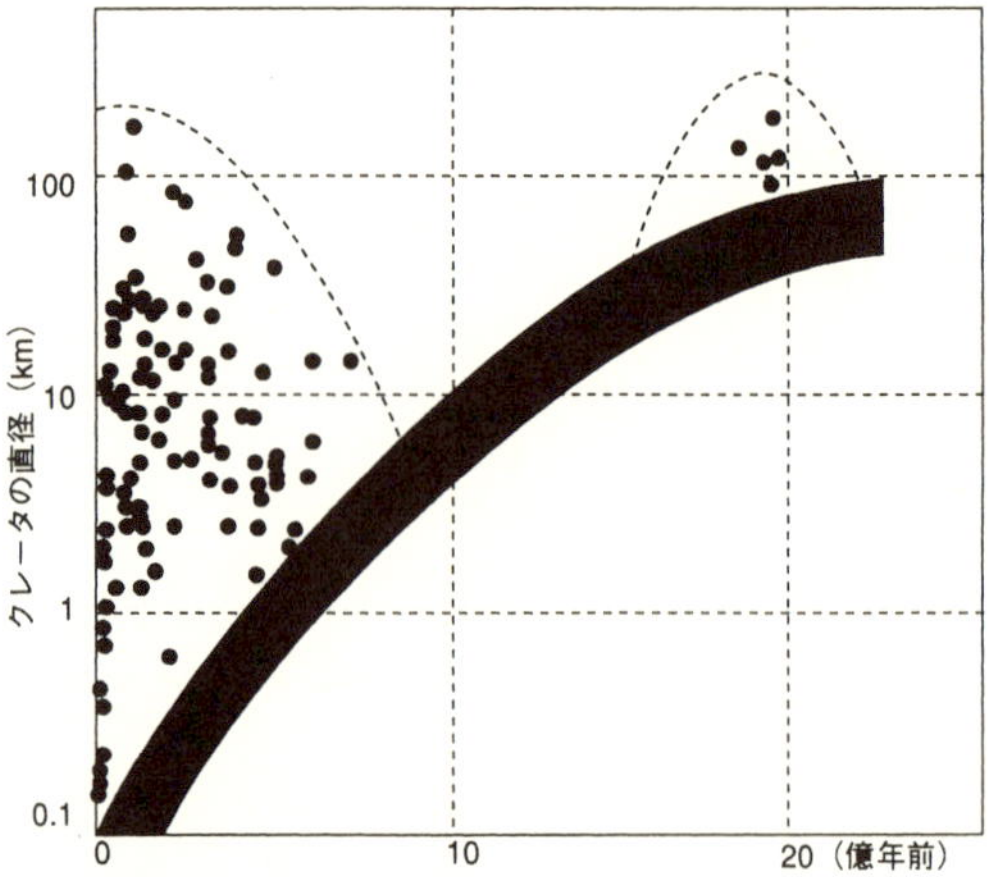

図3　隕石孔の直径と形成年代の関係
[Kumazawa and Mizutani (1981) による]
最近と約20億年前に衝突頻度が高かった.

現在を含む比較的最近、そして二〇億年前、四〇億年前といった約二〇億年ごとにピークを持っており、二〇億年周期が存在することがわかったのである。

では二〇億年周期の原因は何だろう。太陽系が銀河の中心を一周するのに要する時間でも、約三億年しかかからない。宇宙に二〇億年というさらに長い周期性が存在するとすれば、銀河よりさらに大きな構造に由来しているはずである。そこで注目されたのがマゼラン星雲である（図4）。

私たちの太陽系が属する銀河に最も近い銀河として、大小マゼラン星雲がある。大小マゼラン星雲は天球の南半球に位置し、南十字星からそれほど遠くない場所に存在しており、私たちの銀河とともに三重銀河を構成している。大小マゼラン星雲は楕円軌道をとっており、約二〇億年ごとに私たちの銀河に接近しているのである。

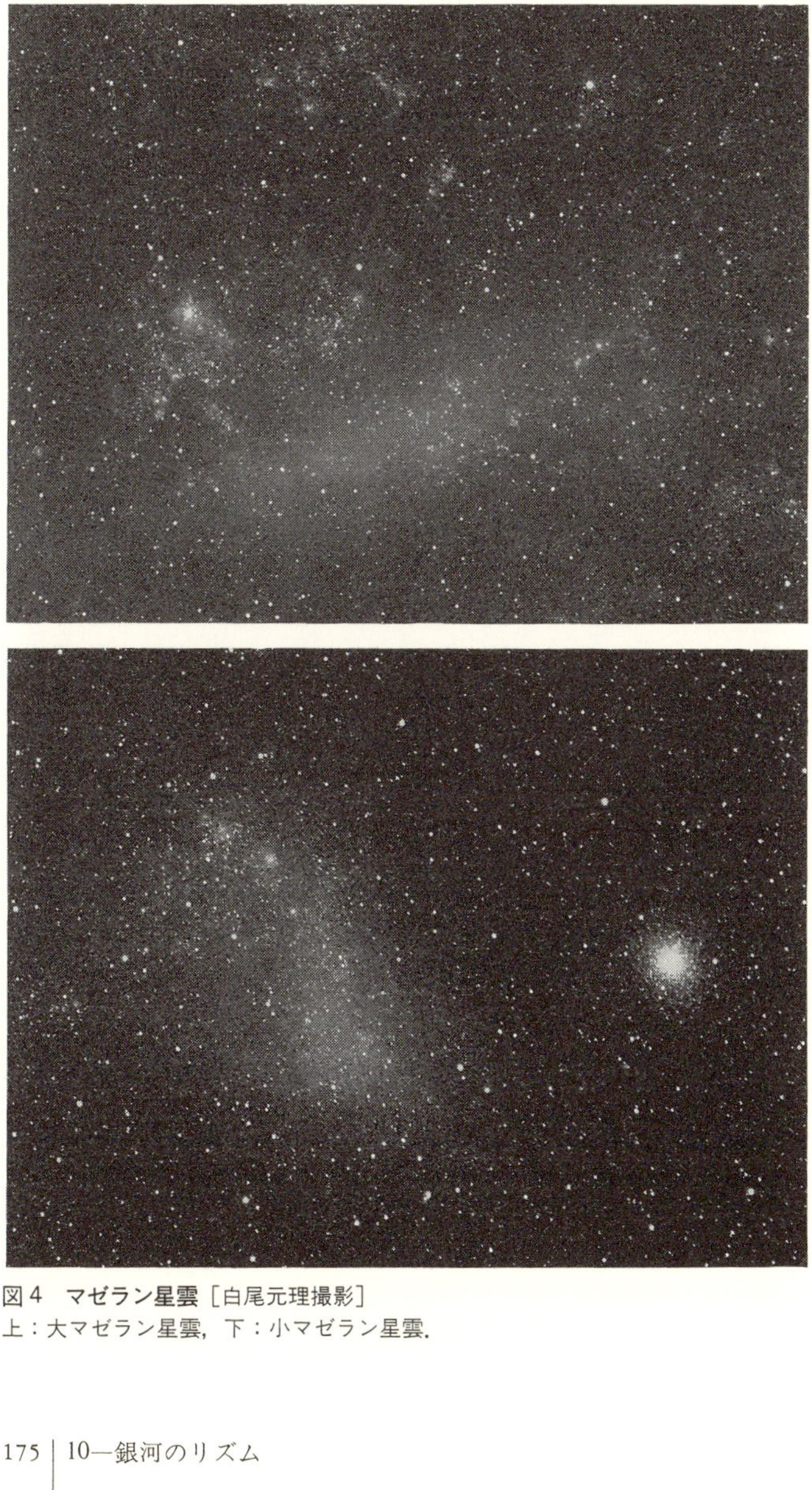

図4　マゼラン星雲［白尾元理撮影］
上：大マゼラン星雲，下：小マゼラン星雲.

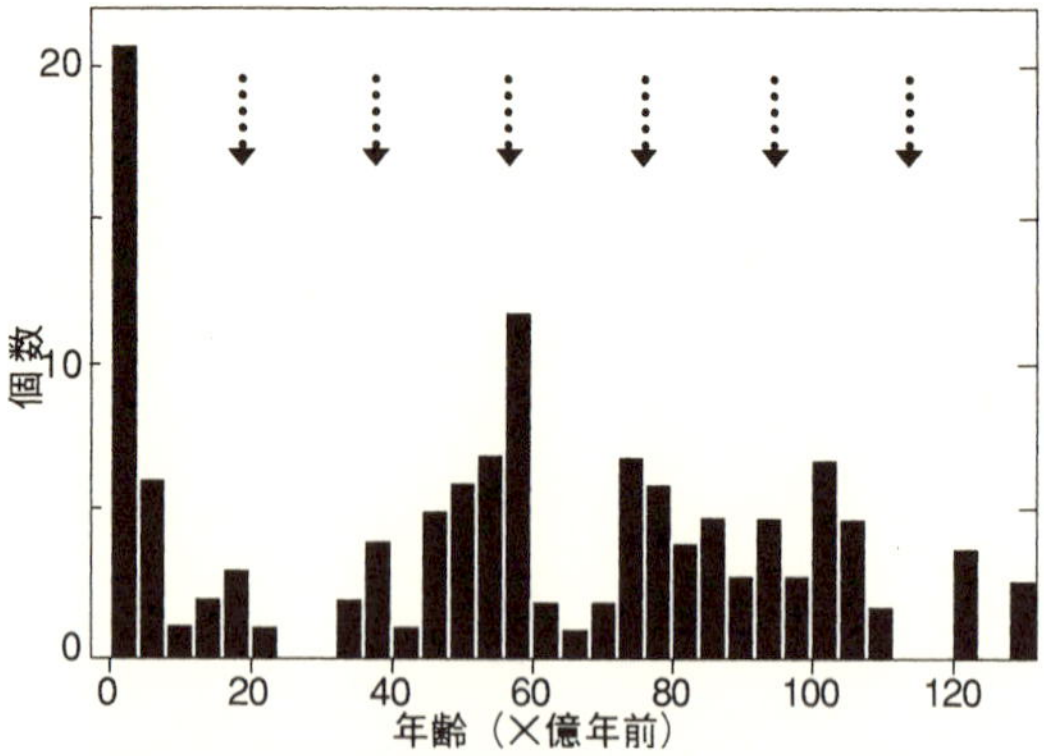

図5　太陽近傍の恒星の形成年代の頻度分布
［古本（1990）による］
約20億年ごとに星の生成率が高くなっている．

銀河どうしの重力的な相互作用によって生じる潮汐力の強さは、天体間の距離の三乗に逆比例するので、接近したときに強い擾乱を受けるだろう。実際に、天文学者は相互の重力作用で銀河の形状が変動することを理論計算によって示していたのである。こうした考察から、地上隕石孔の形成の二〇億年の周期性はマゼラン星雲の回帰によるという説が提案されることになった。

ランピーノとストザーズやクリューブとナピエといった人たちが、銀河系における太陽系の運動に銀河の構造や太陽系の銀河面の上下振動を反映して、三〇〇〇万年の周期や一五〇〇万年の周期性を指摘する以前に、日本でもこのような研究が行われていたことは注目すべきことであろう。

最近になって、古本宗充（金沢大学理学部）が、こうしたリズムは隕石孔だけでなく、銀河における星の誕生頻度の急激な増加にも見られるのではないかと考えた。最近の数億年に星の形成が頻発しており、突発的星生成率増加という意味で、スターバースト現象と呼ばれている。そこで、天文学者D・バリーが求めた太陽系の近傍の太陽と似た星の年齢の推定値を用いて、星の年齢分布が調べられた。そして最近の数億年以外にも、星の生成頻度が高かった時期がいくつかあることがわかった。それらが約二〇億年おきに過去一〇〇億年にわたって五回発生していることは（図5）、熊澤の提案したマゼラン星雲の二〇億年回帰説を支持している。

■衝突事変と地球、惑星の歴史

詳しくは第11章で述べられるが、小惑星または彗星の衝突によって恐竜が滅びたと考えられるようになり、衝突現象が地球の生物の進化に多大な影響を与えたことが広く認識されるようになった。しかし、衝突現象が地球や惑星の起源と進化に果たした役割はそれだけにとどまらない。

誕生してまもない頃の太陽は、円盤状のガスと塵からなる星雲、すなわち原始太陽系星雲をまとっていた。その中で直径一〇キロメートルぐらいの大きさの小惑星程度の天体が誕生した。これらは現在火星と木星のまわりをまわっている小惑星と区別して、微惑星と呼ばれている。

原始太陽系星雲で誕生した微惑星の数は一〇〇億個をうわまわり、それらが相互に衝突して惑星になった。すなわち、天体相互の衝突は惑星成長をうながし、惑星の進化の初期状態を決める重要なプロセスなのである。惑星の形成期の末期になると、微惑星は合体して大きくなっており、火星程度の大きさを持つものも現れた。

最近では、月起源論にも衝突が重要な役割を果たしたのではないかと考えられ始めている。前章で述べたように、形成期の地球に火星サイズの微惑星が衝突して月が形成されたのではないかという説（ジャイアントインパクト説）が注目を集めている。かつては、このような突発的な事件を持ち出して惑星や衛星の起源を論じることはあまり好まれなかった。惑星の起源論には、観測データが乏しいので、できるだけ少ない仮定で合理的に説明されなければならないとされたのである。しかし、最近の惑星探査によってデータが蓄積され、状況は少しずつ変わってきている。

天王星は自転軸が九〇度も傾いている。これも大規模衝突の仕業であると考えられる。また、天王星の衛星には奇妙な地質構造を持つものがあり、天王星の周回軌道上でたびたび衝突によって破壊され、飛び散った破片が再び衝突して合体したのではないかといわれている。火星では、原始大気が大規模衝突によって吹き飛ばされてしまったらしい。また、比重が五を越える水星では、珪酸塩質のマントルまで吹き飛ばされてしまったと解釈できなくもない。

惑星の形状や表面地形は、多数の衝突の積算効果で形づくられてきた。また、惑星表層環境は衝突が起きるたびに激しい擾乱を被ってきた。大規模衝突現象は、地球や惑星の内部構造や軌道進化、自転速度にも多大な影響を与えてきたと考えられる。大陸の分裂や地球磁場の逆転などの現象も、巨大隕石孔の形成がきっかけになった可能性もある。こうした影響を一つ一つ理解することは、今後の惑星科学の重要な研究テーマといってよいだろう。一九九四年七月の木星とシューメーカーレビー彗星の衝突は、惑星衝突現象を象徴する出来事であった。

さらに広大な宇宙へ眼を向けると、宇宙には私たちの属している天の川銀河をはじめ、おびただしい銀河が分布している。太陽系の属している銀河は、アンドロメダ星雲のように渦巻構造をしているが、宇宙にはリング状の銀河や不規則な形状をした銀河がたくさん知られている。最近の研究によると、これらの不規則な形状は銀河と銀河が衝突することによってできたものとされている。

美しい星空を眺めると、宇宙は深遠で静寂な世界のような気分にさせられる。しかし、宇宙の歴史を調べると、天体と天体の衝突が繰り返した、いわば擾乱の渦巻く無常の世界であり、地球も宇宙の大激変にはまったく無力な存在なのである。

V

全地球史解読に向けて

Toward the Decoding Earth Evolution Program

■11

生物の大量絶滅のリズム

古生物学は、地上から姿を消した生物の化石を研究し、過去の生物の姿を復元する学問である。従来の化石研究の多くは、個々の化石の記載や同定に向けられていた。しかし、地球生物の変遷は、とりもなおさず地球環境変動の帰結であり、古生物学者の視点も、生物の誕生と進化をうながした舞台としての地球の研究へと向けられるようになっている。そうした研究のなかで現在最も話題を呼んでいるのが、生物の大量絶滅にまつわるものである。

地質時代には、生物の大量絶滅がたびたび発生した。その原因として、小惑星衝突や大規模な火山噴火による急激な環境変化、超大陸の形成にともなう海水準の低下、海洋酸素濃度の減少などが検討されている。

その一方で、最近の人類の経済活動やエネルギー消費が、熱帯雨林の消滅や環境汚染をもたらし、急激な地球環境変動を招いていることも事実である。大型動物の乱獲も含めると、最近一〇〇年あまりのあいだに、絶滅に追い込まれたり、絶滅の危機に瀕している生物種の数もおびただしい数になっている。これは新しいタイプの大量絶滅である。

ここでは生物の大量絶滅に焦点を当てて、地球環境変動とその原因を考えてみよう。

■生物進化と大量絶滅の謎

チャールズ・ダーウィンの『種の起源』は、人々に生物進化論を受け入れさせ、生物学に一大転機をもたらした。生物が下等なものから高等なものへと進化してきたという考えは、生物学以外にも多大な影響を与え、文明から社会の進化まで進化思想が流布していった。その一方で、私たちの祖先がサルであったことに屈辱を感じる人やキリスト教側からも少なからぬ反発があった。

ダーウィンの進化論に賛同する人々は、化石の記録から生物が進化してきたことを証明しようと企てた。一方、反対論者は反証を探すことに余念がなかった。進化論が発表された当時の科学界は、異様な興奮のるつぼのまっただなかにおかれていたのである。ダーウィンの進化論を検証しようという人々は、生物の系統発生の連続性に注目した。鳥類が爬虫類から進化してきたのならば、ちょうど爬虫類から鳥類にいたる中間的な生物の化石が見つかるであろう。こう考えた人々には、始祖鳥化石の発見はまたとない進化論の証拠であるとして歓迎された。反対論者は、偽物ではないかと疑ったりしたのである。

このように、先祖からより高等な新しい生物種が生まれてくるという説は、古生物学のみならず生物進化にかかわる重要な研究課題であり、多くの研究者が注目した。また、進化の営みによる新しい

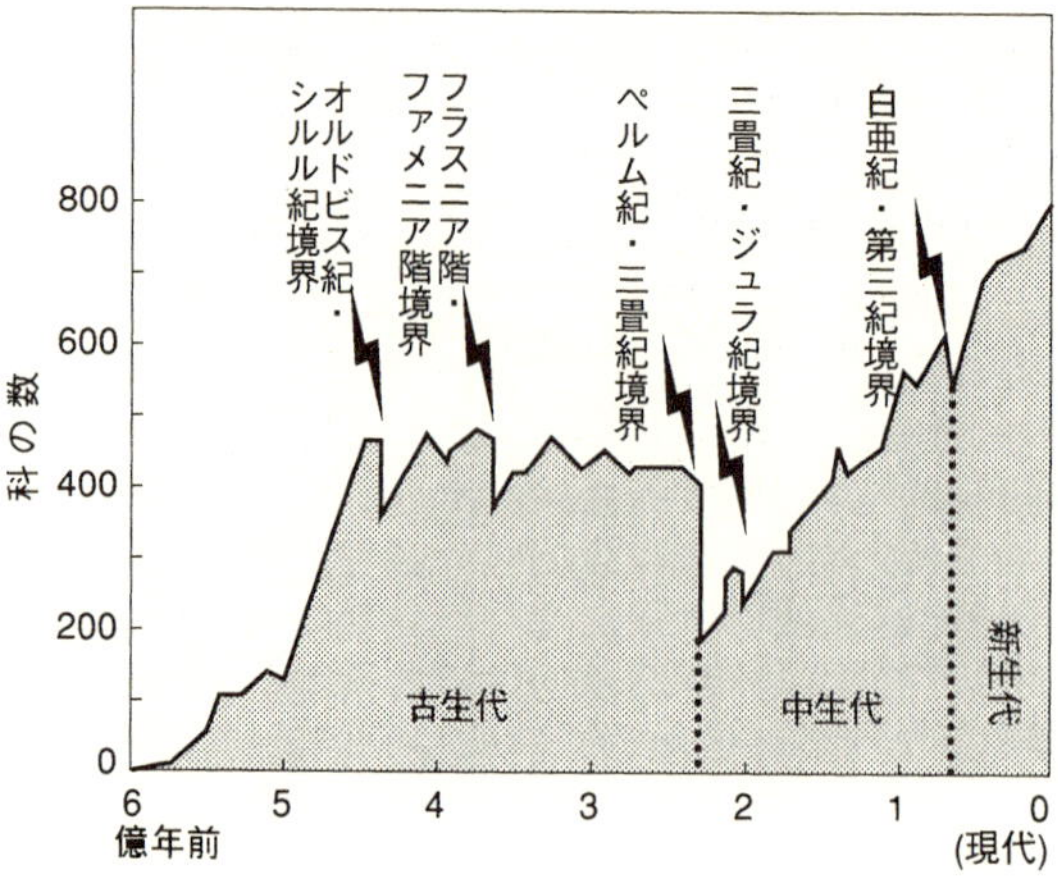

図1　過去6億年間の海生無脊椎動物の科の数の変化
[海保（1993）による]
地球上の生物圏の歴史を画する事件には，先カンブリア時代末の海生多細胞生物の適応放散と，古生代末に起こった大量絶滅がある．古生代以後には規模は小さくなるが多数の大量絶滅があった．

種の出現の陰で、今日までに多くの種が死に絶えてきたこともわかった。しかし、なぜ絶滅したのかについては、あまり議論されなかったのである。進化論に従う限り、生存競争に負けたのだという説明で充分であったからだ。したがって、多くの生物が一斉に絶滅したという考えは長い間見過ごされてきたのだった。生物の大量絶滅がC・ライエルの斉一説に反したこともその一因であろう。

図1に示された地質時代のうち、生物進化から見ると、古生代と中生代の境界と、中生代と新生代の境界が最も大きな地質境界である。このことに最初に気がついたのは、生物学者のジョルジュ・キュビエであり、一八世紀末のことである。それ以前には、生物は神が創造したものとされ、絶滅はあってはならないものと考えられていた。しかし、地史学

の研究は、地質時代ごとに含まれる生物が異なることをはっきり事実として示したのである。そして一九世紀初頭にはW・スミスが、異なった時代の地層には異なった化石が含まれることを利用して、世界で初めて地質図を作成している。古生代は、筆石、海ユリ、三葉虫といった底生海洋生物の黄金時代であった。ところが、中生代になるとアンモナイトや恐竜の時代になるのである。古生代と中生代の境界では、九〇%にもおよぶ海洋生物種が絶滅したとされている。また、中生代と新生代の境界では、それまで一億年以上にわたって地上に君臨した恐竜が一斉にいなくなってしまったのだ。

しかし、キュビエの後、大量絶滅は斉一説の陰に隠されてしまい、口にするものはほとんどいなかった。一九六〇年代になって、ようやくN・ニューウェル（米国自然誌博物館）によってキュビエの大量絶滅説に注意がうながされたのである。こうした歴史は大量絶滅説に対する古生物学者の拒否反応を反映したものなのであろうか。

白亜紀末の恐竜が絶滅したことが明白になると、今度はあらゆる種類の説明が与えられてきた。気候の温暖化説はもとより、気候の寒冷化、伝染病、小惑星衝突、超新星爆発、火山爆発、さらに哺乳類が卵を食べ尽くしたという説まである。なかでも、恐竜は体が大きくなりすぎてのろまになって、哺乳動物との生存競争に負けたのであるという説が古生物学者には好まれたようであり、衝突や爆発などの天変地異説に対する拒否反応はごく最近まで根強かった。

しかし、中生代の白亜紀から新生代第三紀にかけては、恐竜のほかにも魚類、サンゴ、有孔虫のような微生物までがいっしょに絶滅したのだった。恐竜を含む白亜紀末の大量絶滅は科学における最大の謎の一つといってもよかったのである。

一枚の粘土層が語る

コロンビア大学の地質学者のウォルター・アルバレズは一九七七年、ノーベル物理学賞を受賞した父ルイス・アルバレズの所属しているカリフォルニア大学バークレイ校にやってきた。そのとき、彼は手土産にイタリアのグビオから採集した石灰岩にはさまれた粘土層を携えてきた。ウォルターは、ルイスにこの粘土層が恐竜絶滅の謎を解く鍵を握っていることを詳細に説明したのだった。これは、ウォルターがイタリア山中を地質調査してようやく見つけ出したものであった。

ウォルター・アルバレズは、以前から超新星爆発による恐竜絶滅説に興味を抱いていた。この説はドイツの古生物学者O・シンデヴォルフによって唱えられていたが、古生物学者の間ではあまり注目されなかった。ウォルターは、巨大な恐竜とちっぽけな有孔虫が同時に地上から姿を消す原因として、ほかの説に比べて検討してみる価値があると考えていたのである。彼の持っていた岩石中の微化石は、粘土層が堆積している間に恐竜などが死に絶えたことを示唆していた。そこで、粘土層の堆積した期間が推定できれば、恐竜が一瞬に死滅したのか、ゆっくりした環境の変化にともなって徐々に滅びていったのか明らかにできるのではないかと、物理学者の父に相談を持ちかけた。

ルイス・アルバレズは、地層の年代を推定するのにどのような方法があるかを思案したあげく、宇宙から降り積もっているわずかな流星塵が解決のヒントになるのではないかと思いついた。宇宙からやってくる塵の量は年々ほぼ一定であるので、粘土層中にどれだけ宇宙物質が入り込んでいるかを測定すればよいのだ。彼らは、宇宙や地球の元素組成を検討し、白金族元素であるイリジウムに注目した。イリジウムは鉄に溶け込みやすい性質があるため、地球形成期の金属核とマントルの分離の際に中心核に濃集しており、地球表面の堆積物中には乏しい。また、中性子放射化分析という原子炉を用いた化学分析方法が測定に都合のよいことがわかった。しかも、中性子放射化分析の世界的権威であるF・アサロが、同じキャンパスにあるローレンスバークレイ研究所で働いていたのである。

翌年、アサロらによってイリジウムの分析結果が提出された。図2にその結果を示す。粘土層には周囲の石灰岩に比べ、イリジウムが約三〇〇倍濃集していた。地球表層部の営力だけで、これだけのイリジウムを濃集させることはほとんど不可能である。そこで、ルイスらは、なぜ粘土層にイリジウムが濃集したのかを注意深く検討していった。そして、超新星の爆発が起こったに違いないという心証を深めた。もしそうであれば、消滅核種として、通常隕石や地球には存在しないプルトニウム二四四も存在しているはずである。アサロらは、超新星説に決着をつけるべくプルトニウムの分析を開始した。しかし、最終的にプルトニウムは検出できなかった。犯人は超新星ではなかったのだ。

もう一度イリジウムの濃集の原因が検討された。ルイスらにはイリジウムは宇宙からやってきたとしか考えられなかった。そうだとすれば小惑星が衝突したに違いなかった。彼らは、イリジウムの濃集量から衝突した天体の大きさを割り出し、恐竜を含めた多くの生物を絶滅に至らしめた出来事を詳

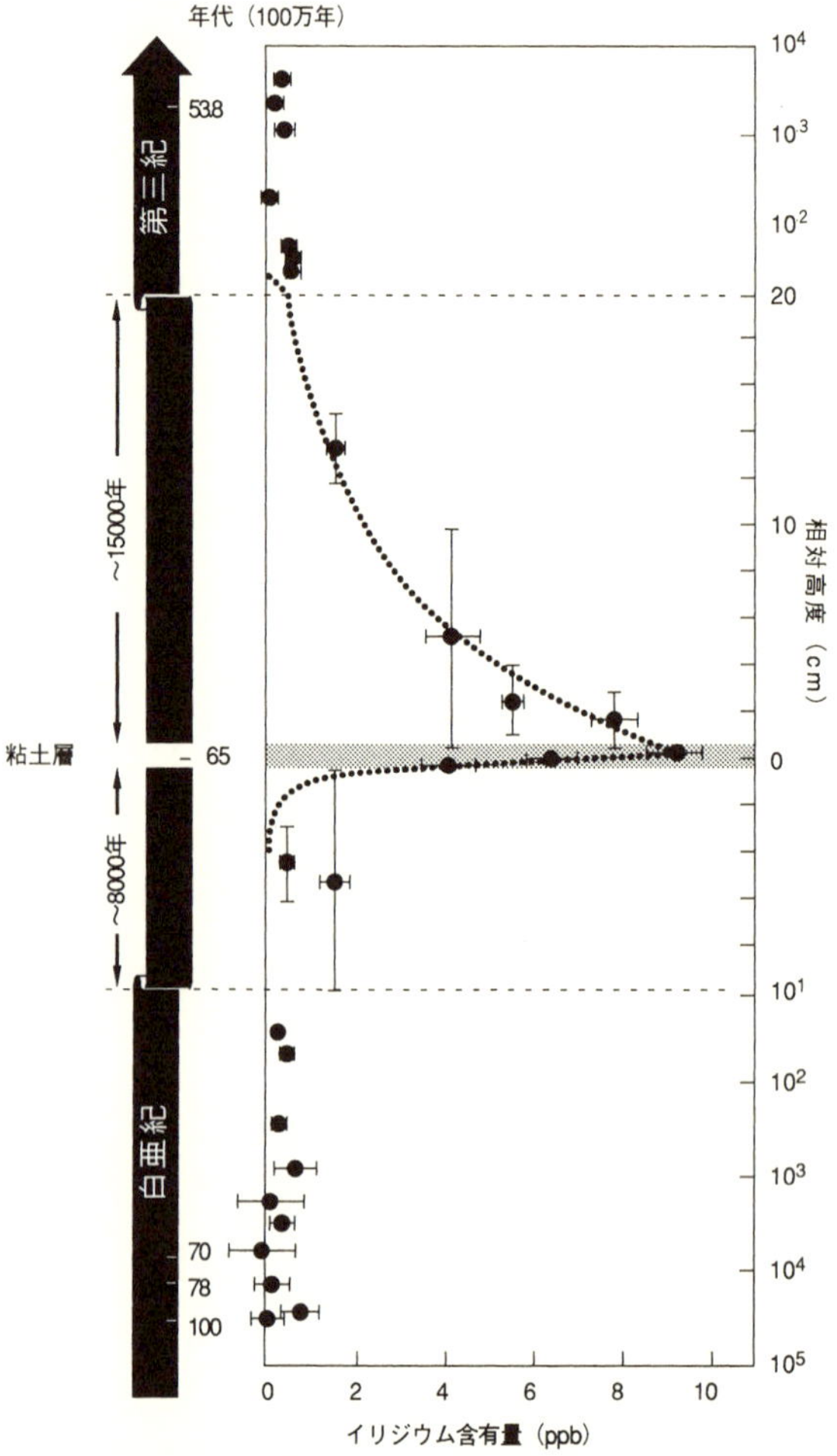

図2　イタリアのグビオの白亜紀-第三紀境界粘土層のイリジウムの異常濃集［Alvarez *et al*. (1980) による］
白亜紀-第三紀境界粘土層では，その前後の地層に比べイリジウムが約300倍濃集している．

しく論じた論文を『サイエンス』に投稿した。そして、記念すべき一九八〇年六月六日号に掲載されたのである。

イリジウムの濃度からすると、衝突した天体の大きさは約一〇キロメートルである。また、小惑星と地球の軌道から衝突速度を推定すると、数十キロメートル毎秒となる。直径一〇キロメートルの天体が数十キロメートル毎秒で地球にぶつかると、大爆発が起こるだろう。爆発のエネルギーは核弾頭一億発分に相当する。衝突によって、小惑星はもちろん地殻物質も融解したり蒸発したりする。また、海に落下したとすれば、大量の塵といっしょに蒸発した海水も成層圏にまき散らされることになるだろう。こうした一瞬のしかもカタストロフィックな出来事が、生物の大量絶滅を引き起こしたに違いない。

まったく新しい学説というものは、いつも批判と中傷にさらされるものである。発表されて間もない頃には、古生物学者だけでなく、多くの人々による反対または非難の声明が、新聞や科学雑誌を賑わしたのである。しかし、衝突説に理解を示す研究者もおり、ほかの地域における白亜紀‐第三紀境界層が注目された。そして、世界中の白亜紀‐第三紀境界層からイリジウムの異常濃集、衝突による衝撃波でできた特徴的なラメラと呼ばれる変形構造を示す石英粒子（図3）、衝突でとけた物質が飛び散ったスフェリュール（球粒）やテクタイトなどが発見された。こうして時間がたつにつれて、多くの人々にとって衝突説はたいへん魅力のある仮説と見なされていった。

こうなると、衝突説の影響はまさに革命的であった。ある気象学者のグループは、小惑星の衝突は

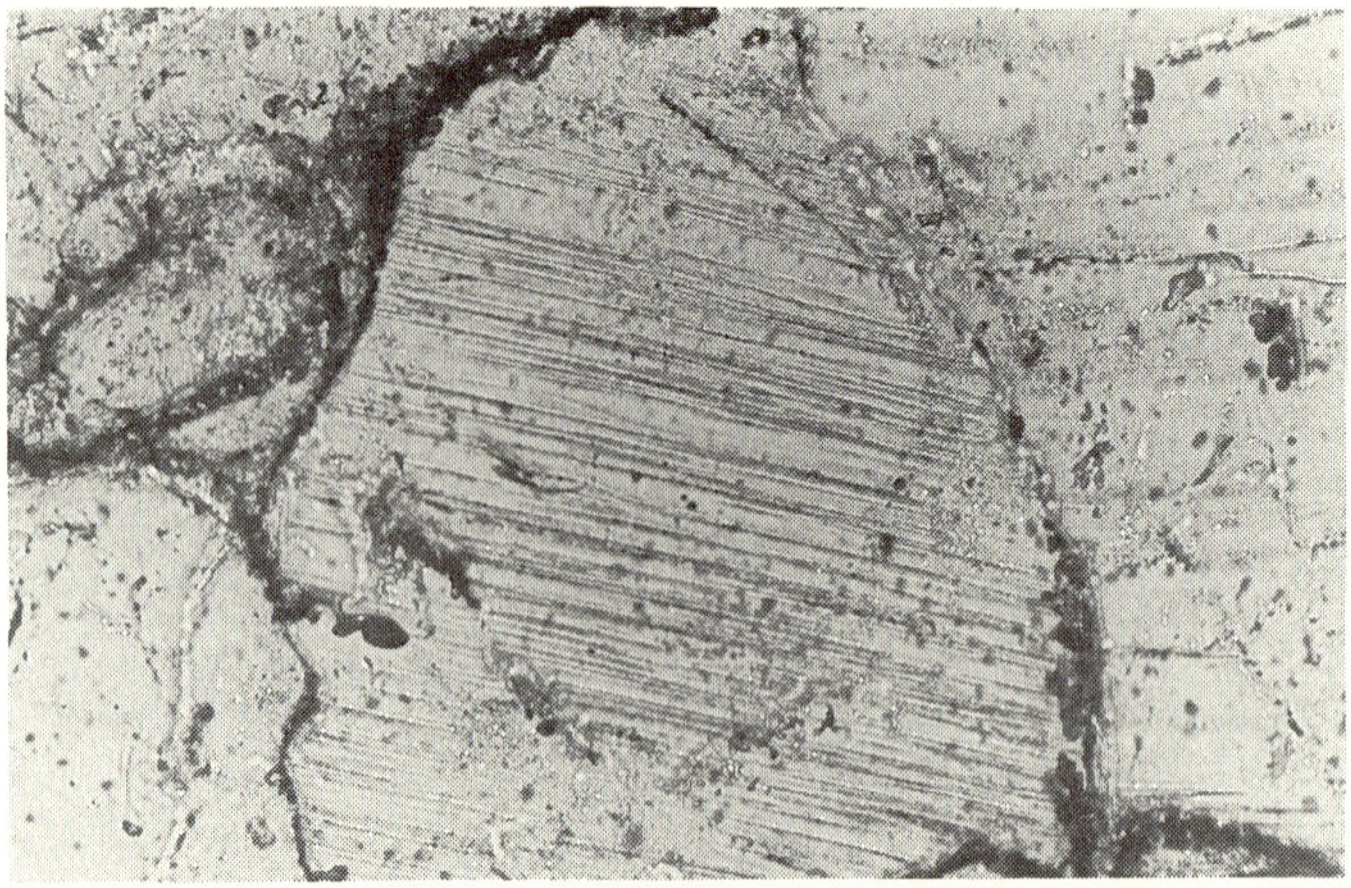

図３　衝撃を受けて変形し，ラメラ状構造のできた石英粒子［生駒さつき撮影］
オーストラリアのゴッシズブラフ隕石孔から採集された．

核の冬のような急激な気候の寒冷化を引き起こすというモデルを提案した。地球物理学者たちは、恐竜を滅ぼした小惑星の衝突のシミュレーションを行った。地質学者のなかには、他の地質時代における生物の大量絶滅にも小惑星が手を下しているのではないかと調べまわった。また、恐竜を滅ぼした衝突でできたクレーターを探そうという者も現れた。

最近になって、Ａ・Ｒ・ヒルデブランド（アリゾナ大学）らによって、ユカタン半島に、恐竜を絶滅に追いやったとされる直径一八〇キロメートルの隕石孔の跡が発見されたため、小惑星または彗星の衝突説の信憑性はさらに強まったといってもよいだろう。ヒルデブランドらは、キューバやタヒチ島に露出する白亜紀‐第三紀境界の厚い津波堆積物に注目し、衝突点がカリブ海周辺であることをつきとめたのだった。

さらに、白亜紀‐第三紀境界層中にススが含まれ

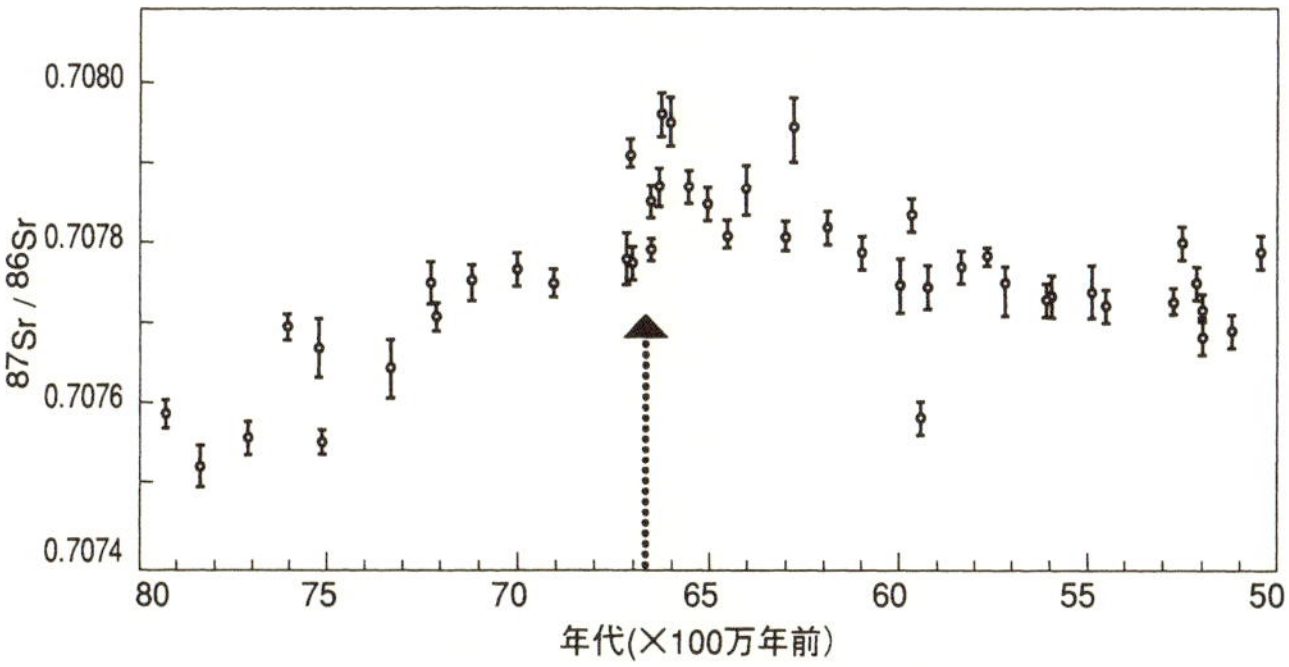

図4　白亜紀-第三紀境界におけるストロンチウム同位体比異常
[McDougall (1988) による]
白亜紀末（約6500万年前）にストロンチウム同位体比が高くなっている.

ていることも発見された。粘土層にススが含まれているからには、世界的な森林火災が発生したに違いない。衝突が森林に火をつけたのだろうか。山火事が恐竜を死に追いやったのだろうか。こうした発見も白熱した議論に油を注いだのである。

　さらに、白亜紀－第三紀境界で、海水のストロンチウム同位体比が急激に増加していることもわかった。図4はJ・D・マクドゥガルの測定した結果である。このような急激なストロンチウムの同位体比の増加はなぜ起こったのだろうか。ストロンチウムは花崗岩のような大陸地殻を構成する岩石にたくさん含まれており、地殻の侵食によって岩石から溶け出し、河川水によって海に運ばれている。急激に海水のストロンチウムの同位体比が高くなったことは、分化の進んだ大陸物質の侵食が一気に進んだことを意味している。このような侵食は、世界的な酸性雨があったと考えればよいだろう。こうして、酸性雨をもたらした原因の検討が進められた。彗星には硫化水素やアンモニアなどが含まれているので、ストロンチウム同位体比のデータは彗星の衝突に都合がよい証拠とみなされた。しかし、火山噴火によっても酸性ガスが放出されるので、次に述べるような火山説が否定されたわけではない。

白亜紀–第三紀境界の前後には、インドのデカン高原に大規模な洪水玄武岩が噴出したことから、恐竜の絶滅が火山活動によるものであって、小惑星衝突によるものではないという見解も根強く残っている。デカン高原では約六五〇〇万年前の五〇万年の間に一〇〇〇万立方キロメートルの玄武岩が流出した。一年当たりに換算すると、数万立方キロメートルとなる。

このように、衝突や火山噴火の状況証拠がたくさん発見されているが、決定的証拠には欠けている。今のところ恐竜を死滅させた容疑者が誰かをめぐって論争は絶えないが、衝突説の説得力が最も大きい。

■衝突説と地球科学

アルバレズ父子らの衝突説は、単に新しい学説を提唱しただけにはとどまらなかった。衝突説は地球科学に新たな研究方法を提示したのである。衝突説をめぐって世界中のさまざまな分野の研究者が野外調査や理論研究を行うようになった。そうして得られた研究成果は、世界各地で開かれた国際研究会で発表され、議論が沸騰していった。恐竜絶滅を探るアルバレズらの研究は、まさに学際的研究の模範となったのである。

それだけではない。小惑星の衝突という非常にまれと思われる現象も、地球史を通じてみるとたびたび起こった現象であることがわかり、それまで対立した概念であった天変地異説と斉一説の融合をうながす結果となった。そして科学哲学上重要な議論が新しい知見をもとに論じられるようになっている。

さらに、地層に対する地質学者の視点にも革命的な影響を与えている。これまでの地質学では、かなりの厚さの地層を一括して、時代論や堆積環境、地質構造を研究してきた。しかし、恐竜絶滅といった地球史の大事件が、ほんの数センチメートルの厚さの粘土層に記録されていたのである。このことは、地質学において地層一枚一枚が重要な意味を持つことを象徴的に示すことになった。縞々学の出発点でも、このことが大きなヒントになっているのである。

■大量絶滅の周期性

恐竜の絶滅した白亜紀–第三紀境界のほかにも、地質時代には何回も大量絶滅があった。それらは主要な地質時代の境界に一致しているが、大量絶滅の発生が周期的であるかを考えた地質学者はほとんどいなかった。地質境界の年代を精密に測定することは、時代が古くなればなるほど困難であり、周期性を問題にするほど年代測定データの精度が高くなかったからである。第一、生物の大量絶滅が

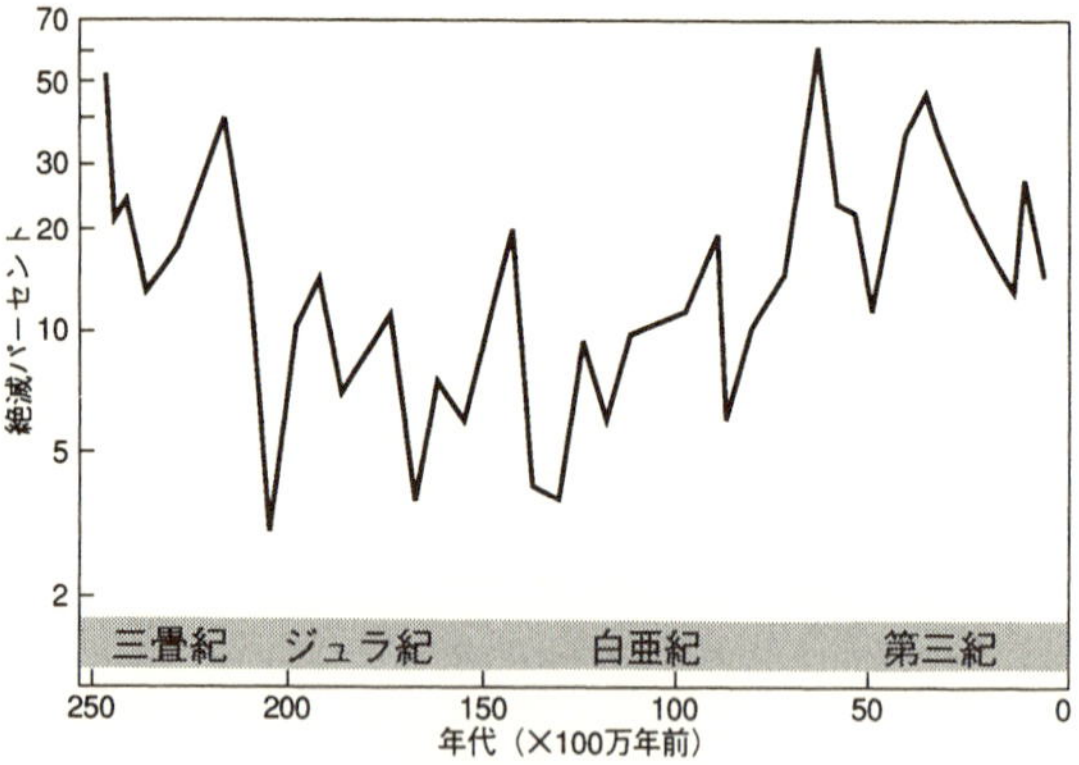

図5　地球史における生物大量絶滅イベント
[Raup and Sepkoski（1984）による]
約2600万年ごとに絶滅率が高くなっている.

周期的に起こっていることなど誰にも想像できなかった。このようななかで、一九七七年にA・フィッシャーとM・アーサーは、生物の大量絶滅が周期的であるとする論文を発表したのである。彼らは、生物の大量絶滅だけでなく、海水準の変動曲線などのデータを集めて、過去二億五〇〇〇万年間に、大量絶滅が三二〇〇万年ごとの一定の間隔で発生していることを主張した。しかし、誰も彼らの主張に耳を貸さなかった。それから六年後、周期的大量絶滅説を強力に主張する二人の古生物学者が現れた。J・J・セプコスキとD・P・ラウプ（シカゴ大学）である。

セプコスキは、分類された古生物種がいつ出現し、いつ絶滅したのかを膨大な文献から集め、コンピュータに記録していた。その結果は一九八二年に『化石海生生物の科総覧』という本にまとめられた。一方のラウプは、野外で化石を採集したり記載することのほかに、コンピュータを駆使して、古生物の形態を解析したり、統計的解析をすることが好きな一風変わった古生物学者であった。ラウプは、セプコスキが作り上げたデータベースを用いて、生物進化の数量的解析をしようと企てた。生物種の絶滅率の時間変化を示した図（図5）には、大量絶滅が時間軸上で等間隔に並んでいるようすが描き出された。彼らも最初多くの古生物学者と同様に周期的大量絶滅はありえないと判断していたが、統計解析を進めるうちに二六〇〇万年の周期性は否定しえない存在へと変わっていったのだった。さまざまな検討を加え終えた彼らには、大量絶滅の周期性は疑いようのない事実となった。セプコスキは、一九八三年「絶滅の動態論（Dynamics of Mass Extinction）」と題された研究会で一連の結果について詳しく報告した。講演の最後に彼は、「絶滅が周期的であるとすれば、その原因は地球自身よりも宇宙にあるのではないだろうか」と述べ、天文学者や宇宙物理学者に二六〇〇万年周期の解明を呼びかけたのである。その内容は、一九八四年『米国科学アカデミー紀要（ＰＮＡＳ）』という地球科学の研究者には馴染みの薄い科学雑誌に発表された。

天文学界の反応

二六〇〇万年ごとに生物の大量絶滅を引き起こすような仕組みが、私たちの宇宙にあるのだろうか。恐竜絶滅の原因が小惑星または彗星の地球への衝突であるとすれば、ほかの時代の絶滅も衝突が関与しているのだろうか。もしそうであるとすれば、周期的に小惑星や彗星の軌道を乱す原因が宇宙に存

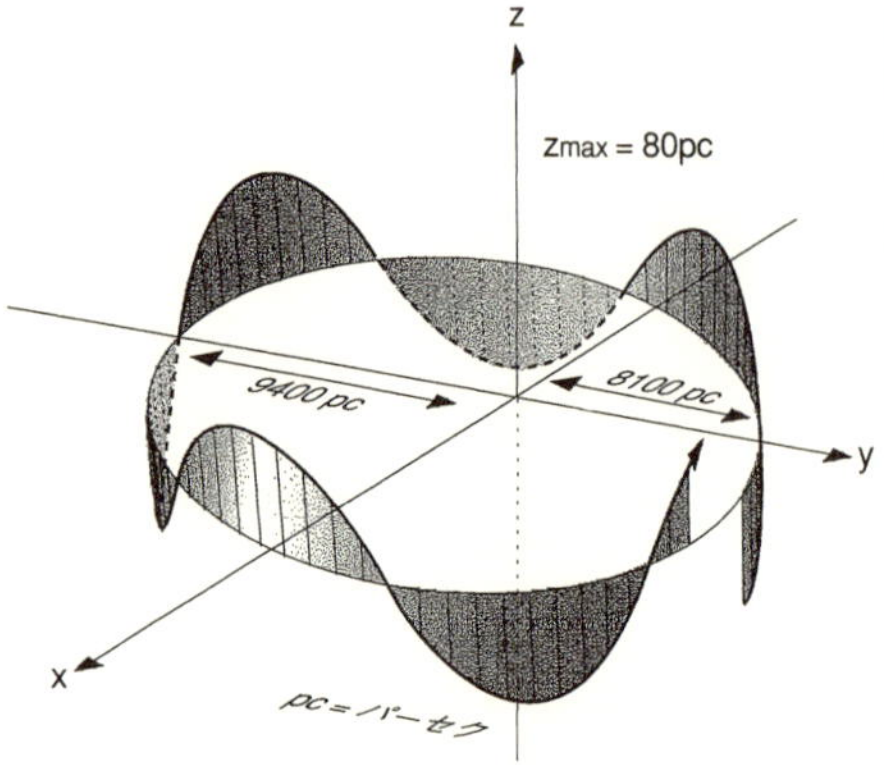

図６　銀河面に対する太陽系の上下運動
［Torbett（1989）による］
太陽系は約3000万年ごとに銀河の赤道面を通過する．

在すればよい。ラウプとセプコスキの呼びかけに対する天文学者たちの反応は予想以上に速やかであった。一九八四年四月一九日付けで発表された『ネイチャー』には、周期的大量絶滅に関する論文が五編掲載された。そのなかのいくつかでは、衝突クレーターの形成年代にも約三〇〇〇万年の周期性が存在することが述べられていた。そして翌年の一九八五年までに、これまでに提案されている約三〇〇〇万年の周期性の天文学的説明がすべて出そろった。

M・R・ランピーノとR・B・ストザーズ（NASAゴダート研究所）、およびR・D・シュワルツとP・B・ジェームズ（ミズーリ大学）は、それぞれ独立に、銀河面に対する太陽系の上下振動を絶滅の周期性に結びつけた。太陽系は、私たちの属する天の川銀河の一本の腕のなかにあり、銀河中心を約三億年で公転している。軌道運動といっても、太陽系の軌道運動の経路は太陽のまわりの惑星の運動とは異なり、図6に示すように銀河の赤道面に対してふらふらと上下方向に振動しているのである。このような太陽系の運動は天文学では古くから知られていた。その振動周期は約六〇〇〇万年である。したがって、太陽系は約三〇〇〇万年ごとに銀河の赤道面を通過することになる。

ランピーノとストザーズは、太陽系が銀河の赤道面を通過する際に、星間雲に遭遇する確率が高いとした。星間雲の重力効果によって、太陽系の外縁部をとり囲む彗星群の軌道が乱されて、内部太陽系に多数の彗星が飛来するようになるであろう。そのうちのいくつかが地球と衝突したために、大激変が起こって生物が大量絶滅したのだろう。この説には多くの難点がある。太陽系の外側に彗星の巣(オールトの雲)が存在するという説は古くからあるが、実際にその存在を示唆する観測データは乏しいのである。星間雲の重力効果によって彗星の軌道が乱れ、地球に衝突するかどうかもはっきりしたことはわかっていない。

シュワルツとジェームズは、銀河の赤道面通過の際に宇宙線の照射が強くなると提案したが、これも推測の域を出ない。天文学によると、太陽系が最も最近銀河の赤道面を通過したのは、今から三〇〇万年前であったと推定されている。しかし、三〇〇万年前には地上に何事も起こった気配がないのである。

一方、D・P・ホウィットマイヤーとA・A・ジャクソン、およびM・デイヴィスらは、太陽にはまだ発見されていない伴星が存在すると考えた。この伴星は太陽のまわりの公転周期が二六〇〇万年で、非常に細長い楕円軌道をとっているとされた。この仮想的な伴星は、天罰を与える星という意味のネメシスという名前がつけられた。この伴星は太陽に接近した時に、オールト雲の彗星の軌道を乱し、地球への衝突をうながすとされる。この説の難点は、伴星の軌道の力学的安定性にある。このような伴星があったとしても、星間雲との遭遇によって軌道が変化してしまい、二六〇〇万年周期は地質学的時間スケールにわたって安定には存在し得ないのである。また、このような伴星がこれまでの天文観測で見つかっていないのもおかしな話である。

ホウィットマイヤーとJ・J・マテーセは、第一〇番目の惑星説を提出した。この惑星は、冥王星の外側の一〇〇天文単位のところにある地球の質量の数倍程度の未知の惑星である。彼らは、この惑星の軌道も非常に細長い楕円状をしており、太陽系の赤道面に対して大きく傾斜していると考えた。軌道の長軸が五二〇〇万年の周期で歳差運動しているとすると、二六〇〇万年ごとにこの惑星はオールトの彗星雲をかすめ通ることになり、彗星の軌道を乱して地球に衝突させるというのである。この説も力学的に大きな困難を抱えている。

ネメシス説や第一〇番惑星説は、ややこじつけ的に二六〇〇万年周期を生み出す仕組みとして考え出されたものであり、天文学的に検証しにくいためあまり歓迎されていないようである。また、銀河赤道面に対する太陽系の振動はよく知られた現象であるが、生物の大量絶滅との因果関係はよくわかっていない。このように周期的生物絶滅の天文学説は、検証不可能のままの状態が続いている。

こうした一方で、内因説の巻き返しも活発化している。ランピーノとストザーズは、白亜紀末のデカン高原の洪水玄武岩の活動のように、他の大量絶滅が起こった時期にも別の場所で洪水玄武岩が噴出したとし、両者の成因的関係を提案している。しかしながら、洪水玄武岩の活動と大量絶滅の年代決定精度が悪いので、両者に因果関係が存在するという彼らの指摘には無条件に賛同することはできない。

■大量絶滅の実態

地質境界の生物大量絶滅の原因を探るには、殺戮の惨状を調べればよいであろう。そこで、絶滅した生物種と生きながらえた生物種の生息環境の違いを調べたり、衝撃を受けた石英やスフェリュールを探そうという研究が行われている。ここでは主要な大量絶滅イベントの原因を調べてみよう。

古生代のオルドビス紀になると生物は多様化し、サンゴ、オウム貝、二枚貝、腕足類の仲間が数多く現れた。これらの海生生物のうち、かなりのものがオルドビス紀の最後に絶滅した。この絶滅イベントはペルム紀末に次ぐ大規模なものであった。この時代はゴンドワナ大陸が形成され、気候が寒冷化し氷河が発達した時期に当たっている。気候の寒冷化による大陸氷河の発達が、海水準の低下、海洋の酸素欠乏状態を引き起こし、生物の絶滅を引き起こしたのではないかといわれている。

デボン紀末フラスニア階-ファメニア階境界の絶滅でも、三葉虫、コノドント、腕足類の仲間などの海生生物のみが大被害を受けた。この境界での絶滅は世界的に同時で、しかも短期間の出来事であることから、カナダ地質調査所長を務めたD・J・マクラーレンは、一九七〇年に衝突絶滅説を提唱していたのだった。この境界はその後、世界各地で詳細に研究されたが、今のところ衝突を示唆する決定的な証拠は得られていない。一方では、この時期にも気候が寒冷化して大陸に氷河が発達したとする証拠が集められている。

腹足類、二枚貝、有孔虫などが死滅した、始新世‐漸新世境界（約三五〇〇万年前）は、深海堆積物を用いて詳しく検討されている。この境界では、テクタイトの分布している複数の層準でイリジウムの濃集が見つかっている。いくつかの彗星が短期間の間に衝突したのであろう。しかし、深海掘削コアの解析では、衝突した層準と生物の大量絶滅や急激な気候変動が必ずしも一致しておらず、この境界で起こったイベントの因果関係はよくわかっていない。

中生代の三畳紀‐ジュラ紀境界は、海生の無脊椎動物である二枚貝、コノドント、アンモナイトなどの仲間、および陸上の両生類や爬虫類の仲間が被害を受けている。この境界では気候変動は顕著ではなく、絶滅の原因はよくわかっていない。この年代に一致する隕石孔としてマニコーガン隕石孔が指摘されているが、年代値の一致を議論できるほど、放射性同位体比を用いた測定の精度はよくない。この境界では、最近イタリアで衝撃を受けた石英粒子が発見された。私たちは、岐阜県の木曽川河床の三畳紀‐ジュラ紀境界層のイリジウム異常の分析を行ったが、今のところその存在度は中性子放射化分析の検出限界以下である。

■ペルム紀‐三畳紀境界イベント

古生代と中生代の境界、すなわちペルム紀−三畳紀境界（約二億五〇〇〇万年前）は、地質時代を通じて最大の絶滅であり、海生無脊椎動物の仲間に至っては九〇％が死に絶えてしまった時代である。フズリナ類は完全に地上から姿を消した。サンゴ、ウミユリ、腕足類は大打撃を受けた。また、被害は爬虫類などの陸上脊椎動物にまで及んでいる。その一方では陸上植物の被害は比較的軽かった。

現在の地球では、南北アメリカ大陸、ユーラシア大陸というように、大陸地殻は海を隔てていくつかの大きな塊として分布している。しかし、過去の歴史を調べると、こうした大陸がプレートとプレートの衝突によって合体して大きな大陸（超大陸と呼ばれている）を形成したり、一度できあがった超大陸に現在のアフリカの地溝帯のように、リフトの形成によって分裂が起こったことが明らかにされている。しかもこうした超大陸の形成と分裂は、地球史を通じて繰り返し起こったらしい。ペルム紀−三畳紀境界の大量絶滅は、大陸と大陸の衝突が相次いで、一つの巨大なパンゲア大陸が形成された時期に相当している。

大陸と大陸が衝突すると、それまで大陸と大陸の間にあった海洋底はマントルへ沈み込んでしまう。その海洋底に中央海嶺があったとしても、海嶺ごと沈み込んでしまうことが知られている。したがって、超大陸が形成されると、海洋底の中央海嶺の分布は単純になり、海嶺の全長も減少することになる。海洋底の中央海嶺は深海盆に比べて二〇〇〇メートルも盛り上がっているので、海嶺の長さが減少すると、海水の受け皿である海洋底が相対的に深くなることになる。したがって、大陸が合体して超大陸ができると、テクトニックな原因で海水面の後退が起こると考えられている。

さらに、大陸が一カ所に集積すると、大規模な大陸氷河の成長を引き起こすらしい。氷河の成長はアルベドの増加を引き起こし、さらなる地球の寒冷化の原因となる。その結果、海水面の後退がいっそう進み、生物の繁殖域である大陸棚は干上がってしまったと考えられる。

なぜ、超大陸の形成や気候の寒冷化と氷河の発達が、海生生物にとって致命的なのだろうか。この謎を解明する手がかりは、日本に露出している堆積岩から明らかになった。その背景は次のようである。

ペルム紀末は海水面が低下したので、堆積物を蓄積する海底の盆地は陸化してしまい、世界中くまなく探しても、ペルム紀と三畳紀の境界層はほとんど見当たらない。ところが、西南日本の中古生層には、ペルム紀‐三畳紀境界イベントを記録した地層が各地で発見されている。とくに、愛知県や岐阜県の美濃帯と呼ばれる地塊には、深海底で堆積したチャート層中に、ペルム紀‐三畳紀境界の謎を解く鍵が発見された。実際に地層が露出している木曽川の河床を訪れてみると、海洋底で堆積した縞状の褐色チャート層は激しい変形を受け、垂直になっている。つまり、下流から上流へ向かって調査していくと、次々と時代の異なる地層に変わっていくのである。しかし、明瞭な化石が含まれているわけではないため、一見しただけでは、どこにペルム紀‐三畳紀境界があるのか判断できない。一九八〇年代になるまで、これらの地層が中生代のものであることすら、わからなかったのであった。

磯﨑行雄（東京工業大学理学部、当時大阪市立大学）らは、一九八〇年代初期にチャートを実験室に持ち帰り、化学的な処理を行って放散虫という微化石をとり出した。そして、一つ一つ電子顕微鏡で

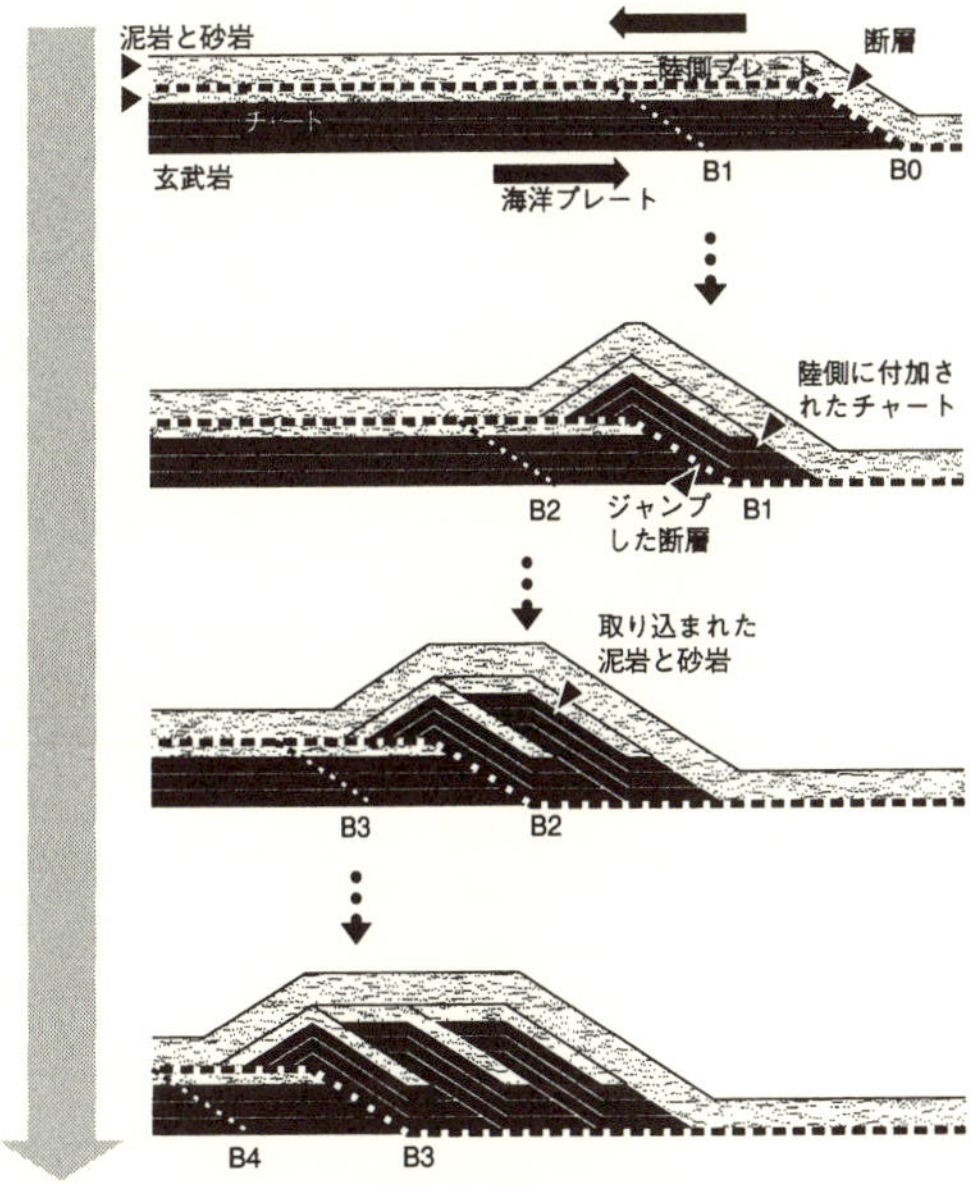

図7　デュープレックス構造の形成過程［丸山(1993)による］
海洋プレートが陸側プレートの下に沈み込むとき，海洋プレートの表層が次々とたたみこまれて陸側に付着し，同じ層準の堆積物が積み重なって繰り返し構造ができる．

調べ、種類を特定していった。放散虫は進化が速く、チャートに含まれている種を調べることによって、堆積した時代を決定できることが明らかにされつつあった。たくさんの岩石を分析した結果、この地域は同じ時期に堆積した地層が断層で切られて繰り返し重なったデュープレックス構造と呼ばれる特異な地質構造を形成していることが明らかになった（図7）。こうした構造は付加体と呼ばれる地域に顕著に発達しており、プレートの沈み込みによって海洋地殻の表層がはがされて付加してできたものである。もっと新しい

図８　犬山周辺木曽川河床におけるペルム紀-三畳紀境界
ここでは三畳紀の下位が露出している.

時代の付加体としては、四国南部に露出している四万十層群が有名である。

さて、地質図を手がかりにこの地域の三畳紀の地層をペルム紀へと向かってさかのぼっていくと、次第に還元的な環境で堆積した泥質の岩石になることが明らかになった。実際に、木曽川河床のチャート層の露頭のうち最も下流域では、黒色泥岩層をはさんで上下幅数メートルの地層全体が真っ黒く変色しており（図８）、有機炭素に富んでいることが明らかになった。また、パイライトという鉱物が含まれていることも、還元的環境で堆積した証拠の一つと推察されている。

その後、ほかの地域で得られた境界層の硫黄同位体比分析も行われ、黒色をしたペルム紀－三畳紀境界層は、海洋全体が酸素欠乏状態に陥ったことを物語っているのである。チャートの堆積速度から酸欠に陥った期間を換算すると、約一〇〇〇万年となる。ペルム紀末には海生生物の多くが長期間にわたる酸欠に苦しめられ、次々と死滅していったらしい。日本で発見されたペルム紀－三畳紀境界は、酸素欠乏状態が深海底にまで及んだことを示唆する証拠としてたいへん注目されている。

こうした酸素欠乏イベントは、ペルム紀－三畳紀境界に限られるわけではない。海洋の酸素欠乏状態の発生は、ヨーロッパの白亜紀層の研究者の間ではすでに知られており、海洋酸素欠乏イベント（oceanic anoxia events）と呼ばれていた。白亜紀末の恐竜絶滅イベントのときも、非常に短時間ながら海洋環境が変動し、海洋表面に近い部分が酸素欠乏状態に陥ったことが明らかにされている。しかし、白亜紀のものは、ペルム紀末のイベントに比べ、継続時間が一桁以上小さく、地球の全海洋を覆ったものか確かではない。

ペルム紀境界の酸素欠乏イベントは、海洋全体が非常に長期間にわたって酸素欠乏状態になったという意味で大規模なイベントであり、中生代の小規模の酸欠イベントと区別してもよいだろう。磯﨑は、時代の異なる海洋の酸素欠乏イベントを比較した結果、ペルム紀末のイベントを超酸素欠乏イベント（super-anoxia event）と呼ぶことを提案している。超大陸の形成と生物の大量絶滅の因果関係としては、超大陸の形成によって海水面が低下した結果、大陸棚が干上がって堆積物の侵食が起こり、堆積物に蓄えられた有機物が再び地表に露出して酸素と結びついて分解され、ひいては酸素が大量に消費されて海洋が酸素欠乏状態になったというシナリオが提示されている。（その定量的検討は今後の課題である。）

大量絶滅の分類とその原因究明に向けて

絶滅の実態調査からすると、白亜紀－第三紀境界と始新世－漸新世境界以外の絶滅イベントでは、小惑星または彗星が衝突したことを支持する証拠は得られていない。その一方で、オルドビス紀末、デボン紀末期、ペルム紀末の絶滅には、気候の寒冷化と海洋の酸素欠乏イベントが関係していることが示唆されている。

そこで、過去六億年の生物の大量絶滅と、気候変動や海水準変動の研究成果とを比較してみよう（図9）。気候の変動と海水準の変動に約三億年ごとに温暖化と寒冷化の大きなうねりがある。古生代はオルドビス紀に一時的に寒冷化したものの、全体的には温暖であった。古生代末から中生代初期にかけては寒冷化しており、氷河期が訪れた。その後、白亜紀には温暖化に転じている。新生代はこの三億年周期の気候変動のうねりの山を越えたところであり、徐々に寒冷化に向かっていることが読みとれる。海水準の変動も気候の変動とよく対応している。こうした三億年周期の気候変動は、大陸の分裂合体のサイクルを反映しているものと解釈されている。大陸が分裂するときは火成活動が活発化し、マントルから大気中へ大量の火山性ガス（二酸化炭素など）が放出されるため温暖化するのだろう。

また、気候変動の曲線をもう少し細かく見ると、三億年周期のなかに、約三〇〇〇万年のサイクルが重なっているようである。過去六億年間の大量絶滅は、三億年ごとの気候の寒冷化した時期に相当

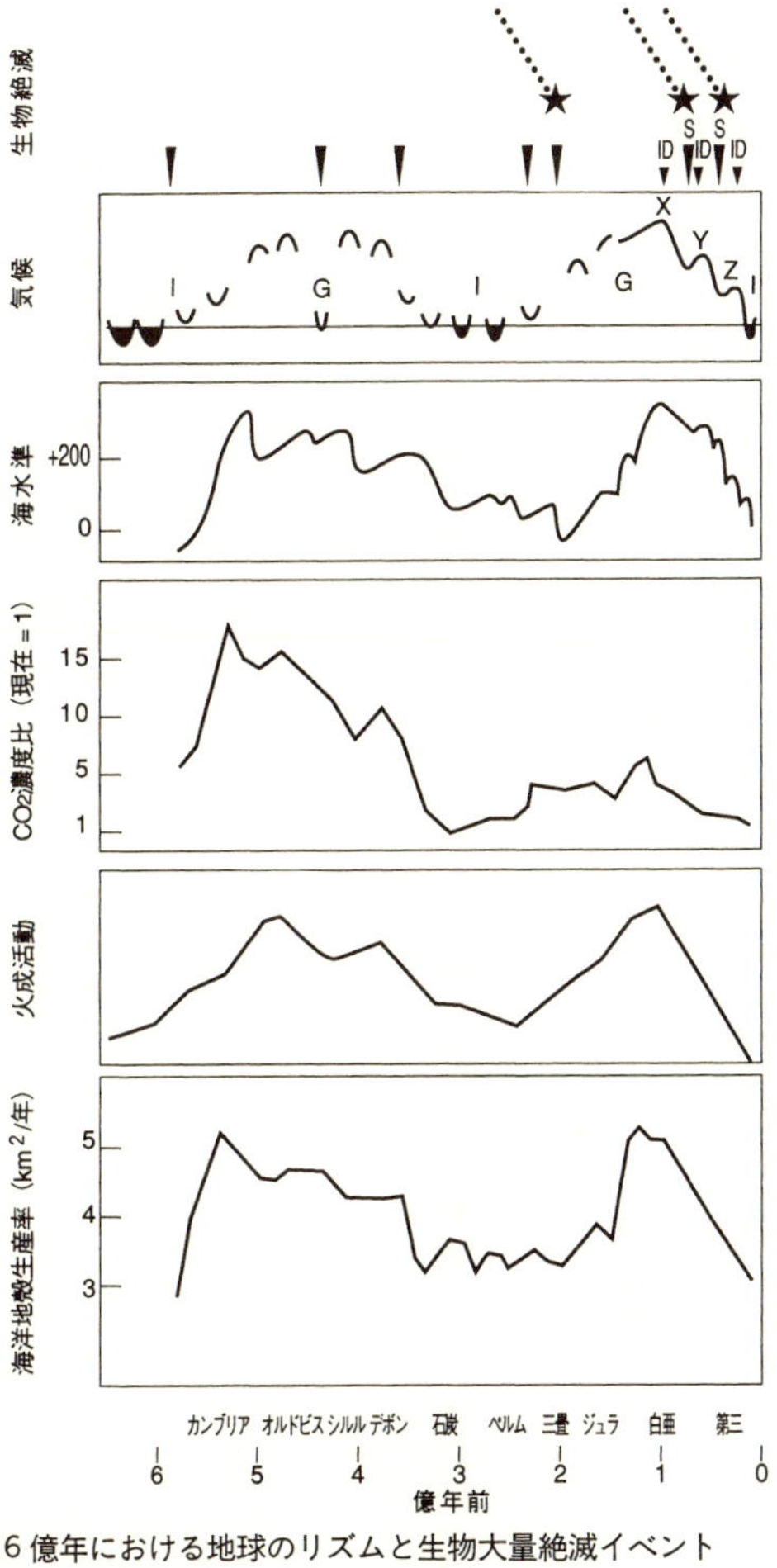

図9　過去6億年における地球のリズムと生物大量絶滅イベント
［海保（1992）による］
海洋地殻生産量や二酸化炭素濃度，気候は大陸の分裂合体のサイクルを反映している．生物絶滅の欄に示された流れ星マークはテクタイトやイリジウムの濃集が発見されたことを示す．Sは浅海性生物が大量絶滅したこと，IDは中層深層水で生息する生物が大量絶滅したことを示す．気候の欄のIは氷河時代，Gは温暖期を示す．また，X，Y，Zでは海洋酸素欠乏イベントが発生した．

するもの、三〇〇〇万年周期の気候変動に対応するもの、そしてそれらとは無関係な絶滅に分けられる。なぜ生物の大量絶滅と気候変動に対応関係があるのかは、海洋の酸欠イベントを含めてこれからの重要な検討課題であろう。

海保邦夫（東北大学理学部）は、個々の絶滅イベントがどのようであったかを、化石の持っている情報から、より詳しく吟味しようと考えた。彼は、有孔虫には浮遊性有孔虫といって海の上にぷかぷか浮いて生活しているものと、底生有孔虫といって海底で生活しているものがあることに注目した。そして、まず日本で白亜紀－第三紀境界の露出している北海道日高山脈の白亜紀－第三紀境界層から試料を採集し、絶滅した有孔虫が、海のどの深さに生息していたのかを調べてみた。この境界で絶滅したものの多くが、浮遊性有孔虫であることが示された。そこで、そのほかの絶滅境界の岩石試料や文献を集め、同様な検討を行ってみることにした。図10はその結果である。有孔虫から見た大量絶滅の実態を示した図10には、表層水における大量絶滅と中深層水における大量絶滅の二つのパターンがあることが明瞭に描き出された。白亜紀末と始新世の大量絶滅は表層水で起こっている。これらはともに衝突の証拠が見つかっており、衝突絶滅の特徴を表しているのかもしれない。一方、セノマニア階末の大量絶滅は、気候の温暖化のピークと海洋酸素欠乏イベントに対応している。

なぜある時期に限って突然、海洋が酸素欠乏状態になるのであろうか。現在の海洋では、極地方から冷水が潜り込み、赤道域でわき出すような海水の循環が盛んである（第7章参照）。赤道地域と極地域の海水温度の差が小さくなると、酸素に富んだ水塊の潜り込みがストップし、中層水が還元的にな

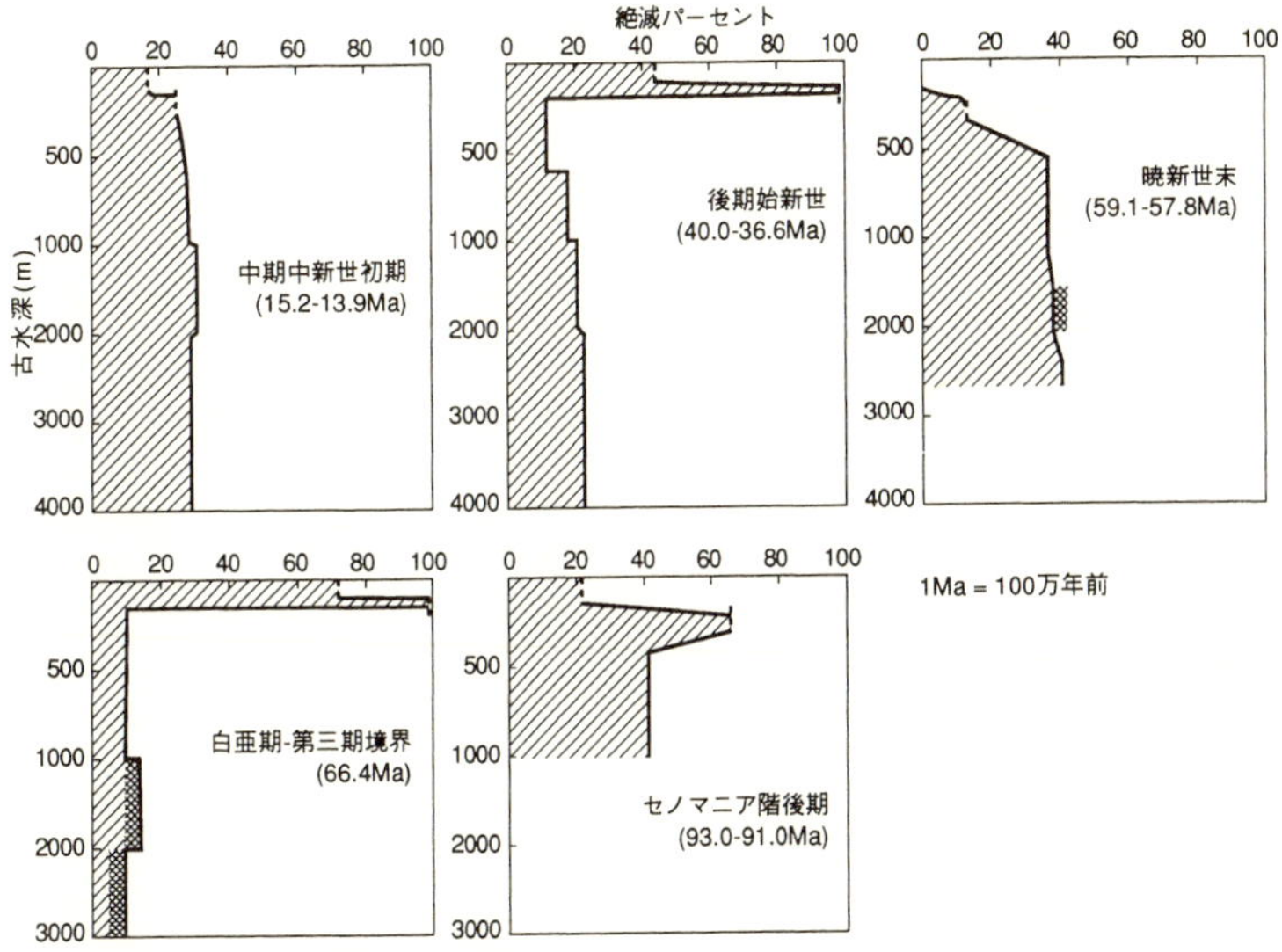

図 10　生物大量絶滅イベントの実態［海保（1992）による］
生息深度ごとに絶滅率が推定された．浅海性生物の大量絶滅と中層深層水生息生物の大量絶滅に分けられる．

るらしい。しかしながら、セノマニア階末の酸素欠乏イベントは気候の温暖化のピークに対応しており、一方、ペルム紀末のものは寒冷化のピークに対応している。このことは海洋が酸素欠乏状態になる機構が単純ではないことを物語っている。生物の大量絶滅の謎は、今後の海洋環境の変動の解明如何にかかっている。

すでに述べたように、ペルム紀末の大量絶滅のシナリオとしては、超大陸の形成が原因となって、海水面の後退、大陸棚における侵食作用の増加、炭素による海洋酸素の消費が起こったとする磯崎説があるが、セノマニア階末の酸素欠乏イベントと生物大量絶滅の原因はよくわからない。

■古生物学から地球システム科学へ

化石の研究から出発した古生物学は、示準化石、示相化石という概念を生み、地球の歴史を組み立てた。そして生物の生息環境を手がかりに、地質時代の地球環境の復元が進められてきた。古生物学の研究は、地道な化石の収集と記載の上に成り立っていた。

恐竜の大量絶滅の謎をめぐって、古生物学は地球科学研究の大きな潮流の中心に引きずりだされることになった。今や天文学者から海洋生態学者までが、古生物学の研究の動向に敏感になっている。化石や生物の歴史研究が古生物学者だけに与えられた専売特許である時代は終わったのである。地球科学のさまざまな分野の研究者が協力してアイデアを練り、仮説を検証することは、アルバレズらの研究を模範として盛んに行われるようになっている。また、セプコスキがやりとげたように、大量のデータベースの構築の重要性も、多くの人々に理解されるようになった。生物の大量絶滅について、「なぜ」という問い方をして研究を進めることによって、古生物学は地球システム科学のなかに位置づけられることになった。これは、たいへん画期的なことである。化石の研究と地球物理学や海洋学の研究に接点を探すことは、以前はそう簡単なことではなかったからである。

最近の古生物学の新展開を知ったら、絶滅という現象に最初に気がついたキュビエもさぞかし驚くに違いない。

■生命と地球の共進化の解読へ向けて

これまでは生物の大量絶滅に注目して生物圏の大変動を眺めてきた。しかし、地球の歴史は生物進化の歴史でもある。全地球史解読計画のシンポジウムを重ねるなかで、地球の進化と生物圏の進化が相互に密接にかかわってきた可能性が浮き彫りになってきた。そのきっかけは地球史七大イベントと生物進化七大イベントがよく対応していることにある。

全地球史解読計画では、あまり研究の進んでいない二億年前から四〇億年前までの地球史の大部分の解読をめざしている。しかし、これは現実的には不可能に近いので、「地球史七大イベント」を掲げ、地球史を画する大きな出来事の原因と、それによる環境変化の解読を優先的に行うことになった。さまざまな検討が加えられた結果、地球史七大イベントとして、図11に示すような次のイベントが挙げられた。①四六億年前、地球が形成された、②四〇億年前、最古の岩石が保存されるようになる、③二七億年前、火成活動が活発化し、大きな大陸ができる、④一九億年前、著しい火成活動があり、巨大な大陸がはじめて形成された、⑤六億年前、超大陸が分裂して新しい海洋が形成され、多細胞生物が出現した、⑥二・五億年前、超大陸が形成され、超酸素欠乏イベントによって生物界で大絶滅があった、⑦現在、人類が科学を始め、地球・宇宙の歴史とその摂理を探り始めた。

これらのイベントのなかで、ペルム紀‐三畳紀境界が全地球史解読計画の主要課題であることはすでに述べた。もう一つの課題は、太古代‐原生代境界（A／P境界）問題である。これまで多くの地

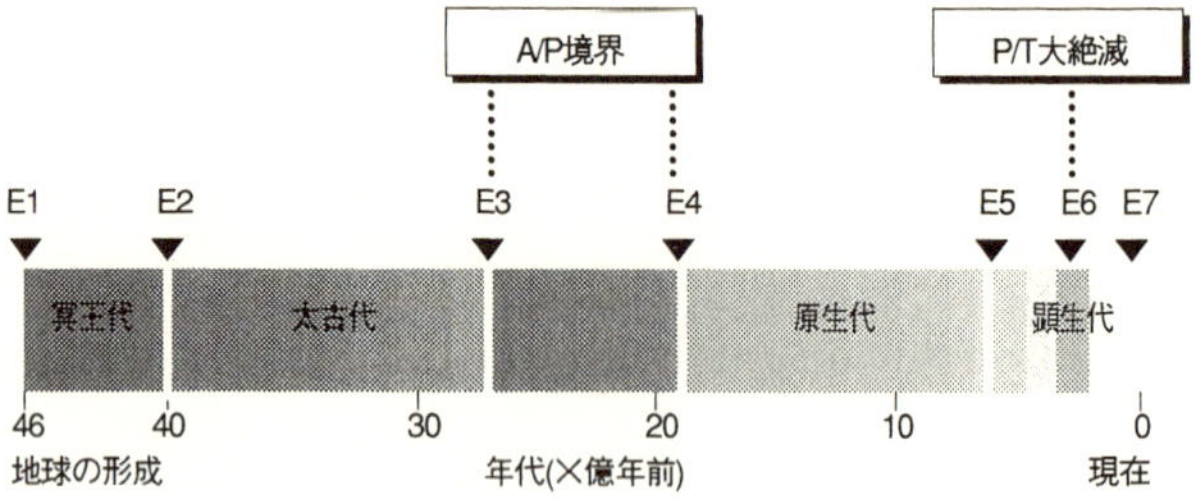

地球史７大イベント

E1　46億年前：地球が始源物質の集積によって成長し形成された。

E2　40億年前：地球上では、これ以降に形成された岩石が保存されるようになる。

E3　27億年前：世界中で著しい火成活動があり、地球磁場強度が急増したらしい。

E4　19億年前：やはり著しい火成活動があり、巨大な大陸がはじめて形成された。

E5　6億年前：大きな大陸が分裂して新しい海洋が形成され、突然多様な生物が発生し進化した。

E6　2.5億年前：約１千万年間、海洋が酸素欠乏状態になり、生物の大絶滅が起こった。

E7　現在：人類が科学を始め、地球・宇宙の歴史とその摂理を探り始めた。

図 11　地球史七大イベント［丸山ほか（1994）による］

球科学者は、太古代以前と原生代以後の地球環境が大きく異なることを認識しており、異なる時代名で呼んできた。しかし、太古代と原生代の境界の年代については、二五億年前とする研究者もあれば、二〇億年前とする研究者までおり、議論は年代論に向けられ、その境界で何が起こったのかはあまり問われなかった。

しかし、最近になってジルコンというウランに富んだ安定な鉱物の、ウラン・鉛年代決定精度が向上し、先カンブリア時代の造山帯

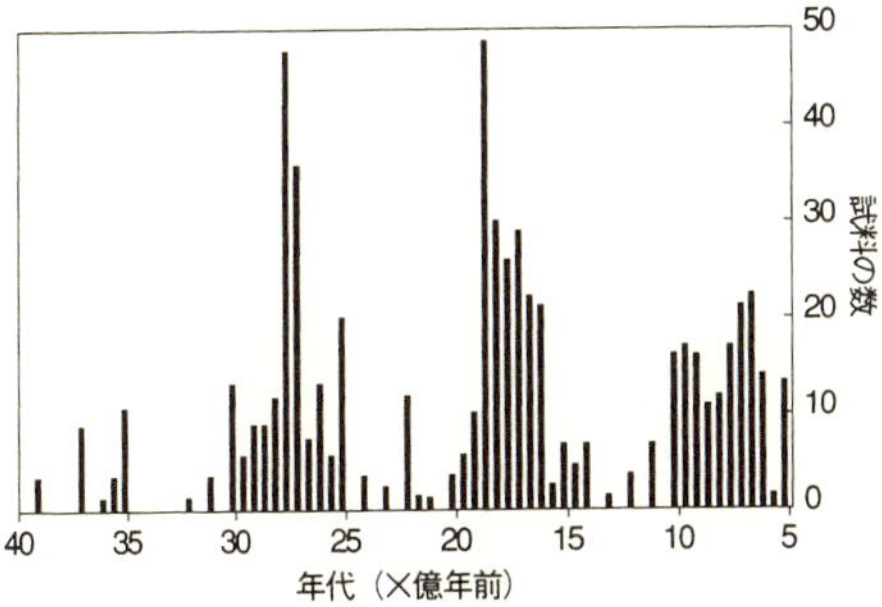

図12　グローバルなジルコンのU-Pb年代の頻度分布［丸山ほか(1994)による］
16億年前から20億年前にかけての期間と27億年前周辺にピークがある．

の形成年代が大きく修正された。図12に示された年代測定データの頻度分布からは、火成活動が二七億年前と一九億年前に著しく高かったことが読みとれる。地球史七大イベントの選定には、こうした最新の知見が反映されているのである。A／P境界の原因については、丸山説、熊澤説があるが、地球磁場の変動とも密接にかかわっているので、次の章で触れることにしよう。

さて、地球史七大イベントのなかで、③から⑦は生物進化の大イベントと時期が一致しているようである。中村運の『生物進化七つのなぞ』(岩波ジュニア新書)によると、生物進化の七大イベントには、①生命の誕生、②代謝が始まる、③光合成と化学合成が始まる、④原核生物が真核化した、⑤多細胞生物の出現、⑥陸上への進出、⑦人類の誕生、がある。これらは地球史七大イベントと符合しているものが多い。

全地球史解読計画によってもたらされる岩石の分析データから、これらの出来事が起こった年代をしぼり込める可能性がある。たとえば、真核生物の化石と思われる化石は、約二〇億年前までさかのぼるとされている。シアノバクテリアの活動によって生成された遊離酸素が、海水中の二価鉄と結合してＢＩＦ（縞状鉄鉱床）が堆積したと考えられる。また、シアノバクテリアのマットに固体微粒子が付着してストロマトライトが形成されている。これらの岩石の時間空間分布をおさえることによってシアノバクテリアの出現時期が推定できるだろう。その時期は地球史七大イベントの③に対応するものと思われる。また、真核生物の細胞膜の合成には、酸素分圧の増加が必要であり、ＢＩＦの時間空間分布から、海洋の二価鉄が消費されつくした時期とされる一九億年前に、真核生物が出現したものと推察できる。だとすれば、生命進化の二大イベントとされる一九ベントの太古代‐原生代境界の時期に一致していることになる。こうして、生物が積極的に地球の環境を変化させたり、逆に地球の環境変化が生物進化の原因を生み出したことが、今後の検討課題として注目されるようになった。

初期地球にさかのぼって地球表層環境を復元するには、現在嫌気的な環境で生存しているメタン細菌や超好熱細菌のような古細菌と呼ばれる微生物の生態や代謝機構が参考になる。また、さまざまな生物の遺伝子配列・アミノ酸配列の比較や、光合成や呼吸、酵素反応の仕組みを比較することからも、生物進化の筋道と地球環境変動との関係を間接的に推察することが可能だろう。こうした現生生物の活動による有機物質の合成や無機物質の濃集機構と、太古代の岩石の化学組成、鉱物組成の関連性を探ることにより地球史の解読を目指すことも、全地球史解読計画の重要なアプローチの一つなのである。

■12

地球磁場のリズム

海洋底は大洋の真ん中を走っている中央海嶺で次々と生成されている。新しく生成された海洋地殻は古い地殻を横へ押しやっており、古い地殻ほど海嶺軸から遠ざかりつつある。そして、はるかな旅の末に海洋地殻は海溝からマントルへと沈み込んでいる。一方、地球磁場には平均して数十万年に一度の割合で起こる極性反転のリズムがある。新しくできた海洋地殻は、冷却するときの地球磁場の強度に応じて帯磁するので、海洋底には地球磁場の逆転のリズムが刻み込まれることになる。これが海洋底地磁気の縞模様である（図1）。

一九六三年に英国の若い地球物理学者F・J・ヴァインとD・H・マシューズは、当時発見されて間もなかった海洋底の地磁気の縞模様の成因に、上述のような画期的説明を与えた（図2）。そして、次々ともたらされる海洋底の研究成果とあいまって、プレートテクトニクス革命が導かれていった。また、古地磁気の研究は、プレートテクトニクスの確立に大きな役割を果たした大陸移動説にも実証的なデータを提供した。それから二〇年以上たった今日、地球磁場の変動が地球進化や地球システムの相互作用の帰結として、また、マントルや核のダイナミクスの解明の鍵として、いっそう注目されるようになっている。

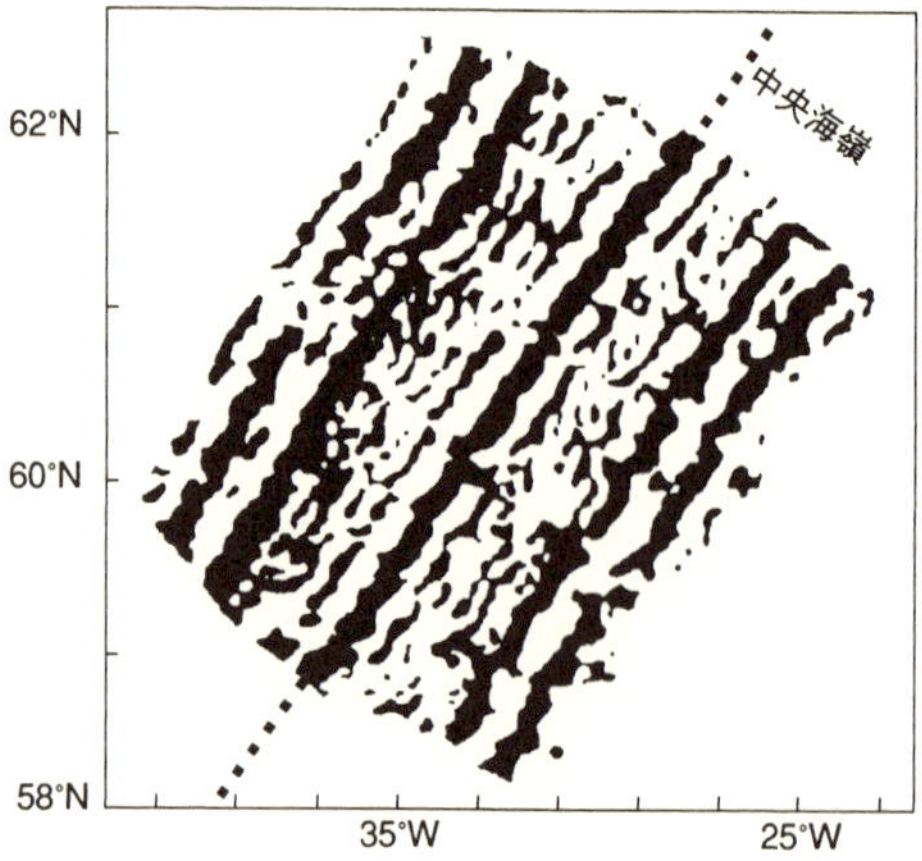

図1　レイキャネス海嶺周辺の海洋底地磁気の縞模様
[Heirtzler *et al*. (1966) による]
中央海嶺をはさんで対称的な地磁気の縞模様が見られる．

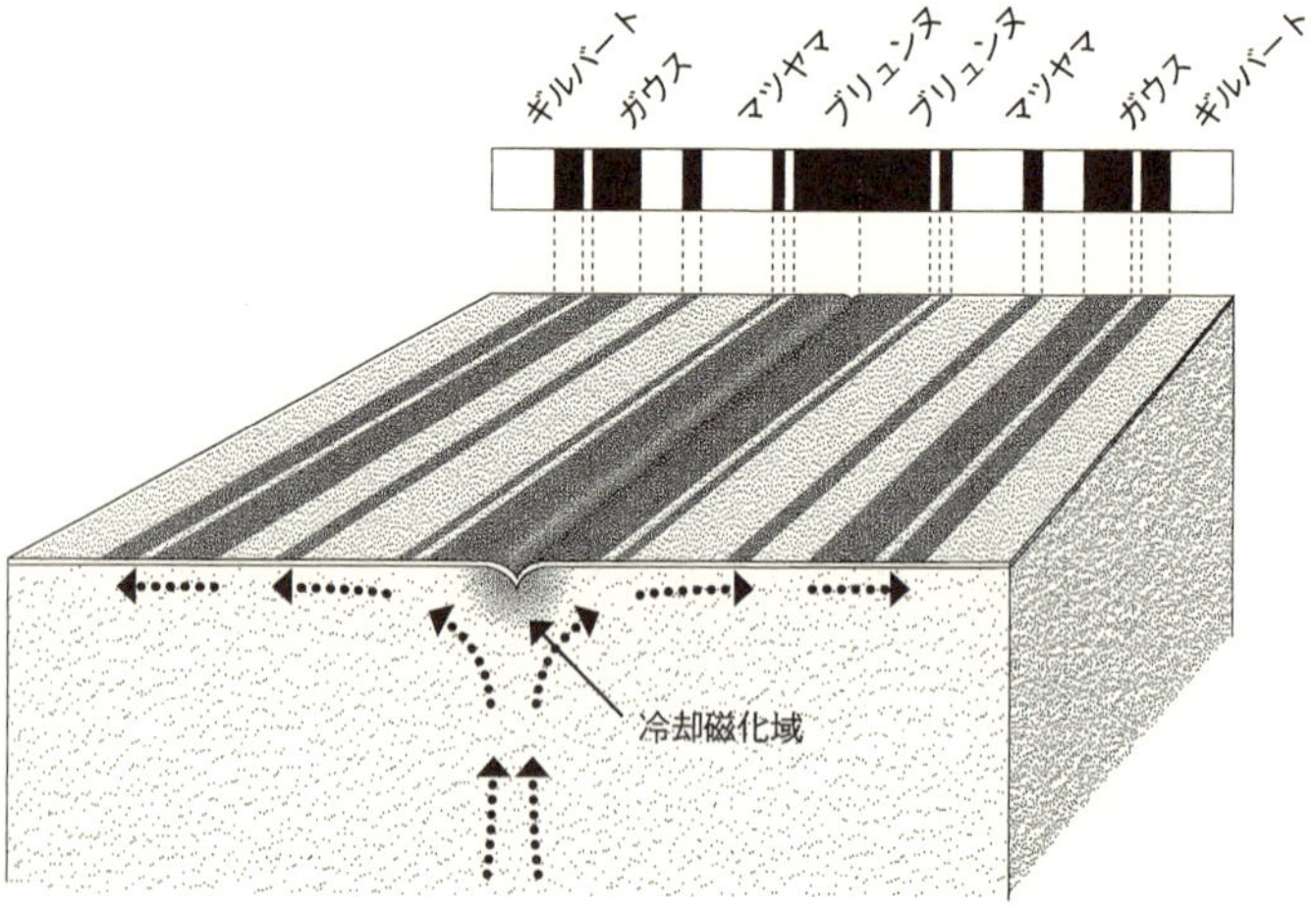

図2　中央海嶺で生成された海洋地殻は冷却すると地球磁場と同じ方向に帯磁する

■地球磁場の逆転と古地磁気層序の確立

岩石が高温状態から冷却するとき、磁性を持った鉱物が地球磁場の方向にそろって配列することで熱残留磁化を獲得する。このことを利用して、火山岩の熱残留磁化から、過去の地球磁場の方向や強度を推定することができる。各地の火山岩の残留磁化を測定した結果、現在の地球磁場と同じ方向に帯磁したものと逆に帯磁したものがあった。しかし、一九五〇年代になるまで、過去に地球磁場の南北が逆さであったことなど、天と地がひっくり返ってもあり得ないように考えられていた。そして、地球磁場と反対方向に帯磁する物理化学的メカニズム（自己反転機構）が理論的に、そして実験的に調べられた。

しかし、自己反転機構は限られた条件の下でしか起こらないにもかかわらず、化学組成や鉱物組成の異なる岩石が、同時に地球磁場の方向と反対に帯磁していることが明らかになった。また、同じ時代に噴出した火山岩や海洋底にたまった堆積物が同一方向に帯磁していることも明らかになり、一九六〇年代には、地球の磁場がたびたび極性を反転したという考えが主流になっていった。

地球磁場の逆転が受け入れられると、いつ逆転が起こったのかを正確に見積もろうという研究者が現れた。A・コックス（米国地質調査所）らをはじめ多くの研究者の努力により、火山岩の熱残留磁化とカリウム・アルゴン法による年代測定が行われ、古地磁気層序が確立されていった（図3）。ま

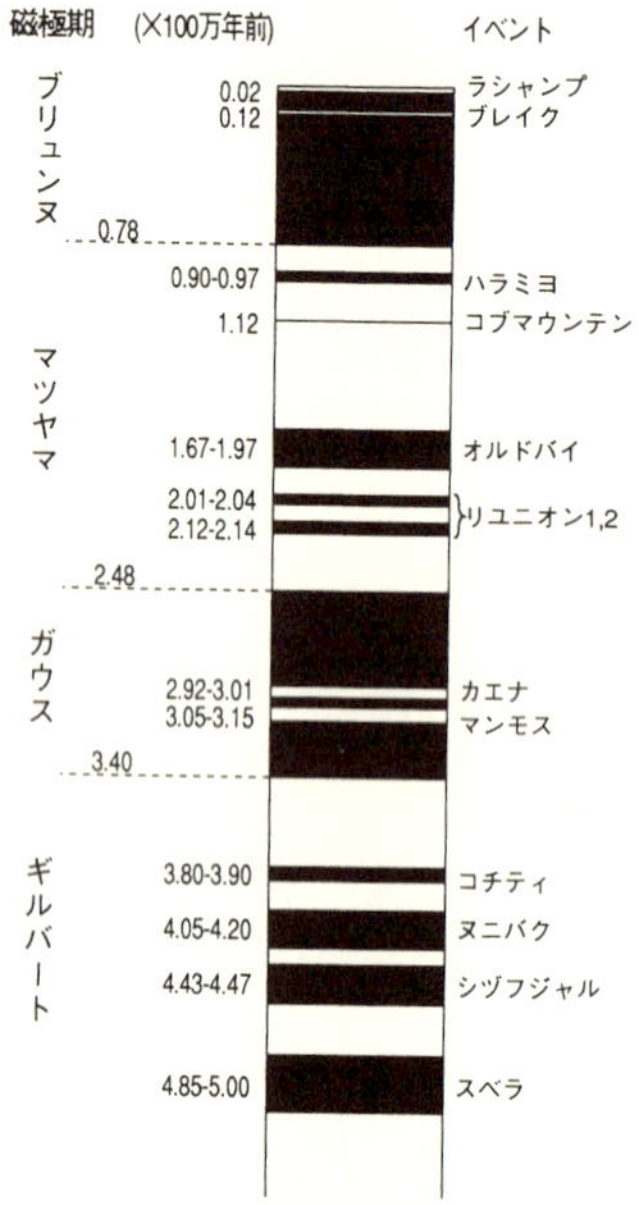

図3　過去500万年間における地球磁場逆転の歴史
［Gubbins（1994）による］
各反転期には古地磁気学で功績を挙げた研究者の名前がつけられている．反転期のなかにある小規模な逆転期はイベントと呼ばれ，岩石採集地の地名で呼ばれている．

た、深海底堆積物の堆積残留磁化の測定からも、古地磁気層序は精密化された。

いったん古地磁気層序ができあがると、海洋底の地磁気の縞模様には時間目盛りがつけられたことになる。そこで縞模様からプレートの拡大速度が推定され、逆にプレート拡大速度を仮定することで古地磁気層序は一気に中生代までさかのぼることができた（図4）。

■地球磁場逆転のリズム

地球磁場の逆転頻度は、平均数十万年に一回の割合である。しかし、詳しく見ると、頻繁に逆転を

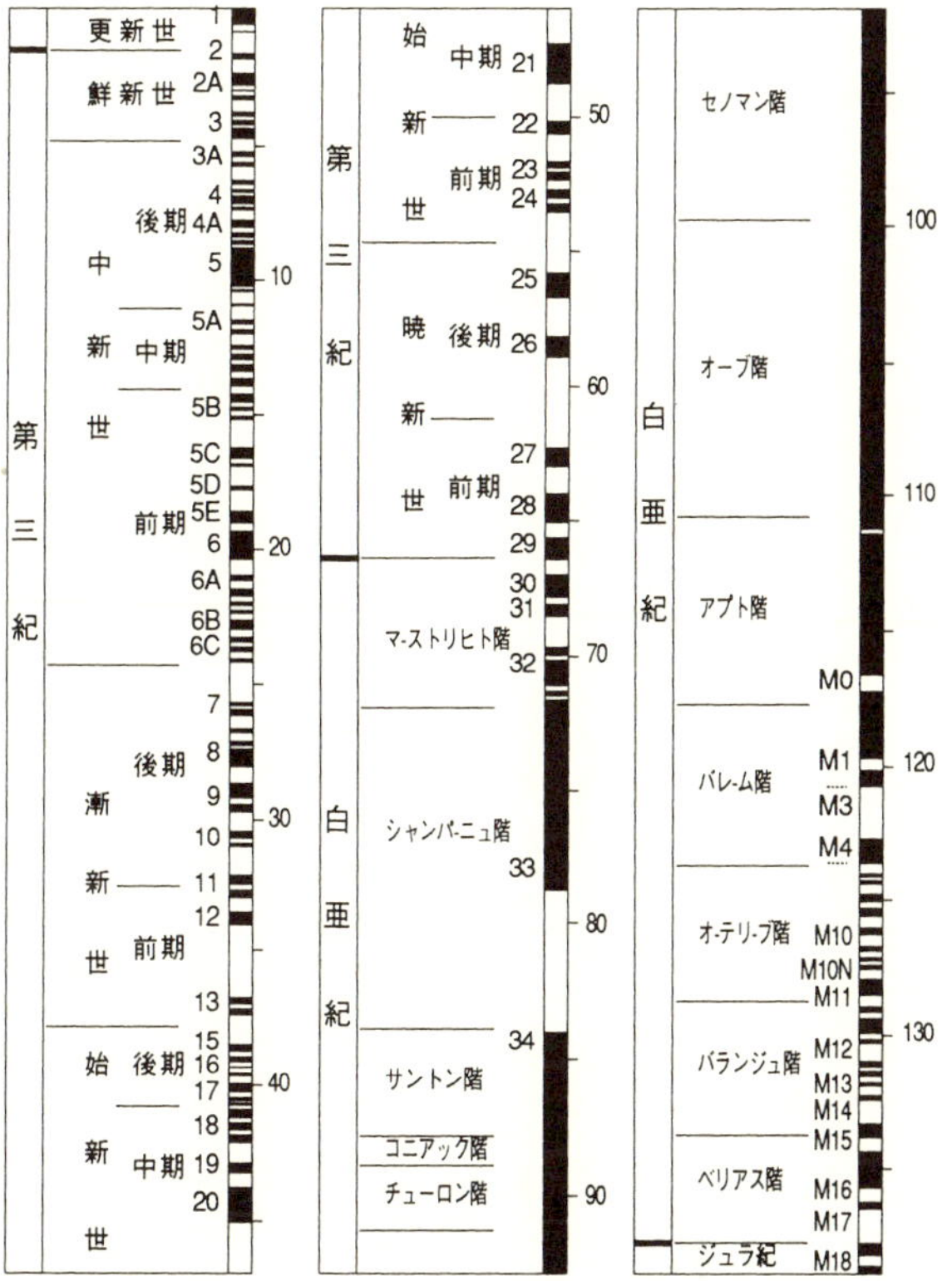

図4　現在から中生代までの地球磁場の逆転の時系列
[Gubbins (1994) による]
中生代には長期間にわたって地球磁場が反転しなかった．第三紀には頻繁に磁場の逆転が起こった．

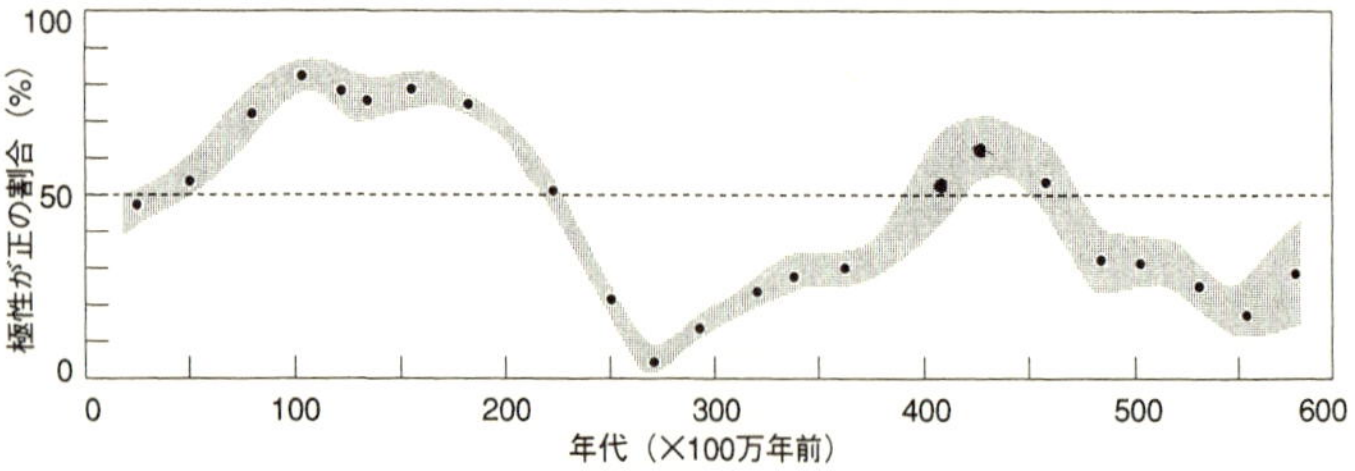

図５　地球磁場の極性バイアス値の時間変化
[Irving and Pullaiah (1976) による]
地磁気の極性バイアス値には約３億年のサイクルがある．

繰り返した時期や、中生代白亜紀のように四〇〇〇万年にわたって一度も逆転が起こらなかった時期があって、磁場の逆転の様相は時代ごとに大きく異なっている。このようなゆらぎを表す量として、極性のバイアス値というパラメータが用いられている。これは、ある与えられた期間のなかで極性が正であった期間の割合を時間の関数として求めたものである（図5）。地球磁場の逆転間隔が極性バイアス値を計算する期間より長ければ、極性は正か負のどちらかに大きく偏っているので、バイアス値は〇%（逆）か一〇〇%（正）に近い値をとる。また、頻繁に反転を繰り返している時期は、極性バイアス値は五〇%になる。図5を見ると、極性バイアス値の変動には約三億年の周期性があるように見える。三億年という周期性は、太陽系が銀河系中心のまわりを公転する周期や、前章で述べたプレート運動にともなう超大陸の合体分裂のサイクルの周期とほぼ一致している。

また、ある期間に逆転が何回起こったかを統計的に調べることによって、逆転頻度の時間変化を求めることができる（図6）。この図には中生代白亜紀に逆転がまったく起こらない時期（一億一七〇〇万年前から八五〇〇万年前まで）があったこと、四五〇〇万年前に急激に逆転頻度が高まったことが読みとれる。

逆転回数を計算する期間を短くして頻度変化を調べることにより、約三〇〇〇万年周期や一五〇〇万年周期が存在することが見いだされている（図7）。このような周期性は、ラウプとセプコスキの発表した生物の大量絶滅の周期と一致しており、磁場の逆転頻度と生物の絶滅の因果関係に関する議論へと発展しているが、相互作用のメカニズムはよくわかっていない。

■地球磁場逆転の謎

地球が誕生した頃に地球内部に磁場が存在したとしても、次第に拡散して弱まってしまう。また、電流が流れていたとしても、ジュール熱に変換されて弱まってしまう。減衰の時間スケールはたかだか一〇万年と推定される。したがって、現在のような地球磁場を維持するには、地球内部になんらかの発電作用がなければならない。こうした考察から一九四〇年代から今日に至るまで、地球磁場の維持機構（ダイ

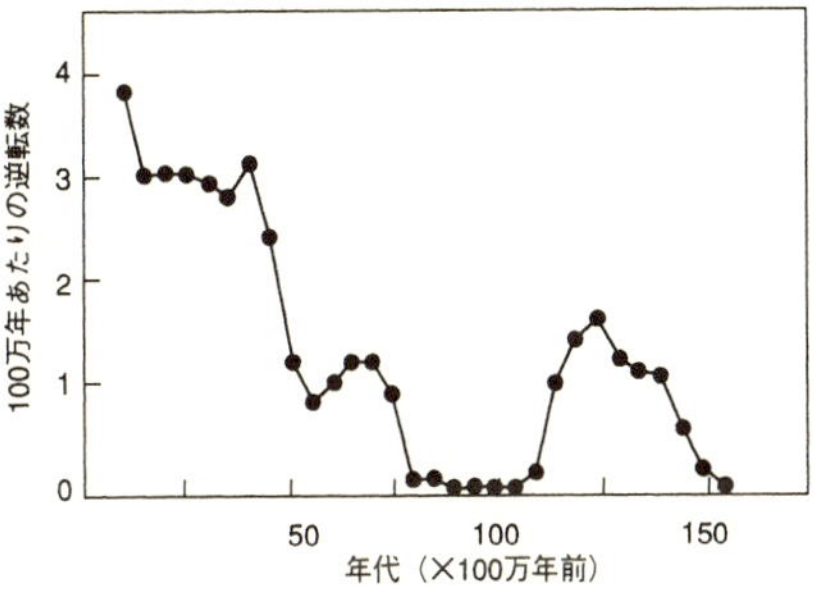

図6　地球磁場の逆転頻度の時間変化
［Cox（1975）による］
1000万年間に発生した逆転回数の時間変化.

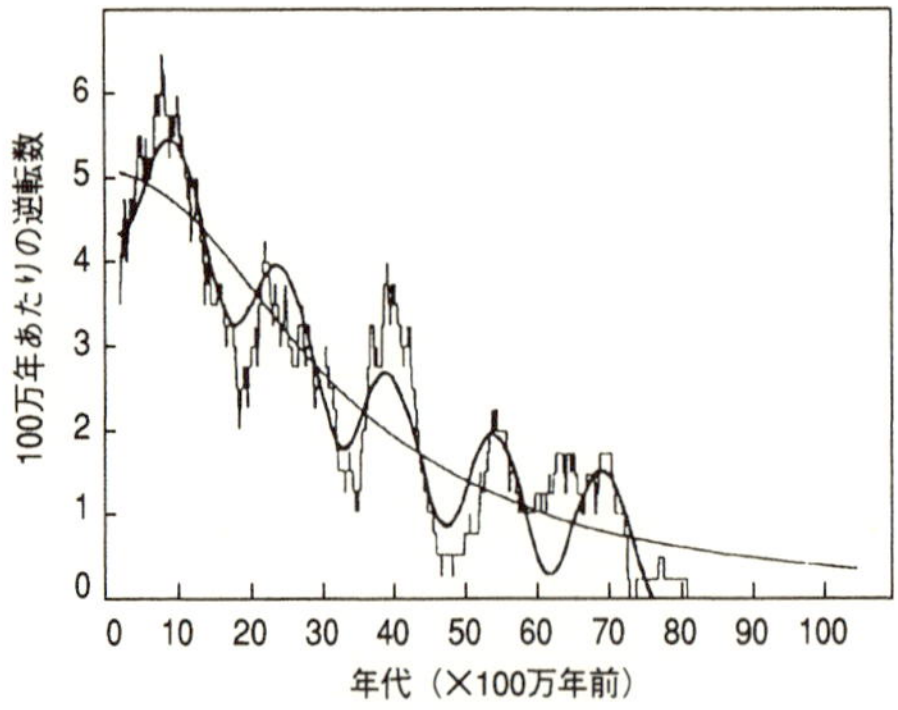

図7　地球磁場の逆転頻度に認められた1500万年の周期性［Mazaud *et al*. (1983) による］
100万年ごとの逆転頻度の時間変化.

ナモのメカニズム）の研究が盛んに行われている。

　地球の中心核（外核）は金属鉄でできており、どろどろに溶けた溶融状態でもある。そこで、磁場が存在する条件下で中心核の対流によって電流が発生し、それが新たな磁場を発生させるというように、めぐりめぐって元の磁場を強める機構が詳しく調べられていった。

　地球磁場の著しい特徴に極性逆転現象がある。ダイナモ理論によって磁場を維持する理論が確立されても、この地球磁場の非定常性まで説明することができなければ、地球磁場の本質を理解したことにならない。

　地球磁場の極性逆転が発見されてから間もない一九五八年に、力武常次（当時東京大学地震研究所）は、極性が反転する円盤ダイナモ（力武ダイナモ）を発見した（図8）。このダイナモはある定常値のまわりを振動しているが、振幅が大きくなると不安定化して極性が反転し、もう一つの定常値のまわりの振動を始めるのである。さらに長い期間にわたって計算を行うと、そのような反転

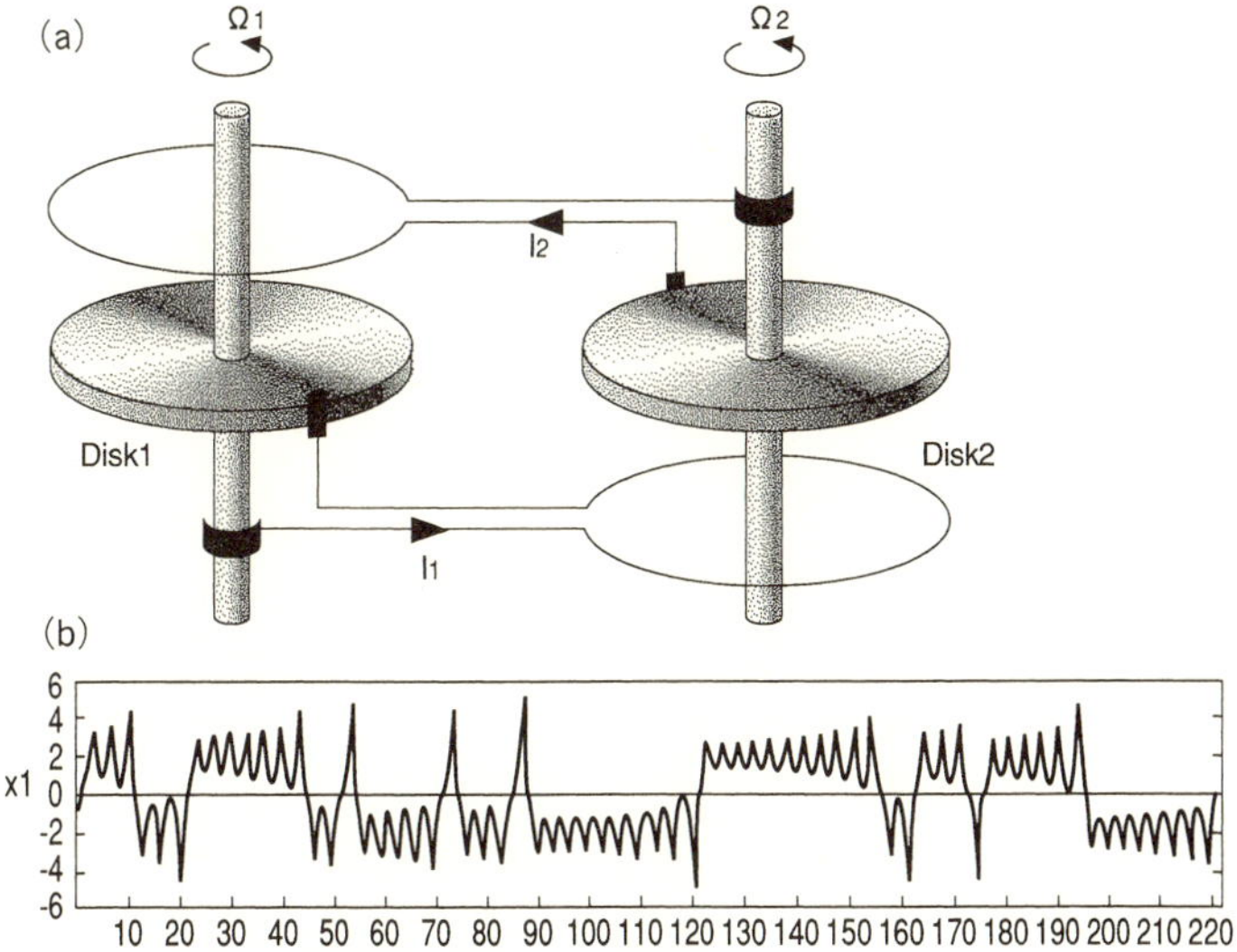

図8　力武ダイナモの概念図 (a) とその振舞い (b)
[Cook and Roberts (1970) による]
力武ダイナモでは磁場強度が徐々に増大してから反転が起こる.

はたびたび繰り返した。このような性質は、力武ダイナモの非線形性に起因している。

伊東敬祐(神戸大学理学部)は、一九八〇年に力武ダイナモの非線形性の強さを表すパラメータを変化させて極性反転の特性を調べ、この系がカオスを発生させることを発見した。力武ダイナモを記述する方程式は、第5章で説明した気象学者のローレンツが発見したものとほとんど一致しており、ローレンツアトラクタと類似の軌道を描き出した。また、非線形性の強さを表すパラメータを大きくしていくことにより、周期的軌道が複雑化してカオスに至る経路に、今日、周期倍分岐と呼ばれている性質があることも発見された。そして、カオス的挙動を示すパラメータ値の領域のなかに、逆転が間欠的に繰り返す秩序だった挙動をする部分が多数含まれていることも示された。

このように力武ダイナモの振舞いには、地球磁場の逆転のリズムとの類似性が指摘されている。こうして、力武ダイナモは地球磁場の逆転のリズムに、新たな視点を導入することになった。S・ガフインは、地球磁場の逆転の時系列データを非線形理論に基づいて解析しているが、得られたフラクタル次元は、非定常ポアッソン過程が生み出すリズムのフラクタル次元と一致している。

地球磁場が力武ダイナモで近似できるとすれば、逆転現象は系の非線形性による自励的振動であることになる。この場合、非線形性の程度を表すパラメータが変化すれば、変動周期が変化したりカオスを発生させることがあると考えられる。

しかし、地球磁場の変動には、核固有の運動以外にも、マントルのダイナミカルな変動や地球回転変動の関与した傍証がある。また、地球外の要因によって地球磁場の逆転が強制的に引き起こされている可能性として、小惑星や彗星の地球への衝突が提案されている。衝突によってマントルの熱的性質や慣性モーメントが変化した場合、地球の自転運動に変動が起こると期待される。これが原因となってさらに中心核の運動様式や熱的状態が変化することにより、ダイナモの機構にゆらぎを与えるというシナリオである。実際、深海掘削コアのあるものには、地球磁場の逆転とある種の生物の絶滅、さらにテクタイトと呼ばれる衝突によって飛び散ったガラスの球粒が見つかったという報告がある。しかし、個々の逆転に衝突が関与しているとは考えられないので、衝突と磁場逆転の直接的な因果関係は認めがたい。

■地球磁場とマントルダイナミクス

地球磁場の逆転頻度の長期的変動は、マントル・核境界にある熱的境界層の状態変化に原因があるとする説がたびたび提案されている。しかし、逆転頻度とマントル・核境界での対流運動とを結びつけるメカニズムはよくわかっていない。マントル・核境界での熱流量が大きい場合には、対流運動が活発になり磁場強度が強くなって逆転頻度が抑制されるという考え方がある。その一方で、活発な対流運動はダイナモ作用を不安定化し、逆転頻度が増大するという見解も存在している。

中生代には、数千万年にわたって地球磁場の逆転が起こらなかった時期があった。この時期には海洋地殻の生成率が増大しただけでなく、プレート内部の火山活動も活発であり、西太平洋のシャツキーライズやオントンジャワなどの巨大海台も、このときにできたものであると推定されている。一九九一年、R・L・ラーソン（米国ロードアイランド大学）は、太平洋の真ん中に巨大なマントルの上昇流が発生したために、海洋地殻の生成率が増大したとする仮説（スーパープリューム仮説）を発表した。巨大なマントル上昇流の発生が、マントルと核の境界の熱を奪いとり、ひいては外核の対流を促進して地磁気の逆転の停止をもたらした。また、火山活動によって放出される二酸化炭素によって、この時期の地球は温暖な気候になった。ラーソンの提案した仮説は、マントルの対流にともなって間欠的に発生する大規模なプリュームが、外核の地球磁場生成維持機構だけでなく、地表の火山活動や気候の温暖化を引き起こした可能性を指摘したことで、地球システムの変動に画期的なシナリオを提示した。

彼の説は、この時期に形成された海洋地殻の面積や火山岩の分布に基づいたものである。しかし、古い時代の海洋地殻はプレートの沈み込みによってかなり消失してしまっているので、彼が用いた根拠は客観性に乏しいという批判がある。

一方、V・コーチローとJ・ブッセ（パリ大学）は、マントルの活動度を真の極移動の速度に基づいて推定した。マントル対流が激しいほど真の極移動速度は大きくなると考えられるからである。ハワイ諸島やケルグーレン諸島のような火山島は、ホットスポットと呼ばれている。これらのプレート内火山は地球深部にマグマの供給源があり、プレート運動の静止座標系として用いられている。ホットスポットに準拠してみた極の運動は、地球回転軸に対するマントル全体の運動の指標となる。彼らはホットスポットが生み出した火山列の配置から、真の極移動速度の時間変化を求めている（図9）。しかし、彼らの得た結果によれば、地球磁場の逆転頻度の停止より四〇〇〇万年も前からマントルの活動の低下があったことになる。これは地球磁場の逆転の時間スケールに比べてあまりにも長すぎるように思われる。

いずれにしても、これらの説の妥当性を検討するには、白亜紀の逆転のなかった時期における地球磁場強度を調べればよい。一九八八年にP・パルとP・ロバートのまとめたデータは、白亜紀に地球

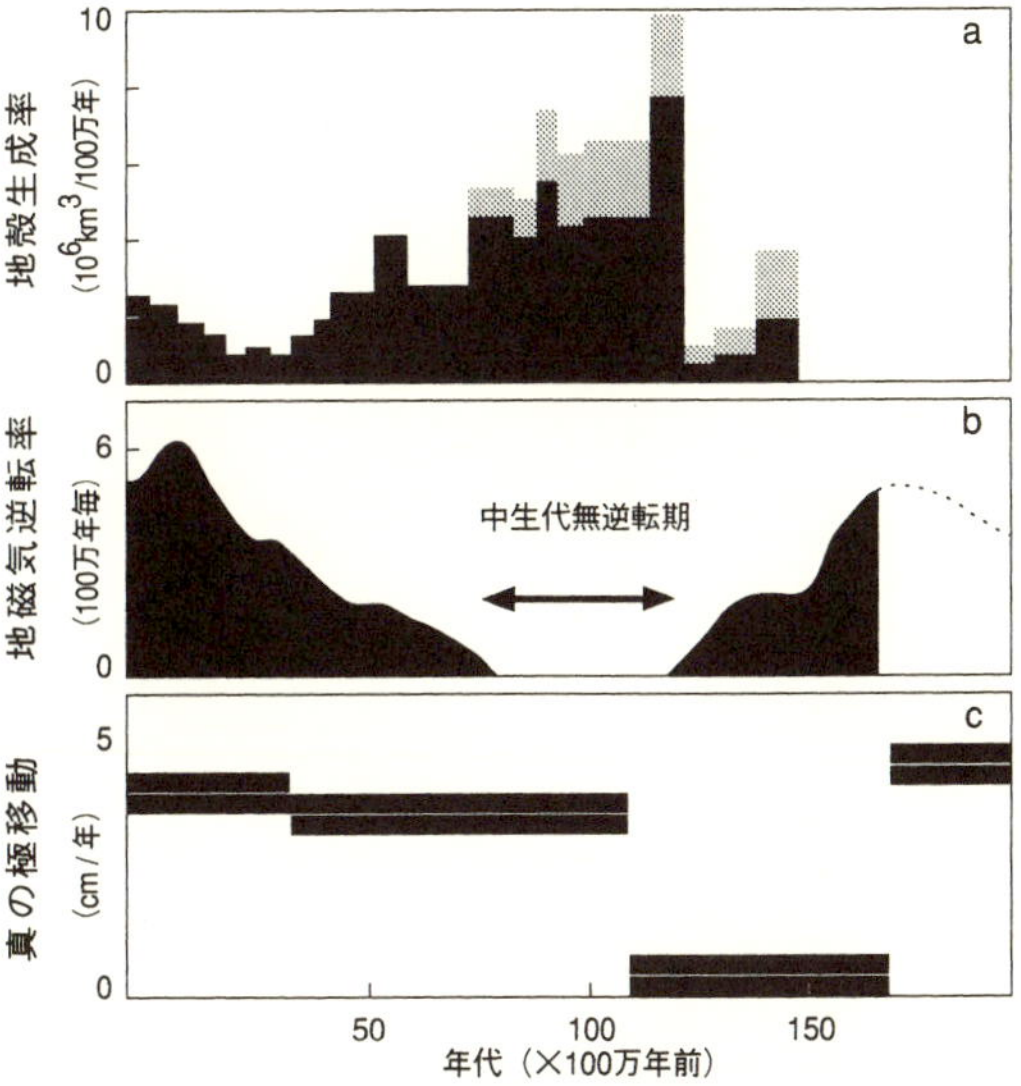

図9　海洋地殻の生成率，地球磁場の逆転頻度，真の極移動速度の比較［Fuller and Week (1992) による］
地殻生成率が高い時期には地球磁場の逆転は起こっていない．真の極移動が停滞した時期は，地磁気の反転が起こらなかった時期とずれている．

磁場強度が強かったことを示唆していた。しかし、彼らの採用したデータは信頼性の低いデータが含まれていた。そこで、M・プレボーらは古地磁気強度のデータを再検討した結果、逆にこの時期は磁場が弱かったというまったく逆の結論を導いた。スクリップス海洋研究所のグループの最近の研究によると、深海底玄武岩中のガラスの残留磁化は、この時期には磁場が弱かったことを支持しており、ラーソンが提案した核とマントルの相互作用のメカニズムに対し、否定的な結論を導いている。つまり、彼らの結果によれば、スーパープリュームの発生は核の対流運

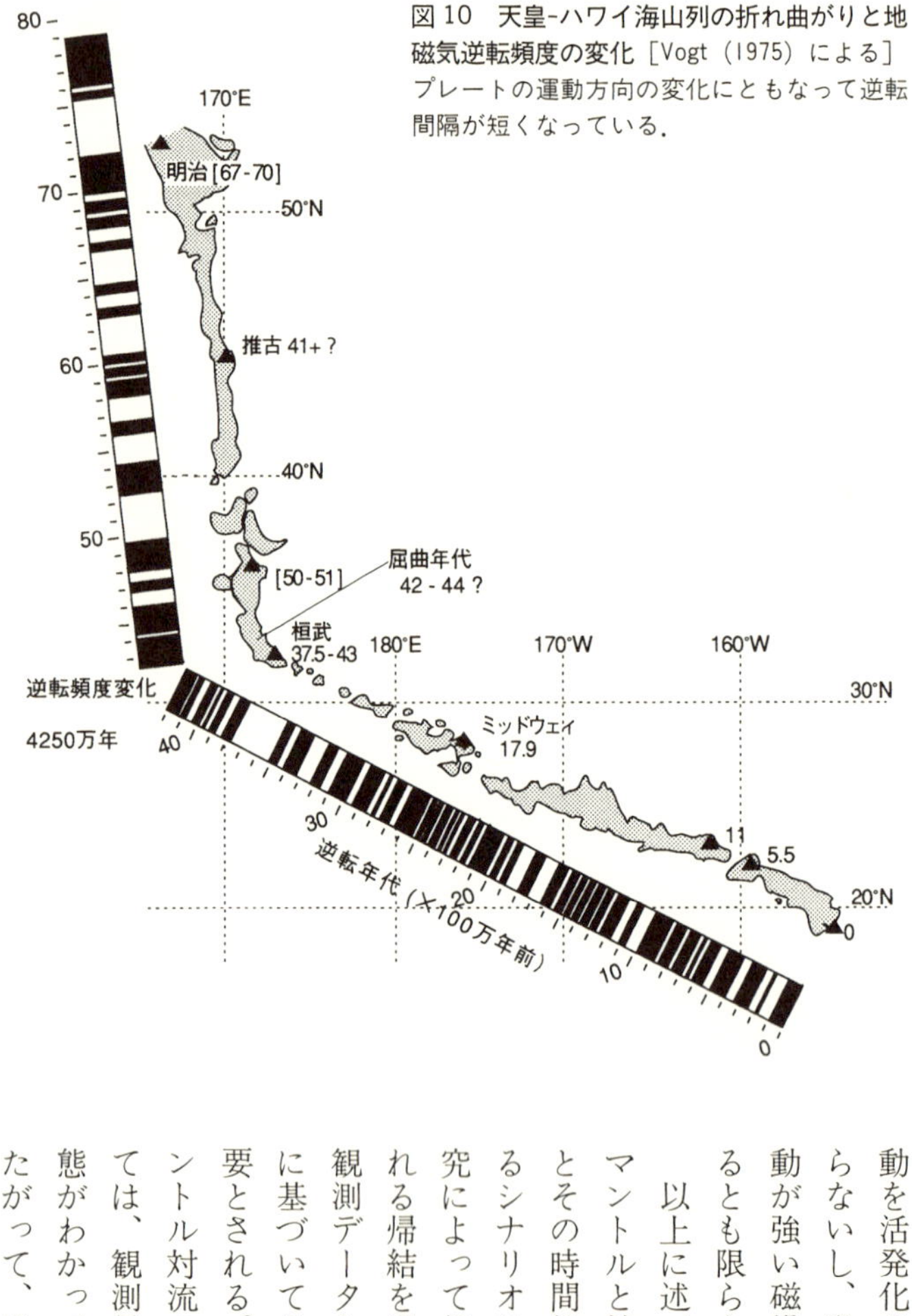

図 10　天皇-ハワイ海山列の折れ曲がりと地磁気逆転頻度の変化［Vogt（1975）による］
プレートの運動方向の変化にともなって逆転間隔が短くなっている.

動を活発化させるとは限らないし、激しい対流運動が強い磁場を発生させるとも限らないのである。

以上に述べたように、マントルと核の相互作用とその時間的変遷に関するシナリオは、理論的研究によって仮説から導かれる帰結を明らかにし、観測データとの比較検討に基づいてその検証が必要とされる。しかし、マントル対流の変動については、観測量が乏しく実態がわかっていない。したがって、地表に残された火山活動や造山運動の歴史からマントル対流の変動を復元することが必要であり、系統的なデータベースの作成が丸山茂徳によって進められている。こうした努力によって、地球史における超大陸の合体と分裂のサイクルの実態が明らかにされつつある。

ところで、外核の変動と地球表層の変動の関連性を示唆するもう一つのデータがある。ハワイのホットスポットから西北西へ延びる海山列を詳しく調べると、プレート運動の変化にともなって磁場の逆転様式が変化したことが読みとれる（図10）。ハワイの海山列はミッドウェイ諸島の西で北北西へ向きを変えている。これは今から約四〇〇〇万年前に、太平洋プレートの進行方向が北北西から西北西へ変化したことを物語っている。そして、天皇‐ハワイ海山列の屈曲が起こった四〇〇〇万年以前には地磁気の逆転縞が厚いのに対し、それ以後は密に白黒が反転していることが読みとれる。四〇〇〇万年前に何が起こったのかを追究することによって、マントルと核の変動を引き起こすメカニズムを解明する手がかりが得られるのではなかろうか。この時期にインド大陸とアジア大陸の衝突が始まり、ひいては急激な気候の寒冷化が起こったことと関係があるのだろうか。

■地球磁場と気候変動

一九六〇年代に始まる深海掘削コアの解析は、氷期・間氷期の歴史や地球磁場の逆転史の解明に多大な成果をあげていった。これらの研究から気候変動と地球磁場変動を関係づける研究者が現れたことは想像に難くない。このような論争に最初に火をつけたのは、G・ウォーリン（ラモントドハティ地質学研究所）らであった。

一九七一年にウォーリンらは、深海掘削コアV20-108の有孔虫個体数に基づく気候変動曲線と堆積残留磁化の測定結果を比較して、寒冷期に残留磁化が強くなることを指摘した。彼らは数年後にさらに、これらの結果をミランコビッチサイクル（地球の軌道離心率の変動曲線）と比較した。そして、軌道離心率が大きい時期に地球磁場は強くなり、気候は温暖化するという提案を行った。しかし、このような比較は、地球磁場の反転のサイクルよりも時間精度が一桁くらい細かくなるので、多くの問題が残されていた。そのなかでも大きなものは、堆積物が地球磁場の変動を数万年の時間スケールで忠実に記録しているかどうかであった。寒冷期には堆積物中に磁性鉱物が蓄積されやすくなるため、地磁気強度の変動と気候変動の相関は意味がない、といった批判がたびたびとり上げられた。

最近になって、浜野洋三（東京大学理学部）が、この問題に新たなデータを提示した。彼は、それまでに指摘されていた堆積学的問題点を検討した。そして、日本海の深海掘削コアを注意深く分析し、堆積物に記録されている残留磁気が堆積過程によるのではなく、地球磁場の変動を記録していることを確かめた。その変動曲線をスペクトル解析することによって、ミランコビッチサイクルに対応する周期性が発見された。

浜野は、両者の因果関係を次のように考えている。地球軌道要素の変動によって日射が変動し、それが地球の気候変動を引き起こしている。これが極地域の氷床の拡大縮小の原因であることは、少なくとも過去数百万年は確からしい（第6章参照）。極地域の氷床が拡大すると、その重みでマントルの流動が引き起こされる。したがって、氷床の発達はゆっくりながら、地球の慣性モーメントを変化させ、地球の回転運動にも影響を与えているであろう。地球中心核のダイナモ作用は、そこでの対流だけでなく、地球回転の影響も受けている。このように地球軌道要素の永年変動が、紆余曲折を受けながら、最終的に地球中心核を刺激していると考えられるのである。

実際、数十年の時間スケールでは、地球磁場変動と地球回転変動によい相関が知られている。浜野の得た結果は、このような相関がさらに長い時間スケールで成立していることを示唆しているが、詳しい検討は今後の重要な課題である。（氷床の変動が地軸の傾き角に及ぼすフィードバックについては、伊藤孝士が検討を行っている。）

いずれにしても、このような考えはたいへん画期的であった。というのは、これまで地球表面で起こることは、地球の深いところにのみ、その原因があるとされていたからである。プレート運動はマントルの運動に、そして磁場の変動は地球中心核にというようにである。しかし、今や地球中心核は、地球の中心に居座ってまわりのマントルや大気、海洋を支配しているのではないのである。数万年という時間スケールでは、マントルや氷床にあやつられる受動的な存在に格下げになってしまった。

一方、J・P・ヴァレとL・メイナディア（パリ地球物理学研究所）は、赤道太平洋で採集された深海底堆積物の磁気測定を行って、過去四〇〇万年間の地球磁場の強度変化を求めている。得られた変動曲線には、数万年から数十万年の時間スケールの変動が含まれている。図11は一〇万年より長い

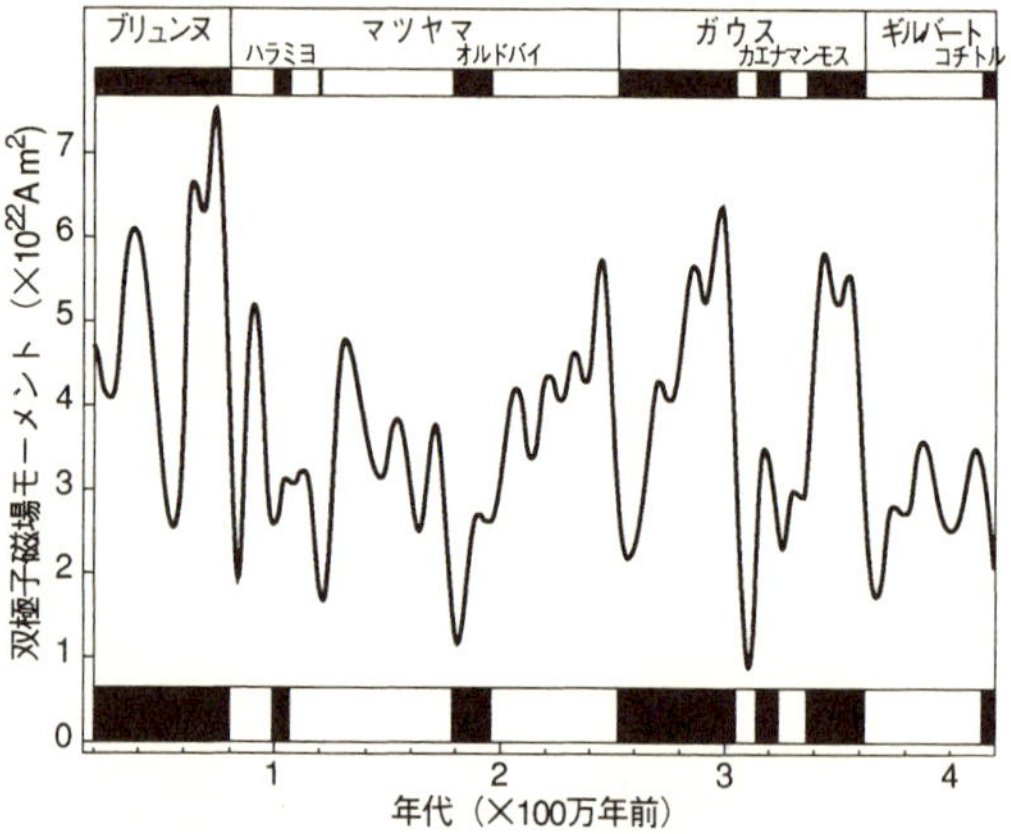

図 11　過去 500 万年間の地球磁場強度の変化
[Valet and Meynadier (1993) による]
反転後に磁場強度は大きいが，徐々に弱まって反転が起こることが読みとれる．

周期の変動成分をとり出したものである。この図には、鋸の歯のような形をした非対称の変動が読みとれる。すなわち、地球磁場の逆転にともなって磁場強度が増大し、その後徐々に弱まって次の逆転が発生しているのである。しかもそのなかには、たくさんの短周期の変動が含まれている。また、逆転直後の磁場強度が大きいほど、次の逆転までの時間が長いことも読みとれる。地球磁場強度の短周期の変動像は最近になってようやく実態が浮き彫りにされるようになったものであり、今後の研究の展開が期待されている。

興味深いことに、鋸歯状の変動は力武ダイナモの振舞いでも認められている。しかし、力武ダイナモでは、時間とともに磁場強度が増大してから逆転が起こっており、変動のパターンは実際の地球磁場の変動とは逆である。

ところで、氷期のなかに見られた温暖化と寒冷化のサイクルでも、鋸歯状の変動が認められている（第7章参照）。地球磁場強度の変動や氷期の気候変動に認められる鋸歯状をした非対称な変動は、システムが非線形であることの反映である。地球システムに見られる変動を理解するには、それらが非線形系の解の振舞いであるという観点にたって、個々のリズムを解析することが重要であろう。

地球史と地球磁場

地球には磁場がある。しかし、月、金星、火星には地球のような強い双極子磁場はない。木星型惑星はともかく、内部に電気伝導度の良好な流体が存在しており、ダイナモが機能していることが確かなのは、地球型惑星では地球だけである。この違いは惑星の内部構造や熱的進化にかかわる重要な問題である。

今から二〇年以上も前に、地球磁場の成因に関する一つのパラドックスが問題にされたことがある。地球の中心核の温度構造の考察から、温度勾配はそれほどきつくないことが推定されたのである。流体が熱対流するためには、流体層の上面と下面の間である程度、温度勾配が存在しなくてはならない。核の温度勾配がきつくないとすれば、中心核は熱的に安定で、対流が発生していないことになる。そうであるとすると、ダイナモ作用の原動力が中心核には存在しないことになってしまう。これがそのパラドックスの意味である。

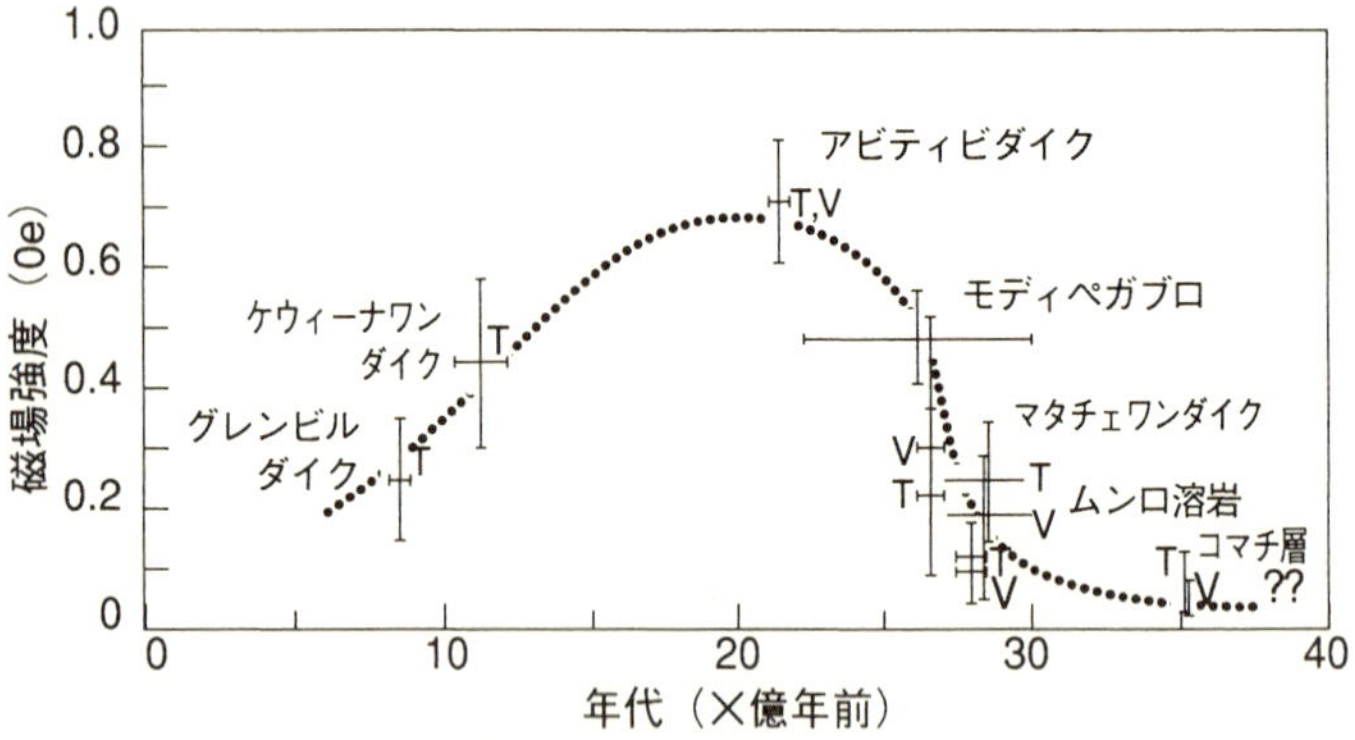

図 12　地球磁場の強度変化の歴史［Hale (1987) による］
地球磁場の強度は約 27 億年前に急激に増加したらしい．

今日では、この問題は内核と外核の化学的分化過程を考えれば困らないことが示されている。中心核は外核と内核から構成されている。地球の熱的進化によって内核が徐々に固化して成長してきた。内核の成長は熱と不純物の濃集を外核にもたらす。この熱と化学組成の不均質を解消するように対流が発生する。金星や火星では、核が結晶分化していないために磁場が存在しないといわれている。

もしそうであるとすると、火成岩や堆積岩に記録された残留磁化を調べることによって、内核が結晶を始めた時期を推定できるかも知れない。カナダのC・ヘールは、これまでに測定された古い時代の岩石から推定された地磁気強度を時間の関数として調べ、今から二〇億年前から二五億年前に急激に地球磁場が強くなったことを見いだした（図12）。そして、今から二七億年前に内核の固化が始まったとする説を発表している。

近年、惑星形成過程の研究が進み、誕生して間もない頃の地球の姿が理論的に導かれるようになってきた。微惑星の集積で成長した初期地球にはマグマオーシャンが形成され、それとほぼ同時に核とマントルの分化が起こる。こうして形成される地球の内部構造を調べた室町幸雄（当時東京大学理学部）やスチーブンソン（カリフォルニア工科大学）は、核は永久に安定成層しており、対流も分化も起こり得ないという結論に達した。これは、スチーブンソンのパラドックスと呼ばれている。

現在の地球大気がそうであるように、このような安定成層した流体には、たえず波動が発生して密度成層を壊そうという運動が生じる。このような波動は大きく成長することはなく、水面にたつ波のように発生しては消えていっているのである。このような波動は慣性重力波と呼ばれている。熊澤峰夫は、慣性重力波が初期にできた中心核の安定成層状態を破壊するのではないかと考えた。そのメカニズムは慣性重力波と潮汐の共鳴である。

地球の初期にさかのぼれば、地球の自転が速くなり、月の軌道が地球に接近することはすでに述べた。地球形成期まで潮汐の周期をさかのぼっていくと、たかだか数時間になる。つまり、地球が形成されて間もない頃には、潮汐の周期と慣性重力波の周期が一致して共鳴し、発生した波動は大きなうねりとなって安定成層を崩壊させるというのである。このメカニズムの定量的な解析は今後の課題である。

熊澤説によると、潮汐と地球中心核の慣性重力波との共鳴は、潮汐摩擦のブレーキ効果を大きくするので、核の安定成層が崩壊したときに、地球の自転や月の軌道周期は大きく狂ったことが期待される。そこで、熊澤は、ヘールが見つけた地球磁場が急激に大きくなる時期に、核の安定成層が崩壊したのではないかと提案している。この説によると、地質時代の太古代と原生代の境界は、核の安定成層の崩壊の帰結であることになる。つまり、この事件によって地球自転速度が急激に減少し、月は地球から遠ざかった。そのエネルギーによって地球内部は融解し、地上では火成活動が活発化すると同時に地球磁場が強くなったと考えるのである。

この説を検証するには、堆積物や化石に記録した潮汐リズムを解読し、このイベント前後の一日の長さや月の軌道周期を求めればよい。こうした目的には、ミランコビッチサイクルを記録した堆積物も役に立つ。核の安定成層が崩壊すれば地球内部に莫大なエネルギーが蓄えられる。この熱で地表に大規模な火成活動が起こったかも知れない。この時代の火成岩の化学組成を分析すると同時に、高温高圧実験を行ってマグマの融解条件を調べることも有効であろう。

また、ヘールが用いたデータは信頼性が低いという批判もある。古い時代の岩石は風化や変質を受けているため、過去の地球磁場の強度を測定することは一般に困難だからである。したがって、精度のよい古地磁気のデータの測定法の開発や、形成された時に獲得した磁化を保存している岩石試料の確保も必要である。最近、浜野らのグループによって二五億年前のＢＩＦの岩石磁気測定が行われ、地球磁場の逆転を示唆するデータが得られている。もしその結論が正しければ、たいへん大きな発見となるだろう。

太古代‐原生代境界問題

前章で示した地球史七大イベントのなかに、大規模火成活動が起こったとされるイベントが二つあった。一つは二七億年前であり、もう一つは一九億年前である。このことは、太古代から原生代への移行期に大きなイベントが二つあったことを示唆している。そこで、この境界を従来のように、二〇億年前とか二五億年前といった一つの年代値で境界を引くのではなく、二七億年前から一九億年前を新しい地質時代として定義し、その時代を詳しく調べることが、今後の研究課題の柱として全地球史解読計画の申請書に掲げられている。

二七億年前の大イベントの原因としては先に述べた熊澤説がある。一九億年前のイベントとしては第9章で述べた熊澤・古本のマゼラン星雲回帰説と、丸山らが提案するマントル対流の二層モードから全マントルモードへの遷移説がある。

丸山説の背景にあるマントル対流様式の進化像は、地球の熱的進化の帰結であるといってもよい。形成期の地球には、微惑星の集積や金属核とマントルの重力的分離過程（分化）、さらにウラン、トリウム、カリウムのような放射性元素の崩壊によって放出される熱で、現在よりもはるかに高温で対流運動も激しかった。最近のマントル対流の数値シミュレーションによると、このようなマントル状態では、深さ六五〇キロメートルにあるマントルの主要構成鉱物の相転移面が障害となって、上部マントルの対流セルと下部マントルの二つの対流セルに分かれて対流運動が起こっていたと推察される。

また、地球の冷却史を考慮した対流のシミュレーションでは、時間が経って地球内部に蓄えられた熱が地表に運ばれて内部温度が下がってくると、上部マントルの対流運動で沈み込んだ物質が六五〇キロメートルの相転移面に溜り、重力的に不安定となって、ある時期に破局的（カタストロフィック）に下部マントルに沈んでいく現象が示されている。そうした大規模下降流の反作用で高温の下部マントル物質が地表付近まで上昇して、大規模な火成活動を引き起こすものと考えられる。このイベントの発生後は、上部マントル物質と下部マントル物質の混合が容易になり、対流セルは二層モードから全マントルを巻き込んだモードへと遷移する。

このような対流様式の変化が地球史のいつ起こったかを数値シミュレーションで導くことは、現段階では困難である。そこで、この遷移が起こった時期を、地球史で火成活動が活発化した一九億年前のイベントと対応すると考えるのである。最近になってジルコンのウラン・鉛法による年代決定精度が向上した結果、約一九億年前に、それまでにあった比較的小さい大陸地殻が次々と衝突付加して北米大陸の原型ができあがったことが明らかにされた。このことは、マントル対流の運動様式の変化が地表に超大陸の出現をもたらしたことを示唆しているものと解釈される。また、マントル起源の海洋玄武岩の鉛、ストロンチウム、ネオジミウムの同位体比のデータの配列から導かれる、マントルの化学的不均質の形成の平均年代値も、二五億年前から一八億年前であり、一九億年前にマントルの運動が大きく変化したことと関係しているのであろう。

この時期の地球表層環境を調べてみると、すでに述べたように二七億年前ごろに紅色硫黄細菌の祖先と緑色硫黄細菌の祖先からシアノバクテリアが誕生した可能性が高い。そして一九億年前頃までにシアノバクテリアの生み出した酸素分子によって海水中の二価鉄イオンが消費しつくされ、大気・海洋の酸素分圧が高まって真核生物の出現を迎えたのだろう。つまり、二七億年前から一九億年前までの期間は、酸素分子の乏しい嫌気的な環境から、生物が酸素呼吸を行う好気的環境への遷移期に相当しているように思われる。もしそうであるとすれば、二七億年前から一九億年前までの期間を新しい地質時代と定義することは、意味のあることといえよう。いずれにしても、これらの事柄は今後の研究によって検証しなければならない。

VI

共鳴する地球システム

The Symphonies in the Earth System

13 共鳴する地球システム

四六億年という悠久の時間の流れのなかで起こった地球の進化は、太陽のリズム、潮汐のリズムやミランコビッチのリズム、マントルや核のリズムなどの積み重ねの産物である。地球という惑星で生起するさまざまなリズムがどのように相互作用してきたかを明らかにすることなしに、地球の進化はもはや語れなくなった。これまでの章で述べてきたように、地球多圏相互作用とその時間発展という観点に立った地球史研究には、地球を構成するさまざまな要素（サブシステム）の間の相互作用に関するシナリオの構築と、そのコンピュータを用いた数値シミュレーションが大切である。また、そうしたシナリオおよびその帰結を検証する材料として、太古代の岩石を系統的に手に入れようというわけである。これが全地球史解読計画と従来の地質学の最大の相違点である。ここでは、これまでの章で紹介したさまざまなリズムの持つ意味をふりかえると同時に、今後の展望を述べることにしよう。

■地球システムモデルの構築へ向けて

地球は多数のサブシステムからなる複雑系である。もしサブシステム間の相互作用が非線形的であれば、とくに周期的変動を生み出す外力がなくても、それ自身がリズムを生み出すことがあるだろう。そのような非線形振動として、エルニーニョとラニーニャ、氷期と間氷期、地球や太陽磁場の極性の正負、超大陸の集合と離散といった二つの状態の繰り返しが挙げられる。これらの振動子を持つ地球システムに、地球の自転や公転が生み出す日夜のサイクルや季節変化のリズム、月・地球力学系が生み出す潮汐のリズム、ミランコビッチサイクルのような宇宙のリズムが作用して、地球環境の変動を引き起こし、ひいては地球システムを進化させてきたと考えられる。

さらに、これらのサブシステム自身が持つ振動子の間にも、弱いながらフィードバック機構が存在すれば、地球システムは多数の非線形振動子が連結した系であるとみなすことができるだろう。そして、振動子の連結によって振動の周期や位相が引き込まれたり、簡単な有理数比に陥っているのではなかろうか。本書の最初に示した地球のリズムの周期構造（ボーデの法則）は、多数の非線形振動子の共鳴によって生み出されたものかもしれない。

一九九二年秋のＭＵＬＴＩＥＲシンポジウムの会場に、川上博（徳島大学工学部）からのメッセージが、伊東敬祐（神戸大学理学部）を経由して届いた。川上からのメッセージには、地球システムを構成する非線形振動子の結合について、多くの振動子を共振させるマスター振動子が存在する可能性を指摘している。そして、アラユルリズム計画で示した太陽活動や地球史リズムの周期が、ファレイ数列という数列が満たす漸化式から得られる周期列と似ていることが指摘された。ファレイ数列はサインサークルマップという非線形差分力学系［注1］にも現れることが知られており、地球史リズムのボーデの法則は、非線形システムによく見られる周期引き込み現象であるという解釈も可能である。

地球のリズムが非線形振動子結合モデルで記述できるかどうかは、より詳細な検討が必要であろうが、ラーソンのスーパープリューム仮説や、それを発展させた丸山のプリュームテクトニクス仮説、ブロッカーらの塩分振動子仮説は、地球システムのマスター振動子としての可能性を秘めているのではなかろうか。

すでに繰り返し述べたように、このような地球のリズムの発生機構に関する解析的なモデルやメタファーとしての非線形モデルの妥当性を検証するには、地質学的証拠に基づいて個々のリズムの歴史を復元する作業が不可欠である。そして、地質学的証拠を正当に評価するには、物理・化学過程をきちんと把握したモデルが必要である。地球進化のシナリオの提出と、その物理・化学的モデル化、ならびに物的試料の解読が有機的に連携することによって、変動する地球を歴史的に、そして物理的にとらえようとするのが、MULTIER計画の柱の一つである全地球史解読計画の基本方針といえるだろう。そして、地球システムを非線形力学系と見なしてまるごととらえる観点が、その背後にある地球観なのである。

地球システムを研究するにあたり、生命や人間の脳のような変数がたくさんある多自由度系の振舞いと比較しながら、理論的考察や数値シミュレーションを試みることも、発想を刺激するという点から見て有効である。これからも数理物理学者や非線形系研究者、生命科学者との交流はいっそう深まるだろう。

今後の展望

一方では、全地球史解読計画によって、ＢＩＦやストロマトライトのような太古代の岩石が大量に採集されることになっている。これらの岩石から地球と生命の共進化のようなシナリオを検証するには、微生物学者や化学者との密接な連携が望まれる。すでにこれらの岩石からケロジェンと呼ばれる生物起源の有機分子の抽出や、その炭素同位体比の分析が、多数の有機地球化学者の賛同を得て始め

[注1] 非線形差分力学系……自然界の現象の多くは非線形の微分方程式で表されると考えられるが、その解の挙動を連続的に記録して解析することは困難な場合が多い。そこで一定時間間隔でストロボをたいて、現象を離散数値化して扱う方法が考え出されている。たとえば三次元位相空間における運動（アトラクタ）を、ある二次元平面を通過するポイントの集合で記述して、規則性を調べる方法はその一つの例であり、ポアンカレ写像と呼ばれている。ポアンカレ写像に示された点の集合は、本来の微分方程式を差分化した式で記述される。これを非線形差分力学系と呼んでいる。いくつかの非線形力学系からサインサークルマップと呼ばれる差分力学系が導かれることが知られている。

られようとしている。

ストロマトライトやＢＩＦを堆積させたとされるシアノバクテリアの生態を調べたり、地球初期の生物圏状態を推察する手がかりを得ることを目標として、古細菌などの微生物を扱っている研究者や、ＲＮＡ配列をもとに生物の系統進化を分析している研究者との交流も始まった。こうしたさまざまな分析手法や研究手法を結集し、多くの研究者が協力して貴重な太古代の岩石を調べることで、新しい地球と生命の進化像が生み出されるだろうと期待される。

さらに太古代の岩石を大量に処理することで、フラーレンというサッカーボールのような構造をした炭素分子や、地球中心核からやってきたとされる白金族合金の塊（オスミリディウム、イリドスミンと呼ばれている）のような特異で少量しか存在しない物質も発見されるかもしれない。また、地質時代の岩塩鉱床からは、何億年も冬眠状態で塩づけにされている大昔の好塩細菌（ハロバクテリア）が見つかる可能性もある。これまでほとんどの研究者は二〇億年や三〇億年も前の岩石を大量に扱ったことはなかったのだから、私たちの乏しい想像力ではこれから何が発見されるのか予想がつかない状況である。読者の皆さんも、「〇〇という物質を探査したら？」、「〇〇分析をしてみたい！」といったアイデアが思い浮かんだら、積極的にこの計画に参加していただきたい。

また、太古代の岩石の縞模様には、太陽活動、ＥＮＳＯ、地震や火山噴火など、本書の最初の方で紹介したリズムやイベントが刻まれている可能性もある。これらの時間スケールの短いリズムの歴史を復元するには、いきなり古い時代の試料を用いるのではなく、観測データや記録の残っている現在から過去へ向かって地球史を読んでいく方が賢明であろう。樹木年輪、湖成堆積物や熱帯サンゴ礁のサンゴから過去の歴史を読み出して、地球システムの変動像を明らかにすることは、古い時代を調べる指針となるだけでなく、地球環境問題にも重要な視点を提供できるものと期待される。

私たち名古屋大学、岐阜大学のグループでは、熊澤を中心に、大量に収集されつつある太古代の岩石を効率的に加工処理してデータを取得する計画を進めている。一つ一つの岩石試料をダイヤモンドカッターで切断して顕微鏡薄片を作るような、これまでの地質学のやり方ではとても処理できない。それらを肉眼で観察するだけでも膨大な時間がかかる。そこで、「五時からマシン」(After Five Machine＝帰りに分析装置に試料をセットしてスイッチを押して帰ると、翌日データがとれているような理想的装置)を開発しようというわけだ。現在、高野雅夫(名古屋大学理学部)を中心にスキャナー型のＲＧＢ画像処理装置、紫外蛍光画像装置、蛍光Ｘ線分析計、有機物抽出分析装置、ＥＳＲ顕微鏡などの開発が進められている。

最近になって、丸山らが採集した試料や、神奈川県立生命の星・地球博物館からお借りした大型岩石試料が研磨されて送られてきた。いずれも美しい縞模様や奇妙な模様を持つものばかりであり、地球史の謎を解く鍵が秘められているように感じられる。それらの岩石を観察するたびに、オーストラリア、カナダ、グリーンランドなどの遠い異国の地で、どのような状態で地表に露出していたのかが気になってしかたがない。これらの岩石の野外での産状も重要な情報源となるからである。これからもどんどん海外の地質調査、試料採集が進められる予定なので、ぜひ自分の手で貴重な試料の産状を観察したり、試料採集を行いたいと思う。

また、南アフリカで発見された三〇億年以上も前の小惑星衝突放出物層（エジェクタ）をはじめ、シアノバクテリアの出現、真核生物の出現、多細胞生物の出現といった生物圏の大発展の時期を探る鍵となる地層は世界各地に膨大にあり、その調査研究は将来の課題である。したがって、積極的に地質調査や試料採集に加わってみたい方も大歓迎である。

ところで、これまでの地質学では、それぞれの研究者によって集められた化石や岩石試料は、個人レベルで整理保管されており、有効に活用されることなく大学の倉庫や廊下に眠ったままになっている。そして、保管場所がなくなって捨て去られたりすることが多かった。しかし、全地球史解読計画で得られている試料の多くは、酷寒のグリーンランドやカナダ、灼熱のオーストラリア大陸内部などの地質調査によって得られた貴重なものばかりである。こうした試料は、月の岩石や南極隕石などと並んで長年にわたって多くの研究者に配布され、さまざまな分析に用いられるべきものであり、日本の貴重な研究資産であるといえるだろう。その管理保存を行って、必要な時にすみやかに研究者へ配布できるようなシステムを構築することも新しい試みである。これは神奈川県立生命の星・地球博物館の協力を得て進められることになるだろう。欧米では研究用の試料の記載、整理や管理保管は、博物館の重要な業務となっているが、こうした仕事は日本の自然史博物館では軽視されてきたきらいがあり、大学と博物館の協力・共同研究体制の確立も今後進めなくてはならない大きな課題である。

全地球史解読計画は、海外まででかけていって地質調査を行う段階から、コンピュータを前に地球史を数値モデルで再現する段階まで、さまざまな分野の研究者が融合して研究を進める、これまでの地球科学にない組織的なとり組みである。こうした試みが日本で最初に始められたことは強調してもよいだろう。縞々学と全地球史解読計画は、日本発で日本主導の学問である。この生まれたばかりの学問分野が大きく発展して、アイデアや研究手法が世界のお手本となるように、これからも努力していきたい。

あとがき

全国的組織として縞々学研究会がスタートして早くも六年が過ぎた。そして昨年度、MULTIER計画や縞々学研究会の活動の成果として、文部省重点領域研究に「全地球史解読」が採択された。この計画は、これまでの活動のなかでいくつかの重要課題に焦点を絞ったものであるが、縞々学研究会の中味は従来どおり、さまざまな分野の研究者の自由な交流の場であり、新しいアイデアのルツボであると確信している。

発足以来、縞々学研究会は、多くのシンポジウムや縞状堆積物の現地討論会を開いてきた。そこでは、実にさまざまな話題が提供され、活発な討論が行われた。個人的には、これらの機会を通じて多くの事柄を勉強させていただき、たいへん感謝している。こうしたなかで、メンバーそれぞれが、縞々学研究会が単なる研究者の集まりというだけでなく、一つの実体を持った有機体としてのアイデンティティが何であるかを自問し、その「自己組織化」について考えてきた。そうした努力が「全地球史解読」として結晶化したといってよいだろう。筆者は、こうしたとり組みのなかでアラユルリズム計画を思い立ち、その結果として不遜にも本書のような

「いかがわしい」本を書くことになった。そして、一冊の本を書くことがいかに難しいことかを知った次第である。

この本を書き上げることができたのは、八〇年代に大学院生として名古屋大学に身を置き、新しい地球観を構築しようという熱気に満ちた雰囲気と意気込みのなかで、研究とは何かを学んだことが大きい。また、岐阜大学へ赴任してからも、教育学部の持つ独特の雰囲気のなかで自由奔放に研究をすることができた。そして固体地球科学・惑星科学から大気・海洋の科学、天文学、生命の起源・進化へと関心を広げることができた。とはいえ、まだ入口を叩いたところであり、大学院に入学したばかりの新人のような心境である。そして、期待と不安と忙しさのなかにも一五年前の興奮の日々に逆戻りしたような錯覚に陥ることがある。

本書に身に余るほどのありがたい序文をいただいた熊澤峰夫教授、伊東敬祐教授、名古屋大学での指導教官であった水谷仁教授、深尾良夫教授、岐阜大学の金折裕司教授を始め、実に多くの先生、同僚、後輩の方々に勇気づけられてここまでやってこれた。とくに、大野照文さんには、親友として、また研究者仲間として、本書の執筆に終始付添い励ましの言葉をいただいた。

本書の内容については、高野雅夫さん、熊谷博之さんを始め、名古屋大学の若い研究者や大学院生にもお世話になっている。また、多くの方々の立派な研究成果を引用させていただいている。岐阜大学教育学部卒業生塚原直人さんには、本書で引用した図をコンピュータでセンスよく描き直していただくと同時に、本書の元になった『縞々学の挑戦』(縞々学研究会報告書「リズムと縞縞(III)」)の編集にも携わっていただいた。東京都立大学増田耕一さんには、校正刷りに眼を通していただき、有益なコメントをいただいた。最後になって恐縮であるが、東京大学出版会の小松美加さんには、本書の趣旨をご理解いただくと同時に、長期にわたって繰り返し素稿に目を通し、的確なご助言をいただいた。以上、本書の執筆とその内容に関わったすべての方々に心からお礼申し上げます。

一九九五年五月一九日

川上紳一

新装版へのあとがき

本書が出版されてから二〇年の年月が過ぎた。出版されて間もない頃には、多くの読者から激励の言葉をいただいた。縞々学には、異分野横断、異分野融合によって生み出される新しい学問という意味が込められており、新たな学問の創造への挑戦に多くの読者から共感が寄せられた。

地層に刻まれた縞模様は、過去の地球において、地球表層環境の変動を記録したものである。縞模様の意味解読は、地層が形成された時代の地球システムを探ることにつながる。そのためには、現在地球で起こっているさまざまなリズムやイベントがどのようなものかを調べ、それがどのように地層や岩石の縞模様になるのかを研究する必要がある。そう考えると、地層の縞模様の解読は、地球システムとその変動すべてが関係しており、地質学だけでなく、気象学、気候学、海洋学、雪氷学など、地球惑星科学のさまざまな分野の融合へと向かわざるを得ないのだ。

本書が出版された一九九五年に、文部省重点領域研究として「全地球史解読」がスタートした。この研究では、地球の誕生から現在にいたるまでの歴史の解読が研究目標とされた。全地球史解読の「全」は地球にかかり、歴史にかかり、解読にもかかる。地球惑星科学とその周辺の分野を結集して、さまざまな模索をしながら地球の歴史解読を試みようというわけである。地球の歴史を解明しようという研究は、地質学という学問で過去二〇〇年以上にわたって続けられてきた。全地球史解読では、現代科学の総力を結集して解読を試みようというスローガンを掲げたものであり、その発想の原点が縞々学であった。

地球の歴史を記録した物証となる太古代や原生代の岩石が、東京工業大学（以下、所属は当時のもの）の丸山茂徳教授ら日本の地質学者によって世界各地から収集されていた。そのなかに、ストロマトライトや縞状鉄鉱層といった縞模様が刻まれた岩石が含まれていた。日本列島は変動帯に位置しているため、こうした岩石を入手することは困難であり、地球の歴史をまるごと解読するような研究は構想することすらできなかった時期があった。それがこのプロジェクトがスタートした当時は、世界各地から貴重な岩石が大量に確保されつつあり、それらの研究から新たな地球観が生まれるのではないかという期待感が高まったのであった。

生命と地球の共進化

ストロマトライトは細かい縞模様で特徴づけられる堆積岩で、シアノバクテリアという光合成を行う微生物の被膜に細かい砂粒が付着して成長してできたものと考えられていた。また、縞状鉄鉱層は、鉄を多く含んだ鉱物と石英からなる層が交互に繰り返す堆積岩で、シアノバクテリアが行う光合成によって発生した酸素と海水中の二価の鉄イオンが結びついて堆積したとする説や、鉄を酸化する微生物によって形成されたとする説などがあった。

ストロマトライトや縞状鉄鉱層の縞模様を解読するには、それらの縞模様がどのようにして形成されたのかに関する見方を必要とした。「全地球史解読」のキックオフのシンポジウムの会場に、生物物理学者の加藤哲也さん（京都大学）が出席していて、このプロジェクトに興味を示した。後日、光合成のしくみを研究している研究仲間である伊藤繁さん・岩城雅代さん（基礎生物学研究所）がやってきて、光合成や縞状鉄鉱層の形成について活発な議論が始まった。さらに、高温の温泉水が吹き出す温泉の源泉に生息する微生物生態系を「原始共生系」と名づけ、初期地球の生態系がどのようなものかを研究しようという微生物生態学者のグループがいることがわかった。その一方で、温泉水の流れる場所で微生物が被膜をつくり、その下部に固体沈殿物をつくっている場所があり、ストロマトライトの形成場がどのようなものかを研究している鉱物学者がいることもわかった。さまざまな分野の専門家が別々の学会で活動していたものが、先カンブリア時代の縞模様のある岩石の解読と関係していた。こうした研究者が集まって、温泉バイオマット研究をスタートさせたのは、過去を振り返ってみると必然だったのかもしれない。

こうして、地球の歴史で起こった重大事件とその物証の解読をテーマに、さまざまな学問分野や研究手法の研究者が集まって、異分野横断、異分野融合の研究が始まった。私はその中心にいて、生命科学と地球惑星科学の架け橋のような役割を担いつつ、生命科学の研究者との議論を積み重ねていった。そうすると、それまでまったく自分の研究分野の外だと思っていた生命科学は、いつの間にか自分の研究テーマの一部になった。異分野の研究者とフィールドを共有し、お互いに何ができるかを議論したり、実験しているうちに、新しい地球の見方として「生命と地球の共進化」というコンセプトが具体化していった。地球環境と生物進化は深く関わっており、それぞれ独立に研究するのではなく、それらの相互作用に注目することが重要である。これは考えてみると当たり前のことであるが、それまでの地球惑星科学には生命科学とのつながりは希薄だった。それが全地球史解読を進めるなかで、両者の連携、融合は日常へと変わっていったのである。

■スノーボールアース仮説との出会い

縞模様の美しい地層や岩石を用いて、地球表層環境の変動を解読するには、適切な岩石試料の確保が不可欠であった。縞模様のある岩石はあまたある中で、地球の歴史で起こった大事件に関係していそうなものに目をつけ、地質調査を行って、岩石試料を確保する必要があった。

私は、全地球史解読の代表者である熊澤峰夫教授（名古屋大学）とともに、一九九六年の夏にカナダの北西準州の町イエローナイフへと向かった。グレートスレーブレイクという巨大な内陸の湖に浮かぶブランチェット島で、縞模様が見事な一九億年前に形成されたストロマトライトの確保に向けた事前の打ち合わせをするためである。二カ月後に大学院生らとともにブランチェット島に到着してキャンプ生活をしながら地質調査を行っていると、ゴムボートに乗って地質学者がやってきた。マサチューセッツ工科大学のジョン・グロッチンガー教授とその大学院生であった。私たちはストロマトライトを鉛直にくりぬいて採取し、縞模様の周期解析を行おうとしていた。グロッチンガー教授らは、同じストロマトライトの縞模様を縞にそって形状を読み取り、フラクタル解析を行って、ストロマトライトの形成過程を明らかにしようとしていたのである。この年のカナダの調査では、カナダのクイーンズ大学のヘルムシュテッド教授の案内で、イエローナイフ・グリーンストーンベルトと名づけられた地質体に含まれる二八億年前の縞状鉄鉱層の調査にもでかけた。広大な地球で地球の歴史を記録した地層を研究するために、辺境の地へ赴いて、同じ岩石を研究しようとしている地質学者との偶然ともいえる出会いは今も忘れることができない。

一九九七年の新年を迎えたころ、今度はハーバード大学の地質学者ポール・ホフマン教授から郵便が届いた。中を開けると見事な縞模様を示す露頭の写真が入っていた。場所は南西アフリカに位置するナミビアで、地層の形成年代は原生代後期であった。この地層には数メートルごとに縞模様が繰返されており、その中にミリメートルスケールの細かい縞模様が規則的に配列していることが読み取れた。縞模様に顕著な階層性があり、地球環境の周期的な変動が複数刻まれている可能性が高いことを直感した。

その年の夏にナミビアへでかけ、その露頭へと案内してもらった。厚さ一五メートルに及ぶ地層をどのようにサンプリングするかも大きな課題であり、日本から岩石を切断するエンジン付の岩石切断機と、それを載せるための台座と足場を輸送した。台座は名古屋大学の金属工作室で急きょ設計し、製作してもらったものだった。こうした準備もあって、岩石試料の収集はカナダに続いて首尾よく進めることができたのだった。現地の地質調査と岩石収集で明らかになったことは、この見事な縞模様を示す岩石が、原生代後期の氷河堆積物の直上を覆っていたことであった（図1）。

一九九八年になって、ポール・ホフマン教授から完成したばかりの投稿論文の原稿が送られてきた。その論文には、原生代後期の氷河時代についての新たな仮説が述べられていた。ホフマン教授らは、この時代の氷河時代に地球表面が全面的に凍りついた可能性を示唆していた。さらにこの年に「サイエンス」誌に発表した論文で、地球表面の全面凍結事件を鮮明に打ち出し、「スノーボールアース仮説」として提唱した。この仮説は、地球科学の常識を覆すものであり、大きな論争へと発展していった。ホフマン教授の示す説得力ある地質学的証拠に加えて、ホフマン教授独特のエネルギッシュな講演によって、まったくありえないとみなされていた地球の全面凍結がひょっとしたら本当にあったかもしれないと考える研究者が増えていった。

氷河堆積物を覆う縞状炭酸塩岩の存在、氷河堆積物に挟まれる縞状鉄鉱層、縞状炭酸塩岩の炭素同位体比の分析データなど、原生代後期の氷河堆積物に関係した特異ともいえる事象が、一つの仮説で合理的な説明を与えられたのである。私は、この仮説の提唱者であるホフマン教授といっしょにナミビアでキャンプ生活を送りながら、地質調査や岩石採集を行っていたので、私たちが確保した岩石はまさにこの仮説を検証するうえで重要なデータを提供すると考えた。そして、その後毎年のように学会で開催されたスノーボールアース仮説のセッションで発表し、さまざまな研究者と議論を交わした。この出来事は、地球科学における革命的な進歩の最新の事例になると直感し、この仮説を巡る議論の

図1　約7億年前のチュオス氷河堆積物を覆うラストフ層（キャップカーボネート）

ナミビア北西部のコワリブ渓谷の支流にある．写真の左が下位で，左端が氷河時代直後の地層．地層は右に向かって若くなっている．造山運動で地層は激しい褶曲作用を受け，地層は縦縞になっている．写真下にある水平の筋は，地層を切り出したときの跡である．

行方を追跡することにした。自分の目の前で起こる革命的な学問の進歩を、研究の現場で目撃できる絶好のチャンスだった。この詳細については、『全地球凍結』（二〇〇三）にまとめたが、この本の翌年に科学ジャーナリストのガブリエル・ウォーカー氏による『スノーボール・アース』が日本語訳でも出版された。ウォーカー氏の著書では、この仮説の成立に至るまでに活躍した研究者のプロフィール、研究に対する執念、情熱、確執などが克明にレポートされており、学問的な論争の背後にある研究者の生態を浮き彫りにしている。一九九七年にナミビアで調査を行った縞状炭酸塩岩がこうした地質学の大論争の火種であり、地球史における最大規模の気候変動を記録していたことをいま振り返ると、これも運命的な出会いであったように思われる。

作業仮説ころがし

地球の歴史は一回きりの出来事で、反復再現実験ができない研究対象である。地層に刻まれた地質学的な証拠は堆積構造や、鉱物の種類や存在度、あるいは化学組成、同位体組成である。こうしたデータから情報を読み取るときには常に解釈の問題がつきまとう。同じ証拠でも研究者によって解釈が異なることがあり、まったく別の学説でそれを説明しようとすることもよくある。そこで、地球の歴史の研究では、検証可能な仮説を提示し、具体的なデータに基づいて仮説が成立するかを調べ、新たなデータを考慮して仮説をより洗練されたものに高めるなど、新たな仮説の構築とその刷新を継続的に行っていくことが必要となる。こうした研究の進め方を熊澤峰夫教授は、「作業仮説ころがし」と表現した。

原生代後期の氷河時代問題では、氷河堆積物が世界的に分布していること、氷河堆積物がキャップカーボネートと呼ばれている炭酸塩岩で覆われていること、縞状鉄鉱層を含むことなど、世界各地の地層の産状に共通性がみられ、それらが一つの仮説で見事に説明できることで注目された。一方、先カンブリア時代の地層の縞模様について古くから研究を行っていて、本書にも登場するオーストラリアの地質学者ジョージ・ウイリアムズは、先カンブリア時代には地軸が大きく傾いていたとする説を提示し、こうした地球では両極よりも赤道の方が寒冷化すると主張した。地軸が大きく傾いた地球では、赤道でも顕著な季節変化があり、地層に年輪のような縞模様が形成されると主張し、スノーボールアース仮説に真っ向から対立する仮説を展開したのだった。

こうした二つの対立する仮説に対し、古地磁気学が専門のエール大学のエバンズという研究者は二つの仮説を比較し、どちらの仮説が妥当かを検証する手立てをみつけた。氷河時代の地球の研究に、乾燥気候下で形成される岩塩や石膏などからなる蒸発岩に注目したのである。蒸発岩は、乾燥気候下で海水や湖水が干上がって、水の中に溶けていた塩分が沈殿してできる地層であり、過去の気候を記録した気候指標である。エバンズは、地質時代の蒸発岩が形成された場所の緯度を古地磁気学的な研究によって明らかにしようと企てた。もし地球の地軸が現在と同様であれば、乾燥した気候は南北三〇度ぐらいの中緯度に多く形成されているはずである。一方、ウイリアムズの説では、寒冷な赤道周辺が乾燥することが予想された。得られた結果をみると、地質時代の蒸発岩の形成された緯度は、多くのものが中緯度であり、この結果はスノーボールアースと整合的だが、ウイリアムズの説とは矛盾したのだった。

スノーボールアース仮説については、気候モデルによるシミュレーション、氷河堆積物の堆積年代の推定、さらにこの出来事のあとに起こった多細胞動物の出現との関連性など、さまざまな研究が展開されている。スノーボールアース仮説を巡る論争と研究の進展は、地球の歴史研究の実像を浮き彫りにした科学史的な出来事になっているように思う。

ゲノム科学と地球史

縞々学から発展した全地球史解読の研究によって、生命の起源・進化と地球環境の変遷は相互に深く関わっていることが鮮明となった。生命の起源論については、いまだ諸説があって論争が続いているが、太陽系の起源と地球や月の形成については大きく進展した。

微惑星の集積で成長した原始地球に火星サイズの微惑星が衝突して月が形成された。核、マントル、地殻といった地球の成層構造も、地球の誕生から間もないころに形成された。誕生したばかりの地球は原始地殻に覆われており、大気や海洋をまとっていた。こうした初期の地球環境下で生命は発生した。その場所は、高温の熱水が吹き出す海洋底だったとする説や、当時すでに陸地があり、淡水の湖で生命が生まれたとする説などがある。

誕生してまもない生命は、単細胞の原核生物で、硫化水素、メタンなどを酸化して代謝に必要なエネルギーを獲得していた。それがやがて太陽光を利用して水を分解して、二酸化炭素から有機物を合成する光合成が成立した。光合成反応の副産物である酸素が大気や海洋に蓄積し、地球環境は激変した。この事件は大酸化事件と呼ばれていて、ストロマトライトや縞状鉄鉱層の形成年代などから、二四億年前ごろから二〇億年前ごろに起こったとされている。

酸素が増えた地球環境で、生命は酸素呼吸でエネルギーを獲得するようになり、のちにミトコンドリアになる原核生物を細胞内に取り込んで、真核生物が成立した。さらに、七億年前ごろのスノーボールアース事件を超えて、多細胞動物が出現した。こうした地球生命の歴史は、岩石中に残された微小な細胞状物質やケロジェンと呼ばれる有機物の分析、大型の化石の研究、あるいは現在地球に生息する多様な生物の系統分類に関する研究などから読み取れたものである。しかし、最初の生命の成立に関わって、遺伝情報の担い手であるＤＮＡはどのようにつくられ、それがどのようにしてアミノ酸合成に関わるようになったのかについては、まだわかっていない。

シアノバクテリアが行っている酸素を発生する光合成についても、そのしくみは複雑で、偶然そうしたしくみが成立したわけではなく、その前段階でさまざまな試行錯誤的な変化があったに違いない。実際に、緑色硫黄細菌など光合成細菌と呼ばれるグループが原始的ともいえる非酸素発生型の光合成を行っていることが知られている。こうした生命現象のしくみやその成立過程を探る上での大きな前進が、急速に進んでいるゲノム解析技術の進歩である。全地球史解読のあと、ヒトゲノム解読プロジェクトをさきがけとして、さまざまな動植物の全ゲノム解読が完了し、どの生物がどういう遺伝子をもっているのか明らかになってきた。DNAレベルでみた生命の進化では、塩基配列に起こる個別のエラーの蓄積のほかに、遺伝子重複と呼ばれるような塩基配列がまとまって複製されることで、ゲノムサイズが大きくなっている。こうした変化には、他の生物がもっていた遺伝子がまとまって別の生物に取り込まれることもあったという。光合成細菌のもっている遺伝子を別の細菌に注入して、光合成に必要な新たな分子が細胞内に形成されるかを探る実験的研究も始まっている。

二〇一三年には「生ける化石」として有名なシーラカンスの全ゲノムが解読された。その結果、シーラカンスのDNAの特徴や塩基配列の変化のスピードが明らかにされた。現生のシーラカンスはデボン紀の地層から産出される化石の形態とよく似ていて、形態的な進化は起こっていないようにみえる。なぜシーラカンスは進化しなかったのか、形態の進化はデボン紀以降の地球環境変動への適応に必要なかったのか。地球と生命の歴史には、いまだに多くの謎が残されている。

真核生物の出現や、動物の陸上への進出では、新たな機能を同時に獲得する必要があった。動物の陸上への進出では、鰓呼吸から肺呼吸への変化、鰭から四肢への変化、乾燥に耐える皮膚の獲得などである。こうした変化が同時に起こるには、それを促す遺伝子レベルの変化が伴わなければならない。この事件に先立つカンブリア爆発のような動物の爆発的ともいえる出現についても、その前段階における遺伝子レベルでの準備が必要だったのか。それとも酸素濃度の急増のような地球環境の後押しがあったのか、いまだに諸説があって議論が続いている。

このように、地球と生命の起源と進化の研究は、今後も地球惑星科学と生命科学、ゲノム科学の緊密な連携が不可欠であり、異分野融合の重要性は言うまでもない。エディアカラ生物群化石、アンモナイト、オウムガイ、シーラカンスなどの化石や、いまも地球のどこかに生息する「生ける化石」は、生命の歴史を物語る物証の例であり、異分野融合を目指す研究へのヒントを与えるものだ。

本書では、縞模様のある岩石は地球環境の歴史を俯瞰する窓であることをテーマにした。その後の進展によって、化石や「生ける化石」が生物進化を俯瞰する窓であり、隕石は太陽系の起源と進化を俯瞰する窓であることに気がついた。私は最近、たびたび北アフリカのモロッコ王国に赴いて、アンモナイト類など古生代に生きていた生物の化石や、小惑星帯はもとより月や火星からやってきてサハラ砂漠に落下した隕石の収集に夢中になっている。こうした物証は、さらなる異分野融合への入口であり、私にとっては縞模様の美しい岩石とともに、とても大切なものなのである。

二〇一五年六月

川上紳一

「UPコレクション」刊行にあたって

学問の最先端における変化のスピードは、現代においてさらに増すばかりです。日進月歩（あるいはそれ以上）のイメージが強い物理学や化学などの自然科学だけでなく、社会科学、人文科学に至るまで、次々と新たな知見が生み出され、数か月後にはそれまでとは違う地平が広がっていることもめずらしくありません。

その一方で、学問には変わらないものも確実に存在します。それは過去の人間が積み重ねてきた膨大な地層ともいうべきもの、「古典」という姿で私たちの前に現れる成果です。

日々、めまぐるしく情報が流通するなかで、なぜ人びとは古典を大切にするのか。それは、この変わらないものが、新たに変わるためのヒントをつねに提供し、まだ見ぬ世界へ私たちを誘ってくれるからではないでしょうか。このダイナミズムは、学問の場でもっとも顕著にみられるものだと思います。

このたび東京大学出版会は、「UPコレクション」と題し、学問の場から、新たなものの見方・考え方を呼び起こしてくれる、古典としての評価の高い著作を新装復刊いたします。

「UPコレクション」の一冊一冊が、読者の皆さまにとって、学問への導きの書となり、また、これまで当然のこととしていた世界への認識を揺さぶるものになるでしょう。そうした刺激的な書物を生み出しつづけること、それが大学出版の役割だと考えています。

一般財団法人　東京大学出版会

著書略歴
1956 年　長野県に生まれる
1980 年　名古屋大学理学部卒業
1985 年　名古屋大学大学院理学研究科地球科学専攻修了
1985-87 年　日本学術振興会特別研究員（PD）
1987 年　岐阜大学教育学部助手
1993 年　同助教授
現　在　岐阜大学教育学部教授，理学博士

新装版 縞々学――リズムから地球史に迫る
UP コレクション

1995 年 7 月 17 日　初　版
2015 年 7 月 28 日　新装版　第 1 刷

［検印廃止］

著　者　川上紳一《かわかみしんいち》
発行所　一般財団法人　東京大学出版会
代表者　古田元夫
153-0041 東京都目黒区駒場 4-5-29
電話 03-6407-1069　Fax 03-6407-1991
振替 00160-6-59964

印刷所　大日本法令印刷株式会社
製本所　誠製本株式会社

ISBN 978-4-13-006531-3　Printed in Japan

索引　アルファベットで始まる単語は最初にまとめた．

サ行

タ行

ナ行

ハ行

マ行

ラ行

参考文献

第1章—縞々学と地球学

J. グリック(上田睆亮監修・大貫昌子訳)(1991)カオス—新しい科学をつくる，新潮文庫，536 p.

伊東敬祐(1993)カオスって何だろう，ダイアモンド社，248 p.

川上紳一・大野照文・金折裕司(1992)地球のリズムと多圏相互作用．岩鉱，**87**, 393-411.

熊澤峰夫(1994)全地球史解読計画．文部省重点領域研究申請書，108 p.

丸山茂徳(1993)46億年地球は何をしてきたか，岩波書店，148 p.

丸山茂徳・磯﨑行雄・堀利栄(1990)地球史46億年．科学，**60**, 628-637.

増田富士雄(1993)リズミカルな地球の変動，岩波書店，137 p.

National Research Council (1993) Solid-Earth Science and Society, National Academy Press, Washington, D. C., 346 p.

Shaw, H.R. (1987) The periodic structure of the natural record, and nonlinear dynamics. *EOS*, **68**, 1651-1665.

Shaw, H. R. (1995) Craters, Cosmos, and Chronicles: A new theory of Earth, Stanford Univ. Press, in press.

鹿園直建(1992)地球システム科学，東京大学出版会，248 p.

縞縞学研究会(1991)リズムと縞縞(I)．科学研究費総合研究(A)「地球のリズムと縞状構造」研究成果報告書，136 p.

縞縞学研究会(1992)リズムと縞縞(II)．科学研究費総合研究(A)「地球のリズムと縞状構造」研究成果報告書，221 p.

島津康男(1972)地球の物理，裳華房，228 p.

L. フォン・ベルタランフィ(長野敬・太田邦昌訳)(1973)一般システム理論，みすず書房，306 p.

第2章—珪化木は語る

Kumagai, H. and Y. Fukao (1992) Resolving volcanic activity of 20 Ma ago with relative accuracy of 1 yr from tree rings of petrified woods. *Geophys. Res. Lett.*, **19**, 1859-1862.

Schweingruber, F. H. (1988) Tree rings: basics and applications of dendrochronology, Kluwer Acad. Publis., 276 p.

第 3 章―湖成堆積物は語る

福沢仁之・小泉格・岡村真・安田喜憲(1994)福井県水月湖の完新世堆積物に記録された歴史時代の地震・洪水・人間活動イベント．地学雑誌，**103**, 127-139.

金折裕司(1993)蘇る断層―テクトニクスと地震の予知，近未来社，222 p.

川上紳一(1995)西南日本の被害地震発生のリズム．朝倉講座文明と環境第1巻地球と文明の周期，小泉格・安田喜憲編，128-144，朝倉書店．

川上紳一・福沢仁之・金折裕司(1993)内陸地震の新しい検出法：三方五湖（水月湖）の湖底堆積物に記録された内陸被害地震．地震学会ニュースレター，**5**(3), 12-16.

Kawakami, S., H. Fukuzawa and Y. Kanaori (1993) A new approach to determine paleoearthquake activity dating back over the past 10 millennia: A record from lacustrine sediment.

宇佐美龍夫(1987)新編日本被害地震総覧，東京大学出版会，416 p.

第 4 章―熱帯サンゴ礁は語る

Berlage, H. P. (1957) Fluctuations in the general atmospheric circulation of more than one year, their nature and prognostic value. *K. Ned. Meteorol. Inst. Meded. Verh.*, **69**, 1-152.

Bradley, R., T. Braziunas, J. Cole, J. Eddy, M. Hughes, J. Jouzel, W. Karlen, K. Kelts, E. Mousley-Tompson, A. Ogilvie, J. Overpeck, J. Pilcher, N. Rutter, M. Stuiver and T. Wigley (1989) Global change: The last 2000 years. *In* Global changes of the past, R. S. Bradley (ed.), 11-24, UCAR/Office for Interdisciplinary Earth Studies, Boulder, Colorado.

Cole, J. E., G. T. Shen, R. G. Fairbanks and M. Moore (1992) Coral monitors of El Niño/Southern Oscillation dynamics across the equatorial Pacific. *In* El Niño, H. F. Diaz and V. Markgraf (eds.), 349-375, Cambridge Univ. Press.

Diaz, H. F. and G. N. Kiladis (1992) Atmospheric teleconnections associated with the extreme phases of the Southern Oscillation. *In* El Niño, H. F. Diaz and V. Markgraf (eds.), 7-28, Cambridge Univ. Press.

Diaz, H. F. and V. Markgraf (eds.) (1992) El Niño, Cambridge Univ.

Press, 476 p.

Dunber, R. B., G. M. Wellington, M. W. Colgan and P. W. Glynn (1994) Eastern Pacific sea surface temperature since 1600 A. D.: The $\delta^{18}O$ record of climate variability in Galapagos corals. *Paleoceanography*, **9**, 291-315.

Enfield, D. B. (1989) El Niño, past and present. *Rev. Geophys.*, **27**, 159-187.

Glantz, M. H., R. W. Katz and N. Nicholls (eds.) (1992) Teleconnections linking worldwide climate anomalies, Cambridge Univ. Press, 535 p.

Jin, F.-F., J. D. Neelin and M. Ghil (1994) El Niño on the Devil's Staircase: annual subharmonic steps to chaos. *Science*, **264**, 70-72.

NASA Advisory Council Earth System Sciences Commitee (1988) Earth System Science—A Closer View, NASA, 209 p.

Philander, S. G. (1990) El Niño, La Niña, and the Southern Oscillation, Academic Press, 293 p.

Quinn, W. H., V. T. Neal and S. E. Antunez de Mayolo (1987) El Niño occurrences over the past four and a half centuries. *J. Geophys. Res.*, **92**, 14449-14461.

Thompson, L. G., E. Mosley-Thompson and B. M. Arnao (1984) Major El Niño/Southern Oscillation events recorded in stratigraphy of the tropical Quelccaya ice cap, Peru. *Science*, **226**, 50-52.

Tziperman, E., L. Stone, M. A. Cane and H. Jarosh (1994) El Niño chaos: overlapping of resonances between the seasonal cycle and the Pacific ocean-atmosphere oscillator. *Science*, **264**, 72-74.

第5章—気候の変動

Berger, A., R. E. Dickinson and J.W. Kidson (eds.) (1991) Understanding climate change, AGU Geophys. Mon., 52, IUGG Vol. 7, 187 p.

Bradley, R. S. (ed.) (1989) Global changes of the past, UCAR/Office for Interdisciplinary Earth Studies, Boulder, Colorado, 514 p.

Crowley, T. J. and G. R. North (1991) Paleoclimatology, Oxford Univ. Press, 339 p.

Eddy, J. A. and H. Oeschger (eds.) (1993) Global changes in the perspec-

tive of the past, J. Wiley & Sons, 383 p.

Ghil, M. and S. Childress (1987) Topics in Geophysical Fluid Dynamics: Atmospheric dynamics, Dynamo theory, and Climate dynamics, Springer, 485 p.

Gleick, J. (1987) Chaos: making a new science, Penguin Books, 352 p.

Nicolis, C. and G. Nicolis (1986) Irreversible phenomena and dynamical systems analysis in geosciences, D. Reidel, 578 p.

Sim Earth © 1990/1991 Maxis and Willwright All rights reserved 発売元イマジニア (03-3343-8911)

Webb, T. III (1989) The spectrum of temporal climatic variability: current estimates and the need for global and regional time series. *In* Global changes of the past, R. S. Bradley (ed.), 61-81, UCAR/Office for Interdisciplinary Earth Studies, Boulder, Colorado.

第6章—ミランコビッチサイクル

Berger, A. (1988) Milankovitch theory and climate. *Rev. Geophys.*, **26**, 624-657.

Berger, A., J. Imbrie, J. D.Hays, G. Kukla and B. Saltzman (eds.) (1984) Milankovitch and Climate, Part 1, D. Reidel, Dordrecht, 895 p.

Berger, A., S. Schneider and J. Cl. Duplessy (eds.) (1989) Climate and Geo-sciences, Kluwer Academic Press, 724 p.

De Boer, P. L. and D. G. Smith (eds.) (1994) Orbital forcing and cyclic sequences, IAS 19, Blackwell, 559 p.

Fischer, A. G. (1986) Climatic rhythms recorded in strate. *Ann. Rev. Earth Planet. Sci.*, **14**, 351-376.

Imbrie, J., A. Berger and N. J. Schackleton (1993) Role of orbital forcing: a two-million-year perspective. *In* Global changes in the perspective of the past, J. A. Eddy and H. Oeschger (eds.), 263-277, J. Wiley & Sons.

Imbrie, J., J. D. Hays, D. G. Martinson, A. McIntyre, A. C. Mix, J. J. Morley, N. G. Pisias, W. L. Prell and N. J. Schackleton (1984) The orbital theory of Pleistocene climate: Support from a revised chronology of the marine $\delta^{18}O$ record. *In* Milankovitch and Climate, Part 1, 269-305, D. Reidel, Dordrecht.

J. インブリー・K. P. インブリー(小泉格訳) (1982) 氷河時代の謎をとく，岩波書店，263 p.

Imbrie, J. and J. Z. Imbrie (1980) Modeling the climatic response to orbital variations. *Science*, **207**, 943-953.

増田耕一 (1993) 氷期・間氷期サイクルと地球の軌道要素．気象研究ノート No. 177 (大気・雪氷相互作用)，223-248，日本気象学会．

Pisias, N. G. and J. Imbrie (1986/1987) Orbital geometry, CO_2, and Pleistocene climate. *Oceanus*, **29**, 43-49.

安成哲三・柏谷健二編 (1992) 地球環境変動とミランコヴィッチ・サイクル，古今書院，184 p.

第 7 章—大気・海洋・氷床系の変動

阿部彩子・増田耕一 (1993) 氷床と気候感度：モデルによる研究のレビュー．気象研究ノート No. 177 (大気・雪氷相互作用)，183-222，日本気象学会．

Alley, R. B., D. A. Meese, C. A. Shuman, A. J. Gow, K. C. Taylor, P. M. Grootes, J. W. C. White, M. Ram, E. D. Waddington, P. A. Mayewski and G. A. Zielinski (1993) Abrupt increase in Greenland snow accumulation at the end of the Younger Dryas event. *Nature*, **362**, 527-529.

Bond, G., H. Heinrich, W. Broecker, L. Laurent, J. McManus, J. Andrews, S. Huon, R. Jantschik, S. Clasen, C. Simet, K. Tedesco, M. Klas, G. Bonani and S. Ivy (1992) Evidence for massive discharges of icebergs into the North Atlantic ocean during the last glacial period. *Nature*, **360**, 245-249.

Bond, G., W. Broecker, S. Johnsen, J. McManus , L. Labeyrie, J. Jouzel and G. Bonani (1993) Correlations between climate records from North Atlantic sediments and Greenland ice. *Nature*, **365**, 143-147.

Boyle, E. A. and L. D. Keigwin (1987) North Atlantic thermohaline circulation during the past 20,000 years linked to high-latitude surface temperature. *Nature*, **330**, 35-40.

Broecker, W. S. and G. H. Denton (1989) The role of ocean-atmosphere reorganization in glacial cycles. *Geochim. Cosmochim. Acta*, **53**, 2465-2501.

Broecker, W. S., J. P. Kennett, B. P. Flower, J. Teller, S. Trumdore, G.

Bonani and W. Wolfli (1989) Routing of meltwater from the Laurentide Ice Sheet during the Younger Dryas cold episode. *Nature*, **341**, 318-321.

Dansgaard, W. and H. Oeschger (1989) Past environmental long-term records from the Arctic. *In* The Environmental record in glaciers and ice sheets, H. Oeschger and C. C. Langway, Jr. (eds.), 287-318, J. Wiley & Sons.

Dansgaard, W., J. W. C. White and S. J. Johnsen (1989) The abrupt termination of the Younger Dryas climate event. *Nature*, **339**, 532-534.

Dansgaard, W., S. J. Jonsen, H. B. Clausen, D. Dahl-Jensen, N. S. Gundestrup, C. U. Hammer, C. S. Hvidberg, J. P. Steffensen, A. E. Sveinbjörnsdottir, J. Jousel and G. Bond (1993) Evidence for general instability of past climate from a 250 kyr ice-core record. *Nature*, **364**, 218-220.

Duplessy, J.-C. and E. Maier-Reimer (1993) Global ocean circulation changes. *In* Global changes in the perspective of the past, J. A. Eddy and H. Oeschger (eds.), 199-220, J. Wiley & Sons.

Fairbanks, R. G. (1989) A 17,000-year glacio-eustatic sea level record: influence of glacial melting rates on the Younger Dryas event and deep-ocean circulation. *Nature*, **342**, 637-642.

Greenland Ice-core Project (GRIP) members (1993) Climate instability during the last ingerglacial period recorded in the GRIP ice core. *Nature*, **364**, 203-207.

Hammer, C. U., H. B. Clausen and W. Dansgaard (1980) Greenland ice sheet evidence of past-glacial volcanism and its climatic impact. *Nature*, **288**, 230-235.

Johnsen, S. J., H. B. Clausen, W. Dansgaard, K. Fuhrer, N. Gunderstrup, C. U. Hammer, P. Iversen, J. Jousel, B. Stauffer and J. P. Steffensen (1992) Irregular glacial interstadials recorded in a new Greenland ice core. *Nature*, **359**, 311-313.

Keigwin, L. D., G. A. Jones, S. J. Lehman and E. A. Boyle (1991) Deglacial meltwater discharge, North Atlantic Deep Circulation, and abrupt climate change. *J. Geophys. Res.*, **96**, 16811-16826.

Lehman, S. (1993) Ice sheets, wayward winds and sea change. *Nature*, **365**, 108-110.

Oeschger, H. and C. C. Langway, Jr. (eds.) (1989) The Environmental record in glaciers and ice sheets, J. Wiley & Sons, 400 p.

Palais, J. M. and H. Sigurdsson (1989) Petrologic evidence of volatile emissions from major historic and pre-historic volcanic eruptions. *In* Understanding climate change, A. Berger, R. E. Dickinson and J. W. Kidson (eds.), 31-53, AGU Geophys. Mon. 52, IUGG Vol. 7.

Taylor, K. C., G. W. Lamorey, G. A. Doyle, R. B. Alley, P. M. Grootes, P. A. Mayewski, J. W. C. White and L. K. Barlow (1993) The 'flickering switch' of late Pleistocene climate change. *Nature*, **361**, 432-436.

Zahn, R. (1992) Deep ocean circulation puzzle. *Nature*, **356**, 744-746.

第8章—太陽活動のリズム

Eddy, J. A. (1976) The Maunder Minimum: Reign of Louis XIV appears to have been a time of real anomaly in the behaviour of the sun. *Science*, **192**, 1189-1202.

Eddy, J. A. and H. Oeschger (1993) Role of solar output variations. *In* Global changes in the perspective of the past, J. A. Eddy and H. Oeschger (eds.), 279-294, J. Wiley & Sons.

慶松光雄・福島直(1969)歴史時代における地球磁場変動．科学，**39**，321-326.

Pittock, A. B. (1978) A critical look at long-term Sun-weather relationships. *Rev. Geophys. Space Phys.*, **16**, 400-420.

Reid, G. C. (1987) Influence of solar variability on global sea surface temperatures. *Nature*, **329**, 142-143.

桜井邦朋訳(1985)太陽のすべて，図説われらの太陽系2，朝倉書店，86 p. (Moore, P. *et al.* (1983) The atlas of the solar system, Mitchell Beazley Publisher)

桜井邦朋(1990)地球環境をつくる太陽，地人選書，214 p.

Siscoe, G. L. (1980) Evidence in the auroral record for secular solar variability. *Rev. Geophys. Space Phys.*, **18**, 647-658.

Sonett, C. P. (1984) Very long solar periods and the radiocarbon record. *Rev. Geophys. Space Phys.*, **22**, 239-254.

Sonett, C. P., M. S. Giampapa and M. S. Matthews (eds.) (1991) The Sun in Time, Univ. Arizona Press, 990 p.

Stephenson, F. R. and A. W. Wolfendale (eds.) (1988) Secular solar and geomagnetic variations in the last 10,000 years, NATO ASI series, C236, Kluwer Academic Press, 510 p.

Stuiver, M. and T. F. Braziunas (1989) Isotopic and solar records. *In* Global changes of the past, R. S. Bradley (ed.), 225-244, UCAR/Office for Interdisciplinary Earth Studies, Boulder, Colorado.

Stuiver, M. and P. D. Quay (1980) Changes in atmospheric carbon-14 attributed to a variable sun. *Science*, **207**, 11-19.

第9章—月の起源と潮汐のリズム

安部正真・水谷仁(1994)地質時代における一日の長さ. 科学, **64**, 495-503.

Goldreich, P. (1966) History of the lunar orbit. *Rev. Geophys.*, **4**, 411-439.

Hartmann, W. K., R. J. Phillips and G. J. Taylor (1986) Origin of the Moon, Lunar Plant. Inst., 781 p.

熊沢峰夫・伊藤孝士(1993)全地球史解読のための時計. 月刊地球, **15**, 263-267.

Lambeck, K. (1988) Geophysical geodesy, the slow deformations of the Earth, Oxford Univ. Press, 718 p.

Ohno, T. (1989) Paleotidal characteristics determined by miro-growth patterns in bivalves. *Paleontology*, **32**, 237-263.

Rosenberg, G. D. and S. K. Runcorn (1975) Growth rhythms and the history of the Earth's rotation, J. Wiley & Sons, 559 p.

Trendall, A. F. and R. C. Morris (ed.) (1983) Banded iron formation: facts and problems, Elsevier, 558 p.

Walter, M. R. (ed.) (1976) Stromatolites: Developments in Sedimentology, vol. 20, Elsevier, 790 p.

Wells, J. W. (1963) Coral growth and geochronometry. *Nature*, **197**, 948-950.

Williams, G. E. (1981) Sunspot periods in the late Precambrian glacial climate and solar-planetary relations. *Nature*, **291**, 624-628.

Williams, G. E. (1989) Late Precambrian tidal rhythmites in south

Australia and the history of the Earth's rotation. *J. Geol. Soc. Lond.*, **146**, 97-111.

Williams, G. E. (1989) Precambrian tidal sedimentary cycles and Earth's paleorotation. *EOS*, **70**, 33, 40-41.

Zanhle, K. J. and J. C. G. Walker (1987) Climatic oscillations during the Precambrian era. *Climatic Change*, **10**, 269-284.

第10章―銀河のリズム

Alvarez, W. and R. Muller (1984) Evidence from crater ages for periodic impacts on the Earth. *Nature*, **308**, 718-720.

S. V. M. クルーブ・W. M. ナピエ(藪下信他訳) (1986) 宇宙からの衝撃, 上・下, 地人選書 18・19, 地人書館, 230・272 p.

古本宗充(1990)縞々学事始め;太陽系をプローブとして銀河系進化を探る. 月刊地球, **12**, 715-719.

古本宗充(1991)天体が地球・月に衝突するリズム. 月刊地球, **13**, 531-535.

Grieve, R. A. F. (1989) Hypervelocity impact cratering: a catastrophic terrestrial geologic process. *In* Catastrophes and evolution, astronomical foundations, S. V. M. Clube (ed.), 57-79, Cambridge Univ. Press.

Kumazawa, M. and H. Mizutani (1981) A presence of a 2 AE period in the meteorite flux on the Earth and Moon. Proc. 14th ISAS Lunar Planet. Symp., 313-321.

水谷 仁(1980) クレーターの科学, UP アースサイエンスシリーズ 4, 東京大学出版会, 178 p.

Smoluchowski, R., J. N. Bahcall and M. S. Matthews (eds.) (1986) The galaxy and the solar system, Univ. Arizona Press, 483 p.

第11章―生物の大量絶滅のリズム

Ager, D. (1993) The new catastrophism, The importance of the rare event in geological history, Cambridge Univ. Press, 231 p.

Alvarez, L. W., W. Alvarez, F. A. Asaro and H. V. Michel (1980) Extraterrestrial cause for the Cretaceous-Tertiary extinction. *Science*, **208**, 1095-1108.

Clube, S. V. M. (ed.) (1989) Catastrophes and evolution, astronomical

foundations, Cambridge Univ. Press, 239 p.
Condie, K. (1989) Plate tectonics and crustal evolution, Pergamon, 476 p.
Erwin, D. H. (1992) The great Paleozoic crisis: Life and death in the Permian, Columbia Univ. Press, 327 p.
Gilmour, I., W. S. Wolbach and E. Anders (1989) Major wildfires at the Cretaceous-Tertiary boundary. *In* Catastrophes and evolution, astronomical foundations, S. V. M. Clube (ed.), 195-213, Cambridge Univ. Press.
Glen, W. (ed.) (1994) Mass-extinction debates: how science works in a crisis, Stanford Univ. Press, 370 p.
Hut, P., W. Alvarez, W. P. Elder, T. Hansen, E. G. Kauffman, G. Keller, E. M. Schoemaker and P. R. Weissman (1987) Comet showers as a cause of mass extinction. *Nature*, **329**, 118-126.
磯﨑行雄 (1994) 超酸素欠乏事件—史上最大の生物大量絶滅のシナリオ．科学，**64**, 135-144.
磯﨑行雄 (1995) 古生代／中性代境界での大量絶滅と地球変動．科学，**65**, 90-100.
海保邦夫 (1992) 地球環境変動と大量絶滅．科学，**62**, 654-660.
海保邦夫 (1993)「大絶滅」の原因はいくつもある，最新・地球学，177-189，朝日新聞社.
丸山茂徳 (1993) 46 億年地球は何をしてきたか？，岩波書店，148 p.
丸山茂徳・熊澤峰夫・磯﨑行雄・瀬野徹三 (1994) 新地球史概説—新しい地球史を提案する．全地球史解読，月刊地球号外 No. 10, 14-19.
MacDougall, J. D. (1988) Seawater strontium isotopes, acid rain, and the Cretaceous-Tertiary boundary. *Science*, **239**, 485-487.
McLaren, D. J. and W. D. Goodfellow (1990) Geological and biological consequences of giant impacts. *Ann. Rev. Earth Planet. Sci.*, **18**, 123-171.
R. ミュラー (手塚治虫監訳) (1986) 恐竜はネメシスを見たか，集英社，301 p.
Officer, C. B., A. Hallam, C. L. Drake and J. D. Devine (1987) Late Cretaceous and paraoxysmal Cretaceous/Tertiary extinctions.

Nature, **326**, 143-149.

Palmer, M. (1991) Acid rain at the K/T boundary. *Nature,* **352**, 758.

Rampino, M. R. and R. B. Stothers (1984) Terrestrial mass extinctions, cometary impacts and the Sun's motion perpendicular to the galactic plane. *Nature,* **308**, 709-712.

Raup, D. P. (1985) Magnetic reversals and mass extinctions. *Nature,* **314**, 341-343.

D. P. ラウプ (渡辺政隆訳) (1990) ネメシス騒動，平河出版社，330 p.

Raup, D. P. and J. Sepkoski, Jr. (1984) Periodicity of extinctions in the geologic past. *Proc. Natl. Acad. Sci. USA,* **81**, 801-805.

Raup, D. P. and J. Sepkoski, Jr. (1986) Periodic extinction of families and genera. *Science,* **231**, 833-836.

Schwartz, R. D. and P. B. James (1984) Periodic mass extinctions and the Sun's oscillation about the galactic plane. *Nature,* **308**, 712-713.

Torbett, M. V. (1989) Solar system and galectic influences on the stability of the earth. *Paleogeog. Paleoclimatol. Paleoecol.,* **75**, 3-33.

Whitmire, D. P. and A. A. Jackson IV (1984) Are periodic mass extinctions driven by a distant solar companion? *Nature,* **308**, 713-715.

Whitmire, D. P. and J. J. Matese (1985) Periodic comet showers and planet X. *Nature,* **313**, 36-38.

Wolfe, J. A. (1991) Palaeobotanical evidence for a June 'impact winter' at the Cretaceous/Tertiary boundary. *Nature,* **352**, 420-423.

藪下信 (1989) 巨大分子雲と恐竜の絶滅，地人書館，176 p.

第12章—地球磁場のリズム

Cook, A. E. and P. H. Roberts (1970) The Rikitake two disc dynamo system. *Proc. Camb. Phil. Soc.,* **68**, 547.

Courtillot, V. and J. Busse (1987) Magnetic field reversals, polar wander, and core-mantle coupling. *Science,* **237**, 1140-1147.

Cox, A. (1975) The frequency of geomagnetic reversals and the symmetry of the nondipole field. *Rev. Geophys. Space Phys.,* **13**, 35-51.

Fuller, M. and R. Weeks (1992) Superplumes and superchrons. *Nature,* **356**, 16-17.

Gubbins, D. (1994) Geomagnetic polarity reversals: a connection with

secular variation and core-mantle interaction? *Rev. Geophys.*, **32**, 61-83.

Hale, C. J. (1987) Palaeomagnetic data suggest link between the Archaean-Proterozoic boundary and inner-core nucleation. *Nature*, **329**, 233-237.

浜野洋三(1993)地球の真ん中で考える，岩波書店，146 p.

Heirtzler, J. R., X. Le Pichon and J. G. Baron (1966) Magnetic anomalies over the Reykjanes ridge. *Deep-Sea Res.*, **13**, 427-443.

Irving, E. and G. Pullaiah (1976) Reversals of the geomagnetic field, magnetostratigraphy and relative magnitude of paleosecular variation in the Phanerozoic. *Earth Sci. Rev.*, **12**, 35-64.

Ito, K. (1980) Chaos in the Rikitake two-disc dynamo system. *Earth Planet. Sci. Lett.*, **51**, 451-456.

Jacobs, J. A. (1984) Reversals of the Earth's Magnetic Field, Adam Hilger, 230 p.

熊沢峰夫(1993)地球中心核中の軽元素濃度勾配と月地球回転力学系の多圏地球的相互作用：太古代原生代境界問題との関連．月刊地球，**15**，108-114.

Larson, R. L. (1991) Latest pulse of Earth: evidence for a mid-Cretaceous superplume. *Geology*, **19**, 547-550.

Larson, R. L. (1991) Geological consequences of superplumes. *Geology*, **19**, 963-966.

Mazaud, A., C. Laj, L. de Sèze and K. L. Verosub (1983) 15-Myr periodicity in the frequency of geomagnetic reversals since 100 Myr. *Nature*, **304**, 328-330.

Pick, T. and L. Tauxe (1993) Geomagnetic paleointensities during the Cretaceous normal superchron measured using submarine basaltic glass. *Nature*, **366**, 238-242.

Valet, J.-P. and L. Meynadier (1993) Geomagnetic field intensity and reversals during the past four million years. *Nature*, **366**, 234-237.

Vogt, P. R. (1975) Changes in geomagnetic reversal frequency at times of tectonic change: evidence for coupling between core and upper mantle processes. *Earth Planet. Sci. Lett.*, **25**, 313-321.

新装版へのあとがき

ウォルター・アルヴァレズ（月森左知訳）（1997）絶滅のクレーター――T. レックス最後の日，新評論，254 p.

Canfield, D. E.（2014）Oxygen: a four billion year history, Princeton University Press, 216 p.

Evans, D. A. D.（2006）Proterozoic low orbital obliquity and axial-dipolar geomagnetic field from evaporate palaeolatitudes. Nature, 444, 51-55.

川上紳一（2000）生命と地球の共進化，日本放送出版協会，267 p.

川上紳一（2003）全地球凍結，集英社新書，203 p.

川上紳一（2011）宇宙 137 億年のなかの地球史，PHP サイエンスワールド新書，302 p.

川上紳一・東條文治（2011）図解入門 最新地球史がよくわかる本，第 2 版，秀和システム，384 p.

熊澤峰夫・伊藤孝士・吉田茂生編（2002）全地球史解読，東京大学出版会，560 p.

熊澤峰夫・丸山茂徳編（2002）プルームテクトニクスと全地球史解読，岩波書店，436 p.

大石道夫（2015）シーラカンスは語る－化石と DNA から探る生命進化，丸善，184 p.

東京大学地球惑星システム科学講座編（2004）進化する地球惑星システム，東京大学出版会，256 p.

ガブリエル・ウォーカー（川上紳一監修・渡会圭子訳）（2004）スノーボール・アース－生命大進化をもたらした全地球凍結，早川書房，293 p.

吉川　寛（2014）ゲノム科学への道－ノーベル賞講演でたどる，岩波現代全書，292 p.